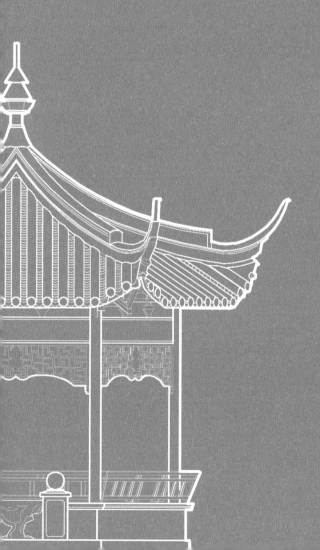

PAVILION PRELIMINARIES

亭引

赵纪军 朱钧珍 编著

清华大学出版社
北京

图书在版编目（CIP）数据

亭引 / 赵纪军, 朱钧珍编著. —北京 : 清华大学出版社, 2019
ISBN 978-7-302-51602-6

Ⅰ. ①亭⋯　Ⅱ. ①赵⋯ ②朱⋯　Ⅲ. ①亭－建筑艺术－研究－中国　Ⅳ. ①TU986.45

中国版本图书馆CIP数据核字(2018)第257846号

责任编辑：周莉桦　赵从棉
装帧设计：陈国熙
责任校对：刘玉霞
责任印制：杨　艳

出版发行：清华大学出版社
　　　　　网　址：http://www.tup.com.cn，http://www.wqbook.com
　　　　　地　址：北京清华大学学研大厦 A 座　　　　　邮　编：100084
　　　　　社 总 机：010-62770175　　　　　　　　　　邮　购：010-62786544
　　　　　投稿与读者服务：010-62776969，c-service@tup.tsinghua.edu.cn
　　　　　质量反馈：010-62772015，zhiliang@tup.tsinghua.edu.cn
印 装 者：小森印刷（北京）有限公司
经　　销：全国新华书店
开　　本：210mm×260mm　　　　　印　张：16　　　　　字　数：376 千字
版　　次：2019 年 10 月第 1 版　　　印　次：2019 年 10 月第 1 次印刷
定　　价：180.00 元

产品编号：051932-01

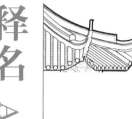

释名 ANNOTATION

引，是一种文学体裁形式的称谓。

晋代石崇作《思归引》，就是描述他修建金谷园的一篇文章。

引，也可以作为乐曲体裁的名称，有"序奏"之意，如《乐府诗集》中的"霹雳引""箜篌引"，近代人刘天华作琵琶曲《歌舞引》等。

平常我们常说的"引子"，就是引起正题的口语，或者为启发别人发言的意思，是为"抛砖引玉"之意。

一个引子，是相关事物的推动与发展，但它不一定是一本书或一个研究课题的全部，而所谓"旁征博引"则是可以从各个方面来引导或印证一种思想或一个范例。

本书的目的，就是想从亭子的诸多方面（或某些方面）推陈出新，引出中国园林建筑的精髓，甚至引出中国独特而丰富的一门"亭学"来。

前言 PREFACE

多年以来，我在园林规划设计的调研与实践中，往往接触到亭的形体设计、位置选择，及题写亭名、亭匾等问题。于是，在有意无意之间，陆陆续续地做着亭的资料收集工作，日积月累，我竟拍摄了两千多张古今中外关于亭的照片，在分类整理当中，当然也涉猎了亭的历史文化方面的著作与诗篇，这些都使我对亭产生了极大的兴趣，于是就萌发了写亭书的冲动。当然，作为一向对文学艺术有爱好的园林工作者来说，写亭书，则不仅仅是因为个人兴趣，也不仅仅是因为亭具有独特的文化艺术作用，而主要是深感亭是千百年来人类各种活动的必需，亭可以反映人们物质生活与精神生活的各个方面，无论它在自然景观之中，还是与人文活动相结合，都蕴含着极其丰富的历史、文化、艺术，乃至哲理的内涵。亭常常成为园林艺术的一部分，也是中国园林文化的宝贵财富。而在当前已出版的书刊中，对亭本身加以论述的为多。本书除了对亭在建筑类型或风景要素等层面的一些梳理外，还试图从亭记文化方面着手，汇集了百余篇亭记，稍加题解，论述亭所涉及的若干文化课题，为中国"亭学"的建立与研究，起一点抛砖引玉的作用，故书名曰《亭引》。

积累的资料不少，但研究分析不够也不深，特烦请赵纪军教授作通篇的整理、修改与补充，在亭记方面重点加以综述，并承担全部书稿电子版的工作，在此向他深表谢忱！与此同时，还邀请了精于古文学的原湖南大学刘宗向教授的入室弟子朱辅智先生对亭记文字作了较为认真的审阅，深圳大学刘尔明教授曾为本书绘制相关插图，杨秀兰女士提供了多篇亭记及文字打印工作，并承王素芬、张寅山、余焕婷、史舒琳、何德明、秦玎瑶、孙媛、张满、薛飞诸位同行朋友的帮助与关注，在此对大家表示深深的谢意！这些都足以说明本书是一份集体的成果。限于篇幅与时间，图片与文字都一再精简，如分类、功能等以表格形式表述等；加之年事已高、精力有限，与卅年前的初衷相悖甚远，实感愧疚，敬希读者见谅，本书仅作一引子而已。

朱钧珍

2017年5月于学清苑

目录 CONTENTS

第一章 | 亭之概述

第一节 亭史述略

亭，在中华大地上是一种随处可见、与人们生活游憩密切相关的小型建筑物，尤其在自然风景区及人工园林中，几乎达到"无山不亭""无水不亭""无路不亭""无园不亭"的程度。在一处园林里，其他的建筑物可以不设，唯独亭是难以舍弃的。从古至今的园林里，几乎没有不建亭的。所以，亭应是中国风景园林的一个特色。

亭不仅具有多功能的生活游憩作用，更具有多姿多彩的艺术造型与深厚的文化内涵。由于亭的占地面积小、布置灵活，更带来建造上的便利性与经济性。而在以"诗情画意写入园林"为特色的中国传统风景园林中，亭从立意到选址，从造型到结构，以及亭的命名、匾联等，都包含着建造者的寓意构思与精神境界，渗透着相当丰富而深厚的文化风采与艺术特色，使它在中国的园林建筑这一门类中独放异彩，具有永恒的魅力。

早在两千多年前的春秋战国时代，吴王夫差（约公元前528—前473年）修建的梧桐园、会景园中，即有"构亭营桥"[1]之说。古代造园，挖池堆山，筑台营榭；先有台，台上建亭榭，可供眺望，并可避雨休息；是否确有如今日之亭，则属一种推测。另有关于鲁班（公元前507—前444年）造亭的浪漫传说：因见其妹小莲在夏季外出时，常摘下一片大荷叶遮阳挡雨，从而启发了喜欢"穷其究"的鲁班每天到鲁家村的各处荷塘仔细观察，琢磨荷叶的形态、生长习性等，加之他早有意愿为乡亲们作一处田间劳动之时能遮阳避雨的休息场所，而终于受到荷叶叶脉及挺枝形态的启发，设计出一种不像屋宅、不似楼舍，又可遮阳避雨的简单、实用的建筑。后来一位教书先生以形容荷叶的"亭亭玉立"而定其名为"亭"[2]。

秦代大建宫室，大小不下三百余处，都是"离宫别馆，相望联属"或"五步一楼，十步一阁"[3]，但其中却未见

①
任昉. 述异记[M]. 武汉：崇文书局，1875（清光绪元年）.

②
中国山东滕州鲁班研究会. 鲁班的传说[M]. 济南：齐鲁书社，2008：81–87.

③
陈梦雷. 古今图书集成：第11册[M]. 北京：中华书局，1986：12376.

有关亭的直接描述。汉代宫廷园林因袭秦代亦然，不过据《汉书·百官公卿表上》记载，"大率十里一亭，亭有长，十亭一乡，乡有三老、有秩、啬夫、游徼……皆秦制也"[1]。可见，亭在汉代是乡以下的一种行政机构的名称。相传刘邦就曾当过"泗上亭长"[2]。

此外，亭还作为一种计量单位，在驿路上约隔"十里一长亭，五里一短亭"[3]，供旅人歇息、食宿或送别。亭的这种功用在唐代仍然有之，如[唐]李白（701—762年）在其《菩萨蛮·平林漠漠烟如织》这首思念家乡的词中写道：

……

玉阶空伫立，宿鸟归飞急。

何处是归程，长亭连短亭[4]。

这种亭的概念一直沿用到元代，如戏曲作家王实甫（1260—1336年）在其所著《西厢记》中，即有莺莺小姐送张公子于长亭之缠绵送别的情景[5]。

在汉代还有"亭障"的记载，如据《后汉书·王霸传》："诏霸将弛刑徒六千人，与杜茂治飞狐道，堆石布土，筑起亭障，自代至平城三百余里"[6]。又据《战国策·魏策一》载："卒戍四方，守亭障者参列。粟粮漕庚，不下十万"[7]。可见亭障是自战国以来边塞上的一种堡垒。直至南北朝，王褒在其《渡河北》一诗中还有"常山临代郡，亭障绕黄河"[8]的描述。此外，尚有"亭徼""亭燧"之称，皆为边防哨所或烽火亭。

至晋代，由于宗教、玄学的影响，人们多崇尚自然，提倡返璞归真，大兴自然山水园林，随之出现了寺观园林，发展了自然风景名胜区。在这些园林风景中，则多有关于亭的具体记载，如一些文人们"每至美日，辄相邀新亭，藉卉饮宴"[9]，尤以浙江会稽（今绍兴）的兰亭记载最为翔实。

据云，兰亭在汉代即已有之，但其盛名始于晋代。晋穆帝永和九年（353年），大书法家王羲之（303—361年）任山阴（即绍兴）太守，于暮春三月三日，约其好友谢安、孙绰等四十余人，集会兰亭，饮酒赋诗，曲水流觞。赋诗毕后，由王羲之汇总并作诗序，记述此次盛会，这篇序文便是名传千古的《兰亭集序》。兰亭也因此序而名扬古今。古代文人的这种修禊活动，赋予亭极其浓厚的文化气息。今日的兰亭园林，除一个兰亭碑亭外，尚有流觞亭、御碑亭、鹅池亭、墨华亭，及其他水池、山石等。亭与游览观赏结合使园林空间平添人文的生机与意蕴。

隋代统一南北后，迁都洛阳，修建了规模宏大的西苑。据《大业杂记》载："隋炀帝，建西苑……其中有逍遥亭，八面合成，结构之丽，冠绝今古。"[10]一般认为这便是亭作为造园要素进入人工园林的起始，亭的景观作用则更加显著。

① 中华文化通志编委会. 中华文化通志：第4典[M]. 上海：上海人民出版社，2010：270.

② 胡阿祥. 刘邦汉国号考原[J]. 史学月刊，2001，33（6）：57-62.

③ 白居易，孔傅. 白孔六帖[M]. 北京：国家图书馆，1992：23.

④ 李白. 李白全集[M]. 鲍方，校点. 上海：上海古籍出版社，1996.

⑤ 王实甫. 西厢记[M]. 王春晓，张燕瑾，评注. 北京：中华书局，2015.

⑥ 范晔. 后汉书：卷20[M]. 李贤，注. 北京：中华书局，2012：578.

⑦ 刘向. 战国策[M]. 宋韬，译注. 太原：山西古籍出版社，2003：212-213.

⑧ 冯克诚，田晓娜. 四库全书精编：集部[M]. 西宁：青海人民出版社，1998：410.

⑨ 刘义庆. 世说新语[M]. 长沙：岳麓书社，2015：16.

⑩ 杜宝. 大业杂记辑校[M]. 辛德勇，辑校. 西安：三秦出版社，2006.

①
汪菊渊. 中国古代园林史[M]. 北京: 中国建筑工业出版社, 2006: 124-130.

②
冯钟平. 中国园林建筑[M]. 北京: 清华大学出版社, 1998: 186.

唐代国力昌盛, 无论皇家园林还是私家园林的兴建, 都达到了一个高峰, 园林中亭的数量与类型都胜于以往。据载, 唐大内的三个苑 (西内苑、东内苑、禁苑) 中均有亭, 唐时盛行蹴球游戏, 在西内苑的东海池设有球场亭子, 在东内苑的蓬莱池中建有太液亭, 而禁苑中的宫亭则多达 24 座①。

至于亭的造型, 除从晋代沿袭下来的曲水流杯亭外, 还有"自雨亭", 传闻由西域传入。夏天降雨时, 雨水从亭的屋檐上向四坡流下形成水的帘幕, 人在亭中, 顿觉凉爽清新, 兼赏落水之趣。此外, 在唐代长安兴庆宫的龙池以东, 建有重檐攒顶的方亭, 名沉香亭。作为这一建筑组群的中心, 亭四周种满各色牡丹。此亭不仅以名花取胜, 更因其木料选用名贵的沉香木而名, 堪称华丽花亭之始。从唐代敦煌莫高窟的壁画中, 更可看到有方形、六角形、八角形、圆形, 攒尖顶、歇山顶、重檐顶等多种形式的亭子。

唐代文人自然山水园中的亭就更加繁多, 运用更为普遍。如始建于隋代、重修于明代的山西绛守居园池, 是目前我国现存最古老的一处园林, 虽大部分已毁, 但遗址尚存, 并作了部分修复。该园在池中设洄涟亭, 池中满植荷花。其亭联曰:

> 快从曲径穿来, 一带雨添杨柳色;
> 好把疏帘卷起, 半池风送藕花香。

说明此亭为园林的春、夏景所在。另有一处拙亭, 亭内设石桌石凳, 亭联曰:

> 笑这小茅亭有几斗俗尘气;
> 杂些好木石在一泓秋水间。

生动地点出此亭"拙味"。此外, 尚有望月亭、柏亭、半圆亭、新亭等, 或描述四季景致, 或表现造园立意内涵, 或用作宴客休息之所, 亭在园林中已具有明确的使用功能及浓郁的文化气息。此外, 亭的建造也日见精巧。从柳宗元 (773—819年) 的《柳州东亭记》所述的东亭来看, 东亭面江背林 (松、柏、桧), 旁有建筑物, 亭前伸出两翼, 遮挡了亭正面所见之江面两端, 从而产生了"江化为湖"的效果, 是在亭的营造中利用环境巧妙造景的佳例。

宋代的皇家园林以汴京 (今开封) 的寿山艮岳为代表, 这是一个"叠石为山、凿池为海, 作石梁以升山亭、筑山岗以植杏林"②的大型园林, 其中的亭不计其数。在山的最高峰设有介亭, 为众峰之主。山上还有巢云亭, 高出峰岫, 在亭中可俯瞰群峰, 如在掌上。山岗脊石及水口瀑布处有园山亭、蟠秀亭、练光亭、跨云亭、雍雍亭; 在洲池、洲渚之滨, 有浮阳亭、雪浪亭、挥雨亭; 山路旁有界亭, 亭左又有极目亭、肖森亭, 亭右还有丽云亭、半山亭。从这些亭子的名称及位置可以看出当时造亭着重于赏景的艺术手法。

宋代的私家园林以洛阳诸园最为有名。据李格非（约1045—约1105年）的《洛阳名园记》所述，此时造亭，特别注意借景于园外。这是因为私家园林尺度较小，园内景物有限，当其周围环境有自然胜景时，便在高处建亭观赏。如丛春园中的丛春亭高出于荼蘼架之上，"冬月夜登是亭，听洛水声"[①]。而造亭成群也是这时的一个特色。如在富郑公园的一片竹林之中，错落地布置了丛玉、披风、漪岚、夹竹、兼山五座亭子；在名花荟萃的李氏仁丰园中，也设置了四并、迎翠、濯缨、观德、超然五座亭子。后世五亭群之制，或始于此。

由于亭的发展日益结合赏景功能，并渗透了浓厚的文学色彩，故唐宋以来，以亭为记的文学作品日渐增多，从而更加确定了中国亭文化的民族特色，并在明清两代得到更为广泛的发展。

明代计成（1582—? ）的造园专著《园冶》一书中，就"亭"的含义、形成、位置、选择等都作了精辟的论述，认为亭就是供人们停下来游憩的建筑物。亭有三角、四角、五角、六角、八角、十字以及梅花形、扇面形等形式。建亭要因地制宜，也没有一定的规格，除"水际安亭"之外，在溪流旁、竹林里、山顶、山洼、山麓……均可建亭，甚或跨水而建，叠石洞而建。这是有关造亭的初创理论[②]。

从明清两代现存的园林中可以看到，无论皇家园林、私家园林或自然风景之中，均建有亭，如避暑山庄就有六十多座亭，杭州西湖周围就有一百多座亭。在三潭印月景点的中心园路上，长不及300米，即有不同形状的五座亭，有偏于一角的三角形开网亭，有跨于桥上的方形亭亭亭，有临水边的卍字亭（已毁），有十字交叉路口的六角形御碑亭，以及南端水际的我心相印亭，几乎将亭作为中心游线上的主要景观。而中国文学名著《红楼梦》中关于亭的命名及赏景等的论述，更见其精妙。清代是园林发展到成熟鼎盛的时期，故关于园林中亭的形式、构造、布亭的密度、功能的多样性，尤其是文化内涵的丰富性，及其审美、观景的艺术性等，都已扩展到相当的深度和广度，使亭在中国风景园林中成为极其丰富多姿、灿烂夺目的一朵奇葩。

第二节 亭之类别

在中国园林营造中，亭是常见的建筑要素之一，其造型几乎囊括了中国传统建筑所有的单体造型形式，甚至还有一些其他类型建筑中所没有的特殊形式[③]。因此亭的种类繁多，可以按建筑材料、场所环境、形式特征、实用功能等若干方面进行分类，从而从不同的角度对其加以认识。

由于相关研究较多，本书在此仅以列表的形式分述如下，以避免重复，并以期一目了然。

① 李格非.洛阳名园记[M].北京：中华书局，1985：7.

② 计成.园冶注释[M].陈植，注释.北京：中国建筑工业出版社，1988.

③ 高鉁明，覃力.中国古亭[M].台北：南天书局有限公司，1992：31.

一、建造材料

材料名称	木、竹、石、砖、铜、钢、金、塑料、帆布、树皮、茅草、玻璃、琉璃

二、场所环境

园亭	庭园、园庭、庭院、林园、公园、陵园
山亭	山顶、山腰、山坡、山坳、山麓
水亭	水边、湖心、海滨
路亭	路旁、路中
桥亭	桥头、桥心

三、形式特征

屋顶形式	平顶、攒尖、硬山、悬山、歇山、庑殿、盝顶、重檐
平面形式	正方形、矩形、三角形、五角形、六角形、八角形、十字形、圆形、扇面形
特殊形式	螺丝亭、腰鼓亭、斜柱亭、荷叶亭、花瓣形亭
组合方式	母子亭、三亭一组、四亭一组、五亭一组、十亭组合、百亭园

四、实用功能

游憩观赏	四望亭、观日亭、赏月亭、观瀑亭、茶亭、憩亭
文化传承	流杯亭、兰亭、爱晚亭、放鹤亭、醉翁亭、习礼亭、诗碑亭
防护警卫	瞭望亭、警卫亭、门亭、岗亭、亭障、护井亭、护碑亭、护像亭
纪念情怀	签约亭、爱国亭、中山亭、风雨亭、六一亭、缺角亭、纪念碑亭
计程传驿	长亭、短亭、驿亭、路亭、桥亭、邮亭、电话亭、景名亭、送别亭、导游亭
宗教信仰	钟亭、鼓亭、功德亭、宰牲亭、焚化亭
亲友送别	劳劳亭、望兄亭、送弟亭、谢公亭
市井传舍	市亭、丘亭、郊亭、乡亭、都亭
民生经济	售票亭、小卖亭、各类商亭
集会办公	村亭、议事亭

第三节　亭之五性

亭具有以下五种并存的特性，与人们的生活如影随形，关于其历史价值、社会意义与文化积淀的研究，可以成为中国建筑门类中一种最具普世意义的学问——"亭学"。

在这"五性"之中，"悠久性"关于"纵向"时间的历史延展，"普遍性"关于"横向"空间的地域分布，这两者构成"亭"这一风景或建筑营造现象的时空条件，即其时空"纵横网络"。"五性"的后三者，分别是关于"亭"之物质形态的"多样性"、人文内涵的"文化性"、空间境域的"灵活性"。

一、悠久性——无时不有亭，源远流长

亭之设立，远古有之，虽屡建屡毁，往往也是屡毁屡建，新陈代谢，历久弥新，是中国最古老的小品建筑之一。其起始于先秦时代的奴隶社会，至今已有近3000年的历史，历朝历代，各具特色。从亭本身的发展变化看，由单个独立的亭，到亭的组合（亭群），到亭园（有唐一代，"亭"已可作为园林的代称），直至亭城的出现，源远流长，长盛不衰，是文明古国建筑类别中不可或缺的一种小品建筑。

二、普遍性——无处不筑亭，俯拾皆是

世界各国、四海之内，包括城市、乡村、荒野、田间、山丘、水面、林间、花丛……任何地方，均可筑亭，几乎达到"无处不有"的程度，其分布之广、类别之异、形态之丽、数量之多，无法精确统计。亭与自然共存，是自然环境中的客观存在；与社会共有，是人类精神与物质生活的主观需要，因而呈现出人（心境）、物（形态）、神（意境）三种境界综合共融的一种普遍追求。

三、多样性——无态不可亭，千汇万状

由上述关于"亭之类别"的探讨，足可见亭在物质形态层面的"多样性"，其多姿多态，甚至具有无穷的可能性。在建造材料上，也许无材不可建亭；在形式特征上，大概无式不可为亭；在立地环境上，或许无处不可造亭，这也和亭的"普遍性"相关；在实用功能上，则几乎无事不可用亭。亭作为建筑与风景营造中不可或缺的一种小品建筑，形态纷呈、内容丰富。

四、文化性——无人不识亭，雅俗共赏

亭作为一种人工构筑物，与人的实用需求、审美取向、价值观念等息息相关，这决定了亭的人文内涵，及其"文化性"。国事、家事、社会事，举凡政治、纪念、宗教、文化、艺术、民俗、民风……在社会生活的方方面面，任何事件及其内容均可筑亭立标。出于不同的建造目的，鉴于不同的人生经历，人们筑亭、用亭，进而构成对亭的不同程度的认知与识见。因此，可以说亭又是一种雅俗共赏的小品建筑。

五、灵活性——无境不关亭，有法无式

意有深浅，境有雅俗，价有贵贱，因地随形。在任何空间境域中，都可以找到关于"亭"的定位，因而亭也是一种极为机动灵活的小品建筑。在园林营造中有"有法无式"的论断，这种有其规律而无定式的"不确定性"，也可用于理解亭在营造空间以致完善境域的过程中所表现出的"灵活性"。在这个意义上，各种亭在人的使用、观赏过程中，被赋予的感知及意蕴至关重要，甚至达到一种深邃的哲理之境（如濠濮间想亭）。

第二章 | 亭例集萃

第一节　单亭

一、独立亭与附属亭

自有亭以来，其造型与空间，多以独立建造的单体形式呈现，功能多样、形态各异，如北京陶然亭公园湖心亭（环碧亭）（图2-1）、杭州孤山西湖天下景亭（图2-2）等，不胜枚举，无须赘述。

由于亭小巧玲珑、造型灵活，因而常常能以不同方式与其他建筑物或构筑物结合，附属于门前、楼顶、屋旁，作观景、景观、起居或防卫之用，可增添观景或景观功能、作为空间序列的节点、强化建筑集中式造型、完善建筑的内部功能、作为建筑庭园的要素。略述如下。

（一）增添观景或景观功能

附属亭主要用于增添观景或景观功能时，其功能与造型往往与建筑主体相对独立，以屋顶亭的形式

为主。如桂林植物园中某建筑屋顶亭（图2-3），传统中式木构形态，与主体建筑形式及植物园的自然氛围相合。也有西式造型的，如天津意式风情街马可波罗广场旁某建筑屋顶的观景亭（图2-4），其中有柱式和叠涩拱的组合；还有圆穹隆顶的鼓浪屿某别墅屋顶憩亭（图2-5）、呼和浩特某建筑上的西洋穹顶亭（图2-6）等。

这类附属亭在建筑屋顶上的位置不拘，但基本上偏于建筑主体一侧，以在特定的方向上获得开阔的视野，且在造型、风格上与主体建筑协调一致。

（二）作为空间序列的节点

亭作为建筑形态，同时也是空间形态之一，与园林或建筑结合，可成为空间节点的构成要素。考察园林或建筑的空间组织或空间序列，其空间节点可大致分为两种，一是空间序列的端点，二是空间序列过程中的节点。

最为常见的空间序列端点是园林或建筑的入口，此处设亭，则形成门

图2-1　北京陶然亭公园湖心亭（环碧亭）

图2-2　杭州孤山西湖天下景亭

亭形制。园林入口的门亭，有杭州黄龙洞庙门门亭（图2-7）、汉中古汉台碑林门亭（图2-8）等。现代园林的门亭式样不拘、形态灵活，但作为入口，仍基本采用中轴对称的造型，如昆明世博会的天鹅园门亭（图2-9）。

建筑入口的门亭，根据建筑形式、风格的不同而不同。有的沿袭传统"大屋顶"式样，如山东阙里宾舍门亭（图2-10）；而承传统之"形"，却无传统之"质"的个例也较为常见，如山东舜耕山庄门亭（图2-11），为满足机动车通行及上下客的需要，其空间宏阔，却使传统屋顶形式在很大程度上成为一种与建筑结构或构造无关的装饰。

除上述传统中式式样外，有的入口门亭与建筑的"中西合璧"风格相应，纳入西洋建筑要素，或设拱券，或作柱式；做成平顶，还可登临观景休憩，如南浔张石铭宅中的舞厅面向内庭院的入口门亭（图2-12）、南通博物院门亭（图2-13）、北戴河张瑞庭别墅门亭（图2-14）等；做成坡顶，则有带山花的古希腊或古罗马建筑山面造型，如厦门鼓浪屿某别墅二层入口门亭（图2-15）等。

在园林或建筑空间序列中的节点设亭，常见的是在游廊中部设廊亭，形成游览过程中必要的停顿、歇息空间，典型的如北京香山公园廊亭（图2-16）、苏州华侨饭店花园廊亭（图2-17）；另有位于游廊转

图2-3 桂林植物园中某建筑屋顶亭

图2-6 呼和浩特某建筑上的西洋穹顶亭

图2-4 天津意式风情街某建筑屋顶的观景亭

图2-7 杭州黄龙洞庙门门亭

图2-8 汉中古汉台碑林门亭

图2-5 鼓浪屿某别墅屋顶的憩亭

图2-9 昆明世博会天鹅园门亭

图2-10　山东阙里宾舍门亭

图2-11　山东舜耕山庄门亭

图2-13　南通博物院门亭

图2-12　南浔张石铭宅门亭（赵纪军摄）

图2-14　北戴河张瑞庭别墅门亭

折点的廊亭，如扬州个园回廊角亭（图2-18）；还有位于游廊端部的廊亭，如杭州岳庙碑廊亭（图2-19），其性质与上述园林或建筑的入口门亭相仿；有的廊亭联结多向度交通，起到空间转换与汇合的作用，如苏州拙政园中的廊亭（图2-20）。

亭作为空间序列的节点，或作为人流交通的转换空间，或作为驻足观景的停留场所，形成、完善了园林或建筑空间"起""承""转""合"的节奏。

（三）强化建筑集中式造型

有的附属亭以亭之造型作为建筑轴线上的制高点，成为建筑立面构图的中心。如鸡公山风景区的颐庐建筑立面正中的屋顶亭（图2-21），色泽斑斓、飞檐翘角、气势轩昂，与券门、线脚等建筑要素形成"中西合璧"的特色风格。又如花都的修业学校屋顶亭（图2-22）、广东开平的马降龙碉楼屋顶亭（图2-23、图2-24）等，则以西式的亭子作为立面构图的制高点。

以附属亭"强化建筑集中式造型"的个例，似乎都与西式风格相关，建造时间多在近代之后。"亭"在中国传统建筑体系中，绝少与其他建筑形式拼合，以形成集中式构图，也许这种建筑形态只在"西风东渐"的"近现代"背景下才有出现的可能。

（四）完善建筑的内部功能

有的附属亭位于建筑一隅，并至少在其一个侧面与建筑主体相连，主从之间形成耦合、交融形态，在功能上则是建筑内部功能的延伸。如北戴河别墅群中的双尖楼，建筑主体为两层，两侧山面各有一个八角攒尖亭（图2-25），攒尖亭突出屋面：在造型上与屋顶衔接、严丝合缝；在建筑空间上将楼体局部拓展至三层；在功能上则拓展了建筑主体的会客、观览等内容。

又如北戴河东海堂教堂（牧师住宅）（图2-26）、吴家大楼（图2-27），均以八角形攒尖亭与建筑主体连接，其造型、体量与建筑主体浑然一体，内部功能之间的关系亦然；而亭与建筑主体之间在造型、体量上的差异，又清晰地显示出附属亭所承载的建筑功能与主体建筑功能的区别。

可以看出，以附属亭"完善建筑的内部功能"，主从之间关系密切，而亭的造型几乎均以八角形平面出现，这大概是因八角形平面的四条对称轴互成90°正交或45°，更易与通常的正交建筑结构、空间体系衔接。

（五）作为建筑庭园的要素

有的附属亭在形式上相对独立、完整，置于建筑庭园之中，完善庭园的游观功能。如广州西关大屋西式庭园一角，一平顶亭基于庭园内另一附属建筑，被抬高至二层（图2-28），

图2-15　厦门鼓浪屿某别墅二层入口门亭

图2-16　北京香山公园廊亭

图2-17　苏州华侨饭店花园廊亭

图2-18　扬州个园回廊角亭

图2-19　杭州岳庙碑廊亭

图2-20　苏州拙政园廊亭

（a）日间景象

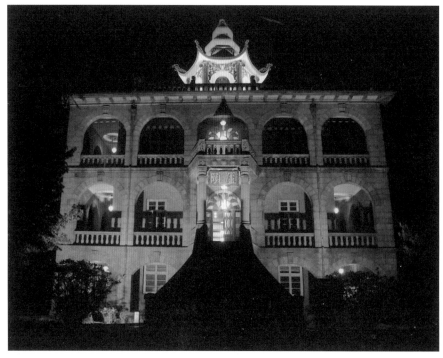

（b）夜间景象

图2-21　鸡公山风景区颐庐门楼全景

并由通透的两跑室外楼梯连接一、二层标高，丰富了回环、曲折的游园节奏，增加了高下、俯仰的空间关系，为庭园添彩。

又如北戴河某住宅宅间廊亭（图2-29），结合地形走势，从低到高设置了四座伞形亭，亭与亭之间用爬山廊串联，在庭园的横向与纵向上都有空间的起伏和层次；在基于地形所形成的丰富空间变化之中，四座亭的造型设计一致，使该建筑庭园统一协调、稳重得体，又饶有趣味。

亭也可以是建筑室内庭园的造景要素，如北戴河北辰大酒店中庭内的亭（图2-30），展示了精致的建筑结构，显得高雅、富丽；延庆快乐假日大酒店中庭内的茅亭（图2-31），加之廊桥藤架、葱郁的绿化、树干造型的建筑承重柱，表现出某种返璞归真的朴素气质；广州华侨酒店中庭内的筠亭（图2-32），则结合山石、瀑布，形成高低错落、俯仰相生的园林空间，打造了类似中国古典园林的一方天地。可见，在室内庭园中造亭，也意味着在建筑中引入园林，在人工中引入自然，增添了建筑的休闲、游赏内涵。

二、古亭与时尚亭

亭之营造，源远流长，因而有古今之分。这两种完全不同风格与内涵的亭，既能展示中国悠久历史文化的

渊源，又可反衬时代风尚的情趣。最古
的亭，由于历史的沧桑与荡涤，早已无
存。笔者所见最早的现存古亭，是浙
江永嘉芙蓉镇的茶亭（图2-33），基
本上保存了明代风格。亭位于三叉路
口一侧、紧邻镇上小河旁的高台之上，
亭的两面紧贴建筑物，另两面临路，由
道路经数步台阶可至亭中。亭内三面均
有美人靠，亭的一角设有小茶炉，亭梁
上贴满了红色的小纸条，上面写着某
月某日由某家献茶的名单，这是由各
家自愿组织起来为路人供茶的一种习
俗，这种优良的社会风尚从明代留传
至今，极为可贵，富有乡土气息。

至于清代的古亭，在皇家园林中
则随处可见，保存较好，如北京故宫
御花园中上圆下方、四面出厦的万春
亭（图2-34）和千秋亭（图2-35），
颐和园中建于乾隆时期的廊如亭（图
2-36）、知春亭（图2-37）、承德避
暑山庄的芳渚临流亭（图2-38）等。
苏州私家园林中也有不少典例，如沧浪
亭（图2-39）位居山巅，可登高远望；
网师园的月到风来亭（图2-40），濒
临水岸，坐西朝东，是临风赏月的绝
佳处所。又如济南历下亭（图2-41），
立于大明湖中最大的湖中岛上，因亭
而得名的"历下秋风"，为古时历城八
景之一。另有内蒙古包头的元代八角
古亭（图2-42），檐口平出，其屋脊
饰件形成翘脚，不同于上述皇家、私
家园林中亭的形制，显示出别具一格
的少数民族文化特征。

图2-22　花都修业学校屋顶亭

图2-23　广东开平马降龙碉楼屋顶亭之一

图2-24　广东开平马降龙碉楼屋顶亭之二

图2-25　北戴河双尖楼顶亭

图2-26　北戴河东海堂教堂

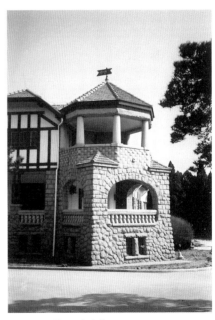

图2-27　北戴河吴家大楼

图2-28　广州西关大屋西式庭园一角二层观赏亭

图2-29　北戴河某住宅宅间廊亭

图2-31　延庆快乐假日大酒店中庭内的茅亭

图2-30　北戴河北辰大酒店中庭内的亭

图2-32　广州华侨酒店中庭内的筠亭

图2-33　浙江永嘉芙蓉镇明代茶亭

另外，为追溯古风、传承文化，时常可见仿古亭的建造，如甘肃酒泉公园中的十四柱汉式亭（图2-43）。酒泉公园另有可酌亭（图2-44），为仿西汉亭，其亭联由左宗棠所作，曰："中圣人之清，有如此水；取醉翁之意，以名吾亭。"还有20世纪80年代为保护嘉峪关"天下雄关"碑而建造的六角碑亭（图2-45），位于嘉峪关城楼西面，坐南向北，灰瓦覆顶，饰龙首兽形瓦，与关隘雄强的气势相调。还有河南洛阳王城公园的汉阙亭、浙江绍兴沈园的仿宋井亭等。

与古亭相对，则有时尚亭。由于建筑材料、技术的进步，社会生活中集体活动的增多，人们的审美观随之发生变化，特别是改革开放以来的文化引进，使时尚亭如雨后春笋般发展起来，可以归纳为以下几个方面。

（一）传统造型的设计革新

继承传统通常是设计创新的必要基础，不少时尚亭则基于传统造型意向，开拓多样的新意。就屋顶来看，有攒尖顶，如北京双秀公园山亭（图2-46），该亭亭柱与屋脊连为一体，柱、梁、檐口等均为简洁的条块状，增强了形式上的整体性，显得刚健有力；另有盝顶，如香港某住宅区内的憩亭（图2-47），其屋顶用纵横梁体分割成九宫格状，每一格又覆以金字塔形玻璃，使亭内休憩空间拥有充分的采光；还有斗笠顶，如香港

图2-34 北京故宫万春亭

图2-35 北京故宫千秋亭

图2-36 颐和园廓如亭

图2-37 颐和园知春亭

图2-38 承德避暑山庄芳渚临流亭

图2-39　沧浪亭

图2-40　网师园月到风来亭

图2-41　济南历下亭

图2-42　内蒙古包头元代八角古亭

图2-43　甘肃酒泉公园十四柱汉式亭

图2-44　甘肃酒泉公园可酌亭

图2-45　嘉峪关"天下雄关"六角碑亭

图2-46　双秀公园攒尖亭

东区某住宅区内储藏与歇息相结合的圆亭,其具有幽雅的弧线、深远的檐口,粗壮的亭柱(用于储藏杂物)与薄薄的亭顶形成有趣的对比,为该居住区打造了一处亲切可人的休闲场所(图2-48);又有两坡顶,如香港皇后像广场某亭的坡顶镂空,并结合檐口起翘,其曲线俏皮而可爱(图2-49);遮打花园某亭的坡顶中间透空,分割、限定了亭下采顶光的纵向交通空间及其两侧设条凳的休憩空间,功能与形式在此形成恰如其分的统一(图2-50);香港某住宅区广场边的路亭,其坡顶以条木组成整饬的表面肌理,不为遮风避雨,而成为该过道空间的一个标志物(图2-51)。

还有的亭,基于传统造型意向,表现出更为精致的创意。香港某住宅区中的方亭(图2-52),平顶悬挑、出檐深远,其上似乎是盝顶与脊饰的抽象与结合,又仿佛清丽的白色花朵;另有某花园中的憩亭(图2-53),是传统三重檐亭的抽象,亭柱的曲线与檐口对接,使亭的造型浑然一体,其上翻的檐口则使亭呈现出些许轻快的升腾之势。

总之,基于传统的设计革新,既需拟仿、师法传统之"形",更要承传、蕴含传统之"意"。

(二)轻盈飘逸的片状造型

有些时尚亭造型轻盈、小巧活泼,充分利用新建筑材料的特性,其亭顶采用简洁的片状造型，完全颠覆了亭的传统造型窠臼，如位于香港上环海滨路的休憩亭（图2-54），圆形片状的亭顶，只有两根柱子支撑，结构、功能极其简约，富有时代感。

另一些亭拟仿自然之象，对自然叶片形式进行抽象，其作为覆盖功能的亭顶和满足承重功能的亭柱形成连续的一体，具有很强的形式感，如香港沙田公园中的玉兰花瓣亭（图2-55）、香港海洋公园中的某休憩亭（图2-56）等。有的亭其片状亭顶与亭柱在结构上相对独立，显得更为轻盈飘逸，如香港房屋署平台花园中的休憩亭（图2-57），三角帆状薄膜，似顶非顶、似墙非墙，形成亭的基本围护和覆盖结构，与一旁的独柱连接，形成了既有一定私密性，又具相当开放性的休憩空间。

还有的亭直接模拟植物叶片，人造建材与自然形式、休憩功能与自然环境，形成有趣的人工与自然的对话，如新疆天池的一叶亭（图2-58）、长沙潇湘大道上的双叶亭（图2-59）等。

（三）厚重敦实的雕塑形态

与上述"片状造型"的时尚亭相反，有的依据建筑材料特性，形成厚重的雕塑感，且其亭顶和亭柱大多相连成为完整的连续体。如青岛第一海水浴场休憩亭，好似由完整的壳体作"减法"镂空而成，其空间收束、内敛，成为领域感很强

（a）整体外观

（b）内部休憩空间

（c）天花造型

图2-47 香港某住宅区内的盝顶憩亭

图2-48 香港东区某住宅区内斗笠顶圆亭

图2-49 香港皇后像广场某两坡顶亭

图2-50 遮打花园某两坡顶亭

图2-51 香港某住宅区广场边的两坡顶路亭

图2-52 香港某住宅区中的白色方亭

图2-53 某花园中的憩亭

图2-54 香港上环海滨路二柱休憩亭

图2-55 香港沙田公园的玉兰花瓣亭

图2-56 香港海洋公园休憩亭

图2-57 香港房屋署平台花园休憩亭

图2-58 新疆天池的一叶亭

图2-59 长沙潇湘大道上的双叶亭

的休憩空间（图2-60）；沿岸滨水的休憩亭，由四个壳体作"加法"组合而成，其空间外向、开放，成为绝好的观海景、听海风、触海浪的观览空间（图2-61）。又如天津杨村小世界的塞内加尔图巴清真寺中，休憩亭造型是简化的伊斯兰风格的穹顶和尖券，表现出特别的异域风格（图2-62）。

（四）小巧温馨的玻璃盒子

有的时尚亭出于生活起居功能的需要，不同于一般亭子有顶无墙的形式，构造了完整的内部封闭空间，但采用玻璃等建筑材料，仍然保持了视觉的通透感。如北京市平谷区"怡养爱晚"养老院中的"竹报平安"亭（图2-63），平顶、八角、木结构、玻璃围护，简洁的直线构成，落地大窗，窗明几净，在郁郁葱葱的竹林掩映下，精致小巧，安逸闲适，分外可人。

三、特色亭

以上就亭的体型与空间营造、历史传统及传承创新两个方面进行了阐述，由于亭具有多样性、文化性等"五性"，在单亭中，常常会因为多种需要或多种构想，出现一些极具特色的亭，大致可分为形制、造型、功能、材料等几个方面。

（一）特色形制

1. 扇面亭

　　扇面亭比较常用，通常基于适当的地形环境设立，以扩大从亭内向亭外的观景面；同时，其别致的造型，也使其成为一处特别的景点。例如，苏州拙政园园区西部的与谁同坐轩（图2-64），位于山势低处、濒临水岸，面对"别有洞天"洞门、宜两亭和沿水岸高低起伏的长廊，有着开阔的赏景视角；从园区东部经"别有洞天"洞门进入西部，首先映入眼帘、隔水相望的便是与谁同坐轩，因而该扇面亭兼具观景场所和标志景观双重作用。类似的例子还有杭州郭庄、上海丁香花园中的扇面亭（图2-65、图2-66）。南浔小莲庄中的扇面亭（图2-67）与前述不同，附属于主体建筑，又具"半亭"形制，起到建筑空间转换的作用。

　　除了常见的坡顶，也有的扇面亭采用平顶，如北京宋庆龄故居中的箑亭（图2-68），有着富丽堂皇的精巧绘饰；又如南通啬园中的平顶亭（图2-69），简约却略显平淡。

　　扇面亭形制承传至今，广泛见于现当代公园中的一些建筑造型，如北京宣武公园中的扇面亭（图2-70），基本依循传统形制；又如香港北区公园中的扇面亭（图2-71），有着传统的歇山顶外形及观景功能，但在风景空间组织上，成为限定集散广场边界的要素，呈现出不同于传统的些许新内涵。

图2-60 青岛第一海水浴场休憩亭

图2-61 青岛第一海水浴场的滨水休憩亭

图2-62 天津杨村小世界塞内加尔图巴清真寺中的休憩亭

（a）亭之外观

（b）亭之内景

图2-63 "竹报平安"亭

图2-64 苏州拙政园扇面亭（与谁同坐轩）

图2-65　杭州郭庄扇面亭

图2-66　上海丁香花园扇面亭

图2-67　南浔小莲庄扇面亭（赵纪军摄）

图2-68　北京宋庆龄故居簃亭

图2-69　南通啬园平顶亭

（a）亭之正面

（b）亭之背面

图2-70　北京宣武公园扇面亭

图2-71　香港北区公园扇面亭及其前广场

2. 半亭

半亭一面靠墙或石壁，而非一般四面开敞的亭，常用于道路经过之处，可停下稍息，或可向外观景，或可向内观赏石壁之诗画石刻，如苏州网师园殿春簃、宁波天一阁中都有"半亭"之设（图2-72、图2-73），还有杭州孤山南麓的六一亭（图2-74）等。

（二）特色造型

1. 龙亭

北京龙潭湖公园内的龙亭（图2-75），前端为歇山顶的亭，为"龙头"；后半部与起伏、扭曲的两坡游廊相连，游廊的屋脊好似龙体的背脊，即为"龙身"；后端收束采用"嫩戗发戗"的做法，用子角梁将屋角翘起，形成灵动、升腾之态，为"龙尾"；"龙身"游廊沿线的立柱好似"龙腿"，其上缠绕着栩栩如生的龙雕，沿线的座椅靠背做成"鳞片"形式。总体而言，龙亭设计构思别具一格，各种细节紧扣"龙"的主题，其建造使用黄蓝琉璃瓦，更使外观金碧辉煌、气派非凡，为国内仅有。

2. 舫亭

"舫亭"即常见的"石舫""不系舟"等，如拙政园中的香洲（图2-76），将观景平台、一层两层高低不同、歇山卷棚形式各异的建筑组合在一起，造就了丰富的天际轮廓、微妙的虚实关系。类似的例子还有甘肃酒

泉公园的石舫、南京煦园中的石舫
（图2-77、图2-78）、苏州狮子林
中的石舫（图2-79）、绍兴东湖船厅
（图2-80）等。作为一种特殊的亭、
舫结合的建筑类型，也用于现当代
的园林建筑营造之中，如杭州西湖
曲院风荷新建石舫（图2-81）、天津
杨村游乐园中的石舫（图2-82）等。

3. 独柱亭

一般亭由若干立柱形成其承重结
构框架，独柱亭顾名思义，则是由一
根立柱完成亭的承重结构功能，颇有
"金鸡独立"的特异性，其整体造型
也多异于寻常。如北京陶然亭公园中
山坡上的树皮亭（图2-83），拟仿
自然树形，好像从大地上生长出来一
般。类似的例子如某庭园中的独柱亭
（图2-84），但人工痕迹较为明显，
似以"人工"之形强为"自然"之
态，效果较前者逊色。

因其"独柱"，有的独柱亭如
一把撑起的伞，相较于上述效法自然
之形，此类则为拟仿人工之物。如内
蒙古扎兰屯吊桥公园内的"一柱亭"
（图2-85），红色钢柱托起一柄蒙古
包式的伞状亭顶，颇具少数民族的地
方特色；又如新加坡蓄水池园林的白
色独柱凉亭（图2-86），在树荫、草
坪的环境中显得超凡脱俗。

另有独柱亭采用平顶，其竖向立
柱与横向屋顶形成简明的对比，如香
港屋邨某休憩亭（图2-87）。有的则

图2-72　苏州网师园殿春簃半亭

图2-73　宁波天一阁半亭

图2-74　杭州孤山南麓六一亭

图2-76　拙政园中的香洲

（a）龙亭之"龙头"

（b）龙亭之"龙身"

图2-75　龙潭湖公园龙亭

图2-77　甘肃酒泉公园石舫

图2-78　南京煦园石舫

图2-82　天津杨村游乐园石舫

表现出结构之美，其中的柱、梁清晰可见，突出了独柱亭的结构特色，有的立柱居中（图2-88），有的偏于一侧（图2-89），使建筑造型及其结构更加丰富。

还有的独柱亭将"独柱"与传统亭相结合，如某水岸边的独柱亭（图2-90），成为该滨水空间中独特的一景，且不难看出其中协调空间与功能之间关系的巧思：一方面利用"独柱"尽可能少地占用下层沿水岸线的游览空间，另一方面采用传统亭形成观景、休憩空间与上层城市公共空间接驳，从而兼顾了该滨水空间不同标高上的游观需要。

4. 腰鼓亭

沈阳植物园中有一采用腰鼓造型连接而成的亭（图2-91），造型别出心裁，其立柱是未经多少雕琢，其

图2-79　苏州狮子林石舫

图2-83　陶然亭公园的树皮亭

图2-80　绍兴东湖船厅

图2-81　杭州西湖曲院风荷新建石舫

图2-84　某独柱亭

图2-85　扎兰屯吊桥公园"一柱亭"（赵纪军摄）

至带有树皮的树干，尽显原生态的特色，与葱郁的林木环境相得益彰。该亭造型突破了亭的常规样式，成为一处有趣的景观，同时不失为歇憩、小坐的好去处。

5．亭雕

香港九龙公园中的"湖心亭"（图2-92），远观是一座雕塑，近看方知被称为"湖心亭"。该"亭"建于一块面积仅3平方米见方的平台上，四周有水沟及水池，其造型是以各种形态的金属构件勾勒出一座高约6米的扭曲无序的雕塑，乍看不知为何主题，其旁有一块水石碑，上刻"湖心亭"三字。因此，该"亭"超脱于亭的一般形态，与古今常见的亭迥异，表现了一种抽象的亭的意涵；这无疑扩大了"亭"的内涵，也可见"亭"确为古往今来喜闻乐见的一种游观载体。

图2-86 新加坡的独柱凉亭

图2-87 香港屋邨某休憩亭

图2-88 体现结构美、立柱居中的独柱亭

图2-89 体现结构美、立柱偏于一侧的独柱亭

图2-90 "独柱"与传统亭的结合

（a）总体外观

图2-91 沈阳植物园腰鼓亭

（b）亭顶细部

图2-92　香港九龙公园"湖心亭"

图2-93　杭州"三潭印月"碑亭

图2-94　绍兴会稽山麓"大禹陵"碑亭

（三）特色功能

1. 防护亭

风景园林中不乏碑刻、井泉、名石、塑像之设，为其不受风剥雨淋、污染侵蚀，常建亭其上加以保护。此外，古代立于城墙上的瞭望亭，以及常见的站岗放哨的岗亭，则体现了亭的防卫功能。

（1）碑亭

碑亭是中国风景名胜及园林中最为常见的一种亭。碑多半立于亭之中央，也有的镶嵌于亭侧墙上，少数则分列于亭之周边。碑亭的主体是碑，这些碑多具有文化或纪念意义，从碑的内容来看，大致有以下几种。

一是作为景物、景点的标志。如杭州西湖十景，每一景都有一个碑亭，上书景名：柳浪闻莺、曲院风荷、平湖秋月、三潭印月（图2-93）等。也有仅写地名的，如浙江绍兴的"大禹陵"碑亭（图2-94），碑立亭中，仅书"大禹陵"三字。碑的背面或以诗，或以文记述碑亭的由来、相关的历史典故等。

二是纪念碑亭，是为纪念某人物或某事迹而立的亭，有着特定的人文历史蕴涵，如追溯王羲之"兰亭"雅集韵事的绍兴兰亭"鹅池"碑亭（图2-95）、无锡鼋头渚小兰亭碑亭（图2-96）、颐和园谐趣园兰亭碑亭（图2-97）等。

武昌首义公园中的碑亭（图2-98）建于20世纪90年代，为纪念辛亥革命武昌首义80周年而建。碑亭有二，形制一致，分别位于公园中心广场东南角和西南角。圆形台基，方形立柱，西式穹顶，内置中国传统石碑，呼应了近代"中西合璧"的建筑特色。东侧碑亭的碑文为民国创始人士的遗墨，宣扬了革命的理想，西面碑亭的碑文是早年参加辛亥革命运动的共产党人的手迹，表达了颠覆旧社会的豪情。

近年为修复万里长城，各省也有捐款并设立纪念碑亭的，如八达岭长城上的贵州碑亭，是极具贵州乡土特色的碑亭。亭的四根立柱上贴有红色花岗石，柱上横梁为灰白色花岗石贴面，亭顶两块平板呈十字交叉置于横梁之上，这种独特的造型，寓意当年修筑长城时"贵州营"工匠所搭的临时工棚，粗犷、稳重，与气势磅礴的长城取得和谐统一。亭中立有一块晶墨玉大理石碑，碑正面刻有"爱我中华，修我长城"八个大字，碑背面和侧面则刻记着贵州人民捐赠修长城的爱国盛举。

又如圣塘闸亭为一个旧址纪念防护亭（图2-99），1987年建于杭州白沙路西湖旁，亭内为控制西湖水位闸门的启闭设施，钢筋混凝土结构，面西湖的一面有"源远流长"匾额，面临绿地的一面有《钱塘石湖记》碑文一块，四面封闭，亭置于三面有石栏杆的平台上，歇山翘角，形式精美，成为西湖边一处具纪念意义的点缀。

三是墓碑亭。如湖北荆州楚令尹孙叔敖墓碑亭（图2-100），因袭了传统的建筑形制；福州昭忠祠的马江烈士墓碑亭（图2-101）立于光绪十年（1884年），在近代"西风东渐"的背景下，融入了简化的西洋建筑之圆穹隆、柱式造型。

四是御碑亭。这是中国封建社会帝王游幸留下的痕迹，尤以清代乾隆帝为最。乾隆帝六下江南，在广大的南方名胜之地，留下了大量的字碑，这种护碑的"御碑亭"便成为中国碑亭的一种特有形式。碑的造型也很有讲究，碑的上端，一般刻有龙纹雕花，下端必骑在平放的龟背上，乃真龙天子健康长寿之寓意。

总之，各种碑，或镌文章记事，或刻诗词画像，融雕刻、绘画、诗词于一炉，是我国文化艺术瑰宝之一；碑亭在"护碑"的同时，也获得了相应的文化价值与意义。

（2）井亭

除"碑亭"之外，"井亭"也是过去极为普遍的一种亭的类型，它不仅保护了水源，往往还具有加强自然景观的作用。

在农村或城郊远离河湖的地方，生活用水常靠挖井而来，散置田边道旁的水井，往往也修建一个茅草亭棚护之。城市中保存完好的井亭，要数皇宫坛庙的井亭。北京故宫是一组庞大的衙府宫苑，房屋达九千多间，皇帝的饮水虽然取自玉泉山，但宫中的生活用水则

全为井水。据统计，故宫的水井有近百个，每一个院落几乎都有一两个，这些水井大多建亭保护。如御花园的千秋亭就是一个十分富丽堂皇的井亭，还有东井亭（图2-102）等。故宫的井亭有一特点，大多在亭顶中央开一天窗。传说这源于皇城的规矩：水如果不见阳光，就属"能阳水"，人喝了这种水就要生病，所以在亭顶开天窗，让天光射入，使天光与水相接就能祛病延年。这虽是一种传说，但亭顶开窗，让光线透入，可供照明，便于取水时操作长杆之用，也是可取的。在仿宋故园——浙江绍兴沈园内也有一个仿宋的井亭（图2-103），亭顶亦开天窗。由此看来，这种做法古已有之。

杭州南山净慈寺内也有一个井亭，历来流传着一个作为笑谈的传说。其井底有一段木头露出水面，据传这是在五代时济公和尚修建净慈寺，从外地利用钱塘江水道运输木头时留下的。而为什么会仅仅留下一根木头呢？这是由于当时有人说"够了"，于是这最后一块木头就到此不收了。后人在此建井亭，并名曰"运木古井"以作纪念（图2-104）。

（3）泉亭

除"井亭"之外，在风景名胜区多有"泉亭"之设。如山西晋祠的难老泉，以晋水流经千年不枯，水清如玉，故取诗经"永锡难老"之意而名，建亭护之（图2-105）。又如无锡锡惠公园的"天下第二泉"，经

图2-95 绍兴兰亭"鹅池"碑亭

图2-96 无锡鼋头渚小兰亭碑亭

图2-97 颐和园谐趣园兰亭碑亭

图2-98 首义公园中心广场南侧的碑亭（赵纪军摄）

图2-99　圣塘闸亭

图2-100　荆州楚令尹孙叔敖墓碑亭

图2-101　福州昭忠祠马江烈士墓碑亭

图2-103　绍兴沈园仿宋井亭

(a)亭外观

(b)亭内井

图2-102　北京故宫东井亭

图2-104　运木古井亭

唐代茶圣陆羽品评定位,也建亭加以保护,同时亭也起到添景与标志的作用(图2-106),加之后来音乐家阿炳在此构思了"二泉印月"的优美曲调,使此泉愈加闻名遐迩。

(4)护石亭

无锡惠山寺内有一听松亭,是为保护一块如床的褐色、平滑的巨石而建。传说宋康王赵构逃往杭州、途经惠山时曾在此石床上过夜,半夜里听到山上松涛齐鸣,以为又是金兀术的追兵来了,爬起就逃。后人便称此石床为"听松石",并建亭护之。

(5)岗亭

一些亭作为居所的防卫之用,如广州花都祺勋家塾的屋顶六角亭(图2-107)及圆亭(图2-108),可登临远眺,以窥异常。城市中也有保安护卫亭,是"亭"多样性的又一例证(图2-109)。

2.则水亭

浙江宁波月湖有一则[①]水亭(图2-110)。宁波之有月湖,犹如杭州之有西湖,但西湖位于杭州城外,而月湖却在宁波城中,故月湖水之涨落,带来的祸福与城中居民生活息息相关。宁波是一个既滨海又枕江的城市,淡水难蓄而易泄,小旱则池

---

① "则"字,在此意为准则、榜样之意。"则水"即测水之意。

井皆竭，江海潮涌则水患为害。从盛唐开始，已大规模兴修水利，将原来城中的明湖分为日湖和月湖。后来，日湖湮没，仅存月湖，并成为城中的主要水源。在后来的历次修浚中，一方面治水，一方面也修建了"月湖十洲"之景。今日在月湖的菊花洲平桥河旁（今镇明路迎风街口）留下了一处古老而著名的古迹——则水碑遗址中的则水亭。

此亭建在城市道路路面以下，是一个歇山式的小石亭，亭中有一块古平字碑，是南宋开庆元年（1259年）由当地州官吴潜整修月湖水患时所建。该碑是当时全城统一的则水标志，置于平桥下的水中，每当水涨到"平"字处时，则全城各处水闸开放，如水在"平"字以下则关闸蓄水，这样全城统一以此碑的标志为准，克服了过去缓慢而不准确的"层层人为报水"做法的弊端。吴潜为此写有《平桥水则记》的碑文，叙述"平"字的缘由，认为这是统一全城水利命脉的准衡，他很感慨地说："余三年积劳于诸碑，至洪水湾一役，大略尽矣……。平桥距郡治，巷语可达也。然于此郡之丰歉不能忘，故置水则于平桥下，而以'平'字准之，后之来者，勿替兹哉！[①]"他不仅建亭保护此碑，而且在亭旁留出一块空地，使过往的人群都有停留、关注、观察水情的空间，足见其用心良苦。

然而，如此具有科学价值的平字碑亭，却在历代沧桑中多次被沉埋、破坏，直到1999年由宁波市文物部门再度考证、挖掘、修整，始重见天日，使这一经历了七百余年的宋代水利工程——水文观察标准的则水碑亭重新展现出昔日的辉煌。在后世的《重修则水亭记》中云："当年吴公创建斯亭，只为民生安全计，后人感念其恩德，系远思口碑于今。可见勤施于民，民亦将思念而不能忘，观斯亭有感而兴也。"[②]

总之，这个则水亭所表达的，不仅是古代水利工程的记录与见证，也不仅是对古代州官吴潜之功德的纪念，更是继中国历代重大水利工程，如成都的都江堰、广西兴安的灵渠秦堤之后，又一处关系到一城一地老百姓生活安危的创造，更是中华民族智慧的又一表征。真可谓：

小亭碑记则水深，州官吴潜发明人。
莫道碑残亭不古，励精图治总关情。

3. 厕所亭

滁州市新近建设的亭式厕所（图2-111），遭到不少人的非议，认为亭子一向是游憩、观赏、实用的，属于文化性质的建筑，怎么能将厕所与文雅的亭子联系起来呢？但若考虑到"亭"在其历史发展过程中所表现出来的功能多样性，则应可以对这种新的现象持宽容的态度，"亭"的内涵既可以有文化的高度，也应可以面

(a) 亭外观

(b) 亭内景

图2-105 "难老泉"泉亭

①
吴潜. 平桥水则记[M]//曾枣庄，刘琳. 全宋文：第三三七册. 上海：上海辞书出版社，2006：248.

②
王重光. 七百年前的水文观测站——宁波月湖"平"字水尺考[J]. 董贻安. 浙东文化. 宁波市文物考古博物馆学会会刊，2000，15（2）：119.

图2-106　"天下第二泉"泉亭

图2-108　广州花都屋顶圆亭

图2-107　广州花都祺勋家塾的屋顶六角亭

图2-109　香港中环保安护卫亭

向实际的问题。换句话说，为什么亭不能用于生活中必需而常用的建筑呢？而这种诟病早已被香港建筑设计者所打破，而出现有园亭形、轮船形，乃至大型油桶形的厕所，在满足实用功能的同时，也成为市容的一部分。

（四）特色材料

造型各异、功能多端的亭子，所使用的建造材料也是形形色色的，如树木、茅草、石料等。有的亭子直接依托自然树木完成其结构与造型，有着别具一格的朴素气息，如成都青城山的路亭（图2-112），利用路旁大树作柱，设美人靠，覆茅草顶，原木原色，无任何雕琢漆饰，与周围的山林浑然一体。

（a）亭外观及其环境

（b）亭内则水碑

图2-110　宁波月湖则水亭

有的亭全然以植物构成，也颇为特异：河南淮阳一个专门展示绿雕的公园中，有一以六株桧柏组成的植物亭（图2-113），树干为亭柱、树叶修剪为亭顶，充分挖掘了植物造型的潜能。

总之，特色之亭甚多，无可能穷尽，更多个例拟结合后续有关章节述之。

第二节　亭组与亭群

一、亭组

两个以上的单亭相互组合，且顶部连为一体的形式，称为亭组。从外形看，亭组有两个或多个亭顶，其内部则是一个完整的空间。一般有二联的双亭、三联亭、四联亭、五联亭，以及多个顶的则称为"亭棚"。二联的双亭，有北京妙峰山和天坛公园中的双亭（图2-114、图2-115）；南京煦园中的鸳鸯亭（图2-116）；另有香港新界北区公园中的二联亭组（图2-117），采用江南亭筑风格，取名"蔚秀轩"，隐于一片翠竹与南国植物丛中；还有台湾阿里山的姊妹亭（图2-118），这一有着特别文化内涵的著名景观还成为仿制的对象，如北京陶然亭公园中仿制的阿里山姊妹亭（图2-119），北京天安门广场也曾在国庆之际打造了仿制阿里山姊妹亭的花坛景观（图2-120），体现出一定的政治与文化意义。

（a）正面外观

（b）背面式样

图2-111　滁州市亭式厕所

图2-112　成都青城山路亭

图2-113　河南淮阳某公园中的植物亭

图2-114　北京妙峰山双亭

图2-115　北京天坛公园双亭

图2-118　台湾阿里山姊妹亭

图2-116　南京煦园鸳鸯亭

图2-119　北京陶然亭公园中仿制的阿里山姊妹亭

图2-117　香港新界北区公园二联亭组

图2-120　北京天安门前国庆花坛中仿制的阿里山姊妹亭

三联亭组，如香港沙田第一城10号楼旁的亭组（图2-121），结合曲折有致的折线形水池，限定和围合场地空间，提供了穿行和休憩的功能。

五联亭组，如天津某政府机构招待所（会景园）中的亭组（图2-122）。多顶相连的亭组，如20世纪50年代天津水上公园边的候车亭组，不同于传统的木结构及坡顶造型，由十个独柱、平顶亭联结而成（图2-123），体现了新时代对于亭造型的设计匠心和革新。

二、亭群

两个及以上的单亭相聚一处，彼此独立，成为一个多亭的群体，则称为亭群。它可由相同、相似造型的亭或由不同造型的亭聚集在一起，形成统一的风貌与特色。

（一）二联亭群

两个独立单亭组合形成二联亭群，称"母子亭"。古代较为少见，这大概是因为传统建筑在形制、尺度、比例等方面的特点使然。因而二联亭群多以现代亭的面貌出现，形式灵活，且常常互不相同，一大一小，一高一矮，如香港筲箕湾姊妹亭（图2-124）、九龙常盛街公园"母子亭"（图2-125），上海财经大学校园内也有此类个例（图2-126）；或有色彩上的对比和变化，如包头友谊广场上的斗笠"母子亭"（图2-127）。二联亭群表现出亭面向当下社会生活的"现代性"。

（二）三联亭群

三个以上单亭组成的亭群更多，且古已有之，特别是"三五成群"早已是亭群组合的突出、优美的先例。如避暑山庄的水心榭，三个优美的古亭（图2-128）置于水闸的桥上，主次分明，中间的稍大，呈卷棚歇山顶，两旁的稍小，呈攒尖顶；造型统一为重檐式，跨水而过，掩映于水面，优美绝伦。

今日的三联亭群已较多，如郑州碧沙岗公园建有三个亭子，并分别以"民族""民生""民权"命名，具有内容的显示性[①]。又如台北南园内的

（a）沿入口纵观之景致

（b）沿庭园横向之景致

图2-121　香港沙田第一城三联亭

（a）五亭相联，一字排开

（b）首亭引领，纵深有序

图2-122　天津某政府机构招待所（会景园）中的五联亭组

图2-123　天津水上公园边的候车亭组

图2-125　九龙常盛街公园"母子亭"

图2-124　香港筲箕湾姊妹亭

图2-126　上海财经大学校园"母子亭"

图2-127　包头友谊广场斗笠"母子亭"

图2-130　台北南园东亭

图2-128　避暑山庄水心榭亭桥

图2-129　台北南园三亭群全景

三联亭群。南园位于台北近郊的南山地区，是有水一泓、群山环抱的幽静山水园，被台湾《联合报社》选中作为社址，并主持修建了这座"南山有台，……乐只君子"[②]，园林造境、公之群贤，十足表现传统文人园林主旨与乐趣的园林。南园的建筑不像江南园林那么轻巧淡雅，而是采用粉红色的磨砖对缝贴砌制作，亭榭多用歇山顶，成群组合，色彩鲜艳，与周围苍翠的绿色植被形成鲜明的对比，为明显的闽南园林风格。其中最具特色的一组三亭（图2-129），临水而建、有进有退，标高各异、形式有别，各亭柱上均有楹联，增添了艺术布局的文化情趣。

东边的一座为梯形平面，位置最低，面积略大，以一角伸向水面，后倚一座假山，人居亭中，可临水观鱼、赏莲（图2-130）。其亭联曰：

东幽最好到三亭，后倚危崖，前临碧水；

遣兴不妨招一艇，钓来锦鲤，唤啄红莲。

中间的一座亭略呈长方形平面，高出水面一米有余，上可望西亭，下

①

朱钧珍. 中国近代园林史：上篇[M]. 北京：中国建筑工业出版社, 2012：123-124, 395.

②

小雅：南山有台[M]. 程俊英, 译注. 诗经译注. 上海：上海古籍出版社, 2016：305-307.

可瞰东亭，其联曰：

临曲水，赏仙院二重，水之上水之下；

倚中庭，如小星三点，亭又东亭又西。

此联说明中亭的左右借景，分隔北岸建筑，增加了景深的作用。

西亭的位置最高，距水面三米有余，后退池边数米，亭后倚高埋，呈半亭形式（图2-131）。其联曰：

幽亭宜寄芳踪说爱，盟心切切，都成祕密；

静水能传妙响弹丝，吹竹声声，转觉柔情。

此亭群在布局上，一亭复一亭，亭亭相望，视点高低上下，亭内空间有阔有狭，再加以浅俗而俊俏的楹联，构成一处简洁而有趣的园亭空间。这种实例在目前尚不多见，但能为创造优美文雅、服务游乐的亭群艺术布局，提供积极的启示。

三联亭群的形式也见于时尚亭的组合，在为人们提供休憩空间的同时，成为一道别致的风景，如新加坡碧山公园的三联伞形亭群（图2-132），在疏林草坪的背景下，为公园空间平添一抹清丽的色彩，营造了一处轻松而有趣的休闲、游赏场所；香港美林村中的三联亭群

（图2-133），每个亭采用独柱四顶造型，造型简洁、色彩明快、亲切宜人，供休憩小坐，符合居住区的氛围与个性；乌海市乌达区巴音赛河彩虹桥头，蘑菇造型、水泥材料的三联亭群（图2-134），利用材料自身的造型潜力，塑造"自然"形态，也颇有趣味；另有深圳海山公园的三联亭群（图2-135），采用炫目的金属材质，光洁亮丽，显示出新兴城市朝气蓬勃的气象。

（三）四联亭群

避暑山庄的四联亭群，以不同形态、不同命名，以10～30米的距离，横列于山庄的平原区与湖区之间，从西南至东北，分别命名为"水流云在""濠濮间想""莺啭乔木""甫田丛樾"，列于澄湖北岸，作为万树园与湖区的分隔之景，均结合园林环境而建（图2-136）。

水流云在亭（图2-137）为"康熙三十六景"最后一景，位于内湖与澄湖交汇处，是一座重檐四角攒尖顶、四面出卷棚式抱厦的敞亭，因而在形态上是方亭及其四面突出的附间的结合。"水流云在"语出杜甫"水流心不竞，云在意俱迟"[1]一句，概括了该亭所处的风景环境。濠濮间想亭（图2-138）和莺啭乔木亭（图2-139）均为六角亭，周边有门窗等围护结构。"濠濮间想"语出《世说新语·言语》"简文帝入华林

图2-131　台北南园中亭及西亭

图2-132　新加坡碧山公园三联伞形亭群

图2-133　香港美林村三联亭

①
杜甫. 江亭[M]//傅东华，选注. 杜甫诗. 武汉：崇文书局，2014：98.

图2-134　乌海市乌达区巴音赛河彩虹桥头蘑菇造型的
三联亭群（赵纪军摄）

图2-135　深圳海山公园三联亭群

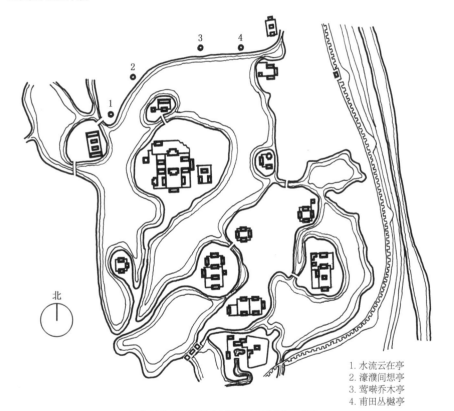

1. 水流云在亭
2. 濠濮间想亭
3. 莺啭乔木亭
4. 甫田丛樾亭

图2-136　承德避暑山庄湖区四亭群分布示意图

园，顾谓左右曰：会心处不必在远，翳然林木，便自有濠、濮间想也，觉鸟兽禽鱼自来亲人"①，表现了人对自然的回归与统一，从而达到一种自由、和谐的境界。"莺啭乔木"语出《诗经·小雅·伐木》"伐木丁丁，鸟鸣嘤嘤，出自幽谷，迁于乔木"②，表现了悦目、动听的自然场景。乾隆也有诗赞曰："山深悦鸟性，乔木早迁莺"③。甫田丛樾亭（图2-140）为"康熙三十六景"第三十五景，建于康熙四十二年至四十七年（1703—1708年），为一攒尖顶方亭，这里曾有皇家的农田和瓜圃，亭则是皇帝观看庄稼、瓜圃，或赏丛林、品瓜果的小憩之处。

如果说避暑山庄的四联亭群是沿水岸依次展开的"风景线"，那么开封禹王台公园中的古四亭桥（图2-141）则是四联亭群与桥结合的"风景点"：四亭分立桥头两侧，是赏心悦目的风景，也是登桥、临水的观景空间；同时，亭在桥体两侧两两并立，成为桥体交通空间的引导，丰富了交通空间的层次。

现代风格的四联亭群也不乏其例，如以独柱亭组合而成的歇息或候车场所（图2-142、图2-143），造型高低错落、布局前后参差，丰富了环境的景观品质。

（四）五联亭群

五联亭群之设，自古以来更多。早在唐代，白居易就写有《白蘋洲五

---

①
刘义庆. 会心处不必在远[M]//杨牧之，胡友鸣，选译. 世说新语：言语第二. 杭州：浙江古籍出版社，1986：63.

②
小雅·伐木[M]//程俊英，译注. 诗经译注. 上海：上海古籍出版社，2016：286-289.

③
段会杰，樊淑媛. 避暑山庄名景额联漫话[M]. 北京：中国文联出版公司，1993：92-93.

亭记》，主要记述湖州城东南的白蘋洲五亭，其所处环境和所具有的功能是"卉木荷竹，舟桥廊室，泊游宴息宿之具，靡不备焉"，五亭分别是横跨长汀的白蘋亭、在二园之间看百卉争艳的集芳亭、面向水池观峰峦的山光亭、赏玩晨曦的朝霞亭，以及临水的碧波亭，并盛赞在五亭内可观汀风溪月、花繁鸟啼、莲开水香的良辰美景。在亭内聚友、吹歌、饮酒，并荡舟湖中，其乐简直不知天上人间。这五亭的观景位置及赏景内容各有不同，因景而得名，极尽山光水色、百卉争妍的胜景，充分说明了集五亭而可观赏到的丰富的自然景观。

北宋洛阳名园中的富郑公园在竹林之中设有五亭，名曰"丛玉""披风""漪岚""夹竹""兼山"，从文字分析，这五座亭自由散置于竹林之中，相互借望成景，而不是将五亭连成一气，极具野趣。在李氏仁丰园中，则在花丛中错列"四并""迎翠""观德""超然""濯缨"五亭，作为四时赏花的歇脚之处。

这种亭群的布置，说明古代造园沿袭了中国造园的自然体系，并不要求整齐划一或规则排列，即使是人工的建筑物也要散置于自然的环境之中。当然，亭群也有相对紧凑、按一定构图形式组织在一起的，留存至今的以北京北海北岸五龙亭最为壮丽。五龙亭始建于明代，曲折排列于岸边，五亭之间以短曲的S形汉白玉石

桥相连，宛如水中游龙，故名。从西到东，五亭分别命名为"浮翠""涌瑞""龙泽""澄祥""滋香"。其亭顶式样不同，但左右对称，均用绿、黄琉璃筒瓦，檐下施彩画，金碧辉煌，十足体现出皇家园林的气魄与华贵（图2-144、图2-145）。

北京中轴线上的景山横列五峰，峰上设亭，是观赏故宫的最高、最佳场所（图2-146）。中心最高峰的万春亭为方形三重檐大亭（图2-147）；东部中峰上为重檐、八角的观妙亭（图2-148）；西部中峰上的辑芳亭（图2-149），依中轴与观妙亭对称而立，造型也与其一致；东、西低峰上分别为周赏亭、富览亭（图2-150、图2-151），皆为重檐、圆形亭。五亭处于白皮松和油松混交的树林中，无论冬夏都衬托着浓荫如盖、横枝蔓条相映的绿色之美，也显示出皇家园林的古朴、典雅之风。以上五亭群皆已成为我国五亭群的典范。

他处风景名胜的五亭群中，南通濠河滨的五亭群（图2-152）与北海五龙亭有异曲同工之妙。另一些较知名的如扬州瘦西湖的五亭桥（图2-153），五亭紧凑地集中于桥上，形成一个整体，远看是一座亭，近看则是一组亭，其中的亭均无命名，只合称五亭桥，可以说是亭群形式的一座特殊的桥亭。又如广东肇庆七星岩星湖的五亭群（图2-154），也是较好的实例。

图2-137 水流云在亭

图2-138 濠濮间想亭

图2-139 莺啭乔木亭

图2-140 莆田丛樾亭

图2-141　开封禹王台公园古四亭桥

图2-142　现代风格的候车四联亭群

图2-143　现代风格的歇息四联亭群（香港）

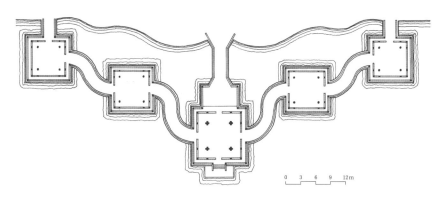

图2-144　北京北海五龙亭平面图

图2-145　从水面看五龙亭全景

今日五亭群之设已普及居住街坊庭院之中，如北京人民大学校园的五亭群（图2-155），虽比较简陋，但却满足了众多师生进行户外活动的需要，也是可取的一例。

（五）十联亭群

沈阳故宫中有"十王亭"（图2-156），为古代十联亭群的典例之一。"十王亭"位于大政殿南面两侧，从北到南依次纵向排列，总体格局略呈八字形。十座亭的造型大致相仿，为单层歇山式建筑，其命名反映了满族"上三旗""下五旗"的八旗制度，加上"左翼王""右翼王"，数量恰好为"十"：东侧五亭依次为左翼王亭、镶黄旗亭、正白旗亭、镶白旗亭、正蓝旗亭；西侧五亭依次为右翼王亭、正黄旗亭、正红旗亭、镶红旗亭、镶蓝旗亭。"十王亭"原为清初八旗各主旗贝勒、大臣议政及处理政务之处。

现代景观中也有十联亭群的做法，如香港中环海滨公园十亭群（图2-157），沿水岸一字排开。在造型上是简洁的四坡顶，与现代的城市环境相协调；其尺度较大，对应于宽阔的水面尺度；为配合人体工学尺度，其中供人休憩的座椅并不是沿亭柱周边设置，而结合绿植位于亭内空间的中部，颇具设计匠心。

图2-149 景山五亭群西侧的辑芳亭

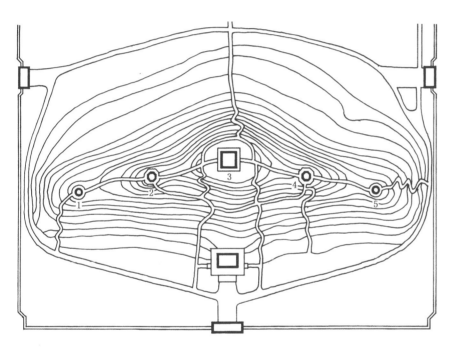

1. 富览亭；2. 辑芳亭；3. 万春亭；4. 观妙亭；5. 周赏亭

图2-146 北京景山五亭平面示意图

图2-150 景山五亭群东最外侧的周赏亭

图2-151 景山五亭群西最外侧的富览亭

图2-147 景山五亭群中心的万春亭

图2-148 景山五亭群东侧的观妙亭

（a）日间景观　　　　　　　　　　　　　　　　　　　　　（b）夜景风采

图2-152　南通濠河滨五亭群

图2-153　扬州瘦西湖五亭桥（黄晓摄）

图2-154　广东肇庆七星岩星湖的五亭群

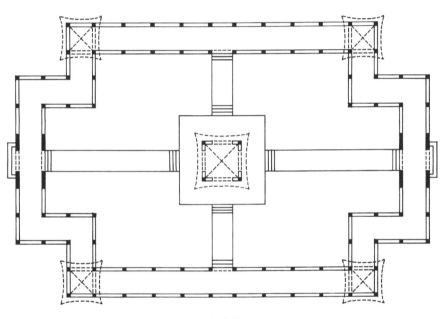

（a）平面图

（b）中心亭

（c）东南亭

（d）东北亭

图2-155　北京人民大学校园五亭群

图2-156 沈阳故宫"十王亭"

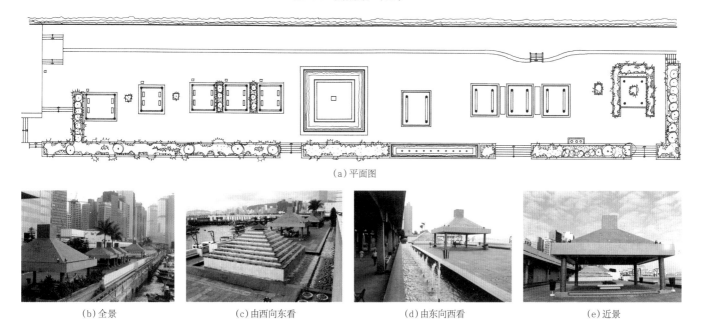

（a）平面图

（b）全景　　　　　　（c）由西向东看　　　　　　（d）由东向西看　　　　　　（e）近景

图2-157 香港中环海滨公园十亭群平面图

图2-158 东湖公园总平面示意图

第三节　亭园与亭山

一、陕西凤翔东湖公园

东湖始建于宋仁宗嘉祐七年（1062年），迄今已近千年，虽历代屡经修葺，但其基本格局及建筑基础较少变化。今日恢复的东湖公园（图2-158、图2-159），大体保留了宋代园林的布局形式，及其建筑亭台的位置与基础，可能是现存最古老的城市型公园了。

宋代文豪苏东坡26岁时，赴凤翔任签书判官（州府幕职，掌管文书，佐助州官），因见城东二三十步之遥，有一泓湖水，清澈可人，乃扩大疏浚，并引凤凰泉水注入湖中，在此植柳、栽荷、筑亭、修建园林，既可游憩，又可灌田，因湖位于城东，故名东湖。

自此以后，历代文人来此游乐，留下许多诗篇佳作，反映了东湖的胜景，而其中提及亭的就占三分之一。此外，尚有专门的亭记、亭赋及亭说等四篇，从而可见亭在东湖园林中的重要作用。

现状的东湖公园，占地约14公顷，分内、外两大湖区，除湖面、绿地（种植花草、树木之地）、楼阁建筑之外，亭仍是东湖的一大特色。仅目前已恢复的内湖区园林中，就有14座，名曰君子亭（图2-160）、喜雨亭（图2-161）、适然亭（图2-162）、

图2-159 东湖公园大门

图2-161 喜雨亭

图2-160 君子亭

图2-162 适然亭

玉水亭、一览亭（图2-163）、洗砚亭（图2-164）、会景亭、鸳鸯亭（图2-165）、春风亭（图2-166）、断桥亭（图2-167）、宛在亭（图2-168）、望苏亭（图2-169）、小娇亭、崇光亭（图2-170）。这些亭的位置、造型、寓意各有不同，其中尤以闻名古今的喜雨亭、凌虚台上的适然亭等称著。它们大多创建于宋代，但也有清代增建的，民国时还修了一座望苏亭。故东湖堪称目前我国最古老的一座亭园。

以下相关"亭记""亭文"，可用以赏析东湖几个颇具特色的亭子。

（一）苏东坡作《喜雨亭记》

喜雨亭是一座建于高约1m的台基上的长方亭，12柱、歇山顶，亭中立有一块"喜雨亭记"石碑。原亭在凤翔府城东北，后移至东湖内。亭记记述了喜雨亭命名的缘由。

宋仁宗嘉祐六年（1061年），苏东坡赴凤翔供职，第二年在其官府之北修建了一座亭，亭南掘一水池，引水种树，作为休憩的场所。

图2-164 洗砚亭

图2-168 宛在亭

图2-165 鸳鸯亭

图2-166 春风亭

图2-169 望苏亭

图2-163 一览亭

图2-167 断桥亭

图2-170 崇光亭

那年春天，恰逢天气干旱，整月不雨，高原缺水，老百姓都很发愁，苏轼也多次陪同太守去向天公求雨。后来，果然接连三次下起雨来，老百姓转忧为喜，甚至生病的人也痊愈了，亭也恰好在此时建成，于是祝酒于亭内。当是时，苏轼生动地阐述了"雨贵"的道理，认为因雨得喜，喜乃雨赐。而且，历来都是"有喜则以名物，示不忘也"。所以，将刚刚落成的亭子命名为"喜雨亭"。

亭记的最后引申到雨从何来，喜雨应归功于谁呢？太守？天子？造物者？太空？均不得而知。于是苏轼就以"喜雨"名之。这篇亭记是以亭的建成之日、久旱逢雨之时，记叙了百姓的喜雨之情。亭之命名反映出苏轼重民重农的思想，并以风趣的笔法含蓄地表达出他对人民福祉、对功德功名的深刻见解。

（二）张应福作《君子亭记》

明人张应福在其亭记中，谈到君子亭的修建和命名由来。他赴关西巡查，因仰慕苏东坡而游览东湖，深感沧海桑田，历经数百年变迁，宋代的东湖已失去当年的风物之胜。但湖面还在，在湖的南面有十来亩荒田，田中间有一块约丈余的建筑物基地，估计是前人拟作建筑却未能建成而留下的。于是，他就在这块基地上建了一座亭子。亭的北面是湖，湖中有莲藕两三亩，其余的地方全部种竹，这样就产生了"翠盖红芳，摇金戛玉，岸渚交映，良足怡怀"的美景。

待亭建成，便携酒庆祝。首先是为亭子命名，他名之为"君子亭"，问其缘由，曰：周濂溪曾以莲花比作君子，刘岩夫的《植竹记》中，也以竹子的刚柔忠义之德比喻君子，现在亭的周围种着莲花和竹子，所以可以将亭称为"君子亭"。

接着，他进一步谈到莲花和竹子虽然都被喻为君子，但它们却有不同：莲花盛开于夏秋之交，婷婷而立，出污泥而不染，但到了秋后，严霜却使它叶枯花落而凋谢；竹子则不然，遇怒风而不折，历霜雪而常青，小竹子可以做吹笛，大竹子可以做书简，永存于书库。所以，莲花是有时效的君子，而竹子则是永全的君子。

总之，君子令人尊敬，人们都想一睹君子之风，因此被喻为"君子"的莲花与竹子，也是人们乐于欣赏的；在莲花与竹子拥簇当中的亭子，命名为"君子"，也是十分恰当而值得留恋的。

现在的君子亭是一座攒尖八角亭，亭联曰：

> 两岸回环先生柳，
> 一湖荡漾君子花。

可惜旁边的翠竹万竿已不复存在，而君子之意境，竟少了一层，可能是后人修亭未尝考证之故。

（三）朱伟业作《宛在亭说》

清人朱伟业的《宛在亭说》，主要对宛在亭作了一些考证。据《凤翔县志》记载，苏东坡整修东湖时即建了"君子""宛在"二亭，但亭的命名及位置并无详细记载。如上文所述，君子亭之名，似始于明代，而宛在亭名始于何时，尚无记载。而"宛在"之名，或因凤翔府原为秦地，在《诗·秦风·蒹葭》中有"宛在水中沚"①之句；清人毕沅也有"宛在亭中人宛在，萧森竹柏照须眉"②的诗句。

但从这句诗看，亭的位置或在水中，或在水旁。而亭说记载，宛在亭是东湖北岸临水的小轩，以后屡有兴废，现在的亭位于湖中小桥之上，四柱攒尖顶，两旁设有美人靠。其联曰：

> 明月相随波上下，
> 伊人宛在水中央。

据此说，宛在亭应位于水中。又从清人严长明《东湖宛在亭玩月》③及

①
秦风·蒹葭[M]//程俊英，译注.诗经译注.上海：上海古籍出版社，2016：217-218.

②
毕沅.夜憩东湖与严冬友侍读宛在亭玩月五首[M]//杨君，点校；张寅彭，主编.毕沅诗集（下）.北京：人民文学出版社，2015：662-663.

③
严长明.东湖宛在亭玩月[M]//中国人民政治协商会议陕西省凤翔县委员会文史资料征集研究委员会.凤翔文史资料选集：第5辑（东湖专辑）.凤翔（内部发行），1987：60-61.

清人嵇承谦《东湖玩月》的"我欲从之亭宛在"[①]来看，宛在亭的位置是和水、月连在一起的，也就是说，宛在亭是东湖最佳的赏月处。今日的宛在亭，虽位于水中桥上，但亭的造型，四柱纤细，亭顶硕大，颇有"头重脚轻"之感，与其名其诗不甚协调。

如上所述，东湖的亭子，除了供休息、避暑、饮酒、观景之外，更有三个特色。

其一，由于东湖是以湖水为主，亭多与水结合，或居水中，或位桥上，或临水滨，并与水生植物或耐水湿的植物结合，如"竹亭花绕菱荷香"[②]等，颇有"安排亭榭宜凭水，点缀芙蓉当种田"[③]的设亭思想，因而产生一种清雅、妩媚的意境。

其二，东湖位于城东，在亭内观城西的晚霞、暮烟、落日最为出色，常有"眉山亭上晚霞收"[④]"喜雨亭前落照残"[⑤]"鉴湖亭上暮烟收"[⑥]之句，说明亭子与自然风景结合较好。

其三，东湖亭的寓意既有浓厚的社会民情，又有深刻的文化内涵，如喜雨亭、君子亭、宛在亭等。所以，东湖作为我国现存最古的亭园，是很值得介绍和研究的一份宝贵遗产（表2-1）。

二、北京陶然亭华夏名亭园

北京陶然亭公园中的华夏名亭园于1986年春动工兴建，1989年基本建成，是北京市一处集旅游资源开发、以亭为主的特色"园中园"。华夏名亭园占地10公顷，位于陶然亭公园西南角，在其中仿建了全国各地知名度

① 嵇承谦. 东湖玩月[M]//中国人民政治协商会议陕西省凤翔县委员会文史资料征集研究委员会. 凤翔文史资料选集: 第5辑（东湖专辑）.凤翔（内部发行），1987: 63-64.

② 王骏猷. 东湖: 其一[M]//中国人民政治协商会议陕西省凤翔县委员会文史资料征集研究委员会. 凤翔文史资料选集: 第5辑（东湖专辑）.凤翔（内部发行），1987: 71.

③ 李松霖. 次芾堂先生重浚东湖韵: 其一[M]//中国人民政治协商会议陕西省凤翔县委员会文史资料征集研究委员会. 凤翔文史资料选集: 第5辑（东湖专辑）.凤翔（内部发行），1987: 78.

④ 杨时荐. 守道李亲翁在喜雨亭招饮次前韵: 其一[M]//中国人民政治协商会议陕西省凤翔县委员会文史资料征集研究委员会. 凤翔文史资料选集: 第5辑（东湖专辑）.凤翔（内部发行），1987: 29.

⑤ 高翔麟. 东湖: 其三[M]//中国人民政治协商会议陕西省凤翔县委员会文史资料征集研究委员会. 凤翔文史资料选集: 第5辑（东湖专辑）.凤翔（内部发行），1987: 75.

⑥ 苏浚. 东湖: 其一[M]//中国人民政治协商会议陕西省凤翔县委员会文史资料征集研究委员会. 凤翔文史资料选集: 第5辑（东湖专辑）.凤翔（内部发行），1987: 31.

表2-1 陕西宝鸡凤翔东湖亭子一览表

序号	亭名	造型	位置	亭联或注	建造年代
1	君子亭	八角、攒尖顶	内湖岛上	两岸回环先生柳，一湖荡漾君子花	1062年
2	宛在亭	方形、攒尖顶	桥上	明月相随波上下，伊人宛在水中央	1062年
3	喜雨亭	方形、歇山顶	桥上	亭中立《喜雨亭记》石刻碑	1062年
4	适然亭	方形、重檐顶	桥上	台壁正面有"凌虚台"碑刻及"凌虚台记"碑刻	1888年，1920年重修
5	一览亭	方形、攒尖顶	东南高地上		1845年
6	洗砚亭	方形、歇山顶	内湖东岸		年代无可考
7	会景亭	抱夏堂屋	内湖岛上	一面湖山来眼底，万家忧乐注心头	年代无可考
8	鸳鸯亭	六柱双亭	桥上		1871年
9	小娇亭	四角、攒尖顶	桥上	平湖分翠流春远，碧海笼烟上月迟	年代无可考
10	春风亭	方形、歇山顶	内湖岛上	平湖分翠流春远，碧海笼烟上月迟	1873年
11	望苏亭	八角、重檐顶	内湖西南角		1935年
12	断桥亭	长方、歇山顶	桥上	断桥高低围绿树，回溪远近出青萍	1982年重建
13	崇光亭	圆形、攒尖顶	外湖岛上		1694年之前
14	玉水亭	有记载，无实物	内湖东岸		年代无可考

较高的古亭，是一座名亭荟萃的集锦式亭园。

名亭园的设计基于"名亭求其真""环境写其神""重在陶然之意""妙在荟萃人文"的原则，除古亭本身的仿建之外，还包括其周围环境，如刻石、树木栽植等（图2-171）。其中尤以纪念爱国诗人屈原的独醒亭别具一格（图2-172），旁有象征汨罗江的小河（图2-173），河边山石之上镌刻《渔父》全文（图2-174），其中"举世皆浊我独清，众人皆醉我独醒"①正是独醒亭名的由来；表述屈原生平四个标志性阶段——"颂桔抒怀"（图2-175）、"治国安邦"（图2-176）、"被害流放"（图2-177）、"汨罗殉国"（图2-178）的摩崖石刻构思独特，颇具创意，深化了对屈原一生经验的认识。

其他仿建的名亭也多半与历史人物、典故或典籍相关，如晋代大书法家王羲之之于兰亭碑亭（图2-179）、鹅池碑亭（图2-180）；唐代诗人杜甫之于少陵草堂碑亭（图2-181）；唐代文学家（世称"茶圣"）陆羽之于二泉亭（图2-182）；唐代诗人白居易之于浸月亭（图2-183）；北宋文学家欧阳修之于醉翁亭（图2-184），另有被世人誉为"双绝"的"欧文苏字"《醉翁亭记》碑刻（图2-185、图2-186）；北宋自号"沧浪翁"的苏舜钦之于沧浪亭（图2-187）；北宋苏东坡之于百坡亭（图2-188）；还有原由南北朝时宋相徐湛所建的瘦西湖吹台亭（图2-189）等。

---

①
屈原. 渔父[M]//马茂元, 选注. 楚辞选. 北京：人民文学出版社，1998：116.

图2-172　仿独醒亭

图2-173　象征"汨罗江"的小河

图2-174　"汨罗江"旁的《渔父》石刻（赵纪军摄）

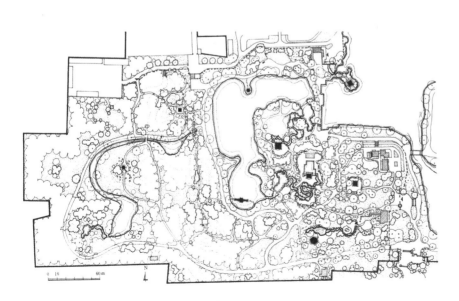

图2-171　陶然亭华夏名亭园总平面图

图2-175 "颂桔抒怀"图景（赵纪军摄）

图2-179 仿兰亭碑亭（赵纪军摄）

图2-183 仿浸月亭（赵纪军摄）

图2-176 "治国安邦"图景（赵纪军摄）

图2-180 仿鹅池碑亭（赵纪军摄）

图2-184 仿滁州醉翁亭

图2-177 "被害流放"图景（赵纪军摄）

图2-181 仿少陵草堂碑亭（赵纪军摄）

图2-185 《醉翁亭记》碑刻

图2-178 "汨罗殉国"图景

图2-182 仿二泉亭（赵纪军摄）

图2-186 "醉翁之意不在酒，在乎山水之间也"碑刻

图2-187　仿沧浪亭（赵纪军摄）

图2-188　仿百坡亭

图2-189　仿吹台亭

文化，园周围1300米的廊庑墙面镶嵌了反映中国原始社会至近代5000年通史的烧瓷壁画；其中800米长廊枋梁施以彩绘，壁间有108块姓氏起源碑刻、1000多副楹联；园内各种精美的雕像包括民间广为流传的100神仙、100罗汉、100菩萨、100皇帝、108梁山好汉等，蔚为大观。乐园还尝试将传统文化与新时期的政治与社会价值结合，如建有系列重檐、攒尖亭的门楼，其匾额镶有"科教兴国"四字（图2-190）；中心观景台以老子塑像为核心，两侧则分别书写"为国图利，为民谋福""以德服人，以惠怀人"的标语（图2-191）。为满足垂钓、观鱼、住宿等娱乐功能，园内还有白墙黑瓦的独栋小别墅、大别墅、客房标准间等各种亭式建筑（图2-192）。

可惜由于经营管理不善，百亭鱼乐园在1997年底基本破产，一片败象，一度被温泉镇政府收回转租北京联合大学广告学院办学。

与上述华夏名亭园相比，百亭鱼乐园以"亭"为载体，纳入了更多的传统文化的内容与形式，并宣传了一些新时代的价值观，在一定程度上发展了"亭园"内涵。

四、盛乐百亭园

盛乐百亭园坐落于呼和浩特以南45千米和林格尔县城关镇南宝贝河畔的群山之中，园区占地面积5平方千

亭园的形式，虽说早在宋代即有先例，但集全国名亭于一园的这种特色"园中园"，应是极具时代感的一种赏亭形式与文化创意，它将传统园林中常见的融汇多维时空的历史性指涉，在物质形态上加以拟仿再现，并集于一园之中，既开创了新的亭文化先例，又为今后亭文化的表现形式提供了一种可资借鉴的范例。

三、北京百亭鱼乐园

百亭鱼乐园位于北京海淀区，距颐和园西北13千米，占地约1000亩。该乐园始建于1993年，历时3年建成，集游览、文化鉴赏等功能于一身。

据报道，全园共仿制各地名亭148座，沿围墙环列于18个荷花池畔。除亭之外，该乐园着力再现传统

图2-190 "科教兴国"门楼

图2-191 中心观景台及其上的老子塑像

图2-192 亭式建筑

米，集旅游、休闲、娱乐为一体，被誉为"中国最大的亭文化景观园林"，是内蒙古中部的一处旅游胜地。

百亭园的兴建是和林格尔县经济发展在文化层面的一种表现。和林格尔县依托其独特的地缘优势和资源条件，自2003年起，连续9年进入中国西部"百强县"行列，蒙牛乳业、兆君羊绒、宇航人等一批全国知名企业即孕育于此。百亭园建造则相应具有经济运作的特点：采取社会捐资认亭的形式，从而展示企业、集体或个人形象。这表现出市场经济与社会风尚、文化诉求的一种结合形式。

百亭园在文化内涵上也颇具特色。其一，取名"盛乐"，源于北魏在此建都的历史，其时都城之名即"盛乐"，而盛乐古城遗址在2001年被国务院公布为全国重点文物保护单位，百亭园因之表现出特定的历史渊源与本土底蕴。其二，园区分为8个景区：盛都宫阙、名亭钩沉、民族乐园、中华钱币坛、西洋管窥、动物天地、晨钟暮鼓、宗教文化，似乎是对

于传统"八景"文化的呼应和传承。其三，"名亭钩沉"仅为8个景区之一，却成为整体园区命名的意涵，在很大程度上表现出"亭"文化的生命力。其四，"名亭"的选择和具体建造，与前述华夏名亭园相仿，以人文内涵隽永、社会意义丰富的名亭为蓝本，如醉翁亭、百坡亭、爱晚亭、喜雨亭等，并按1:1比例复制原亭，以反映"亭"文化及其历史的某种本色。

五、哈尔滨中国亭园

哈尔滨中国亭园于2015年4月落成，位于香坊区东南部，北至公滨路，南至红星村，西至油坊街、香德街，东至电碳路，由拉滨、滨绥等七条铁路分隔、环绕，信义沟穿越其中，总面积约73公顷。亭园有8个分区，分别为游目骋怀、霜天红叶、返璞归真、清斯濯缨、宁静淡泊、寄情自然、秾艳凝香、怀古感今，似乎也体现出传统"八景"文化的影响（图2-193）。

亭园以中国各地名亭为蓝本，

塑造了湖光山色、园亭争秀的园林景致。其中拟仿、汇聚了各式名亭，如中国四大名亭：绍兴兰亭、滁州醉翁亭、北京陶然亭、长沙爱晚亭。

另一些仿建的亭与中国传统文化中的历史名人及典故相关，如"鹅池"碑亭，相传石碑之"鹅池"二字分别为王羲之、王献之父子所书，人称"父子碑"；与文学家相关的，如苏东坡之于连州舣舟亭、廉州东坡亭，因韩愈名篇《燕喜亭记》而命名的连州燕喜亭，因曾巩作《道山亭记》而闻名遐迩的福州道山亭，因白居易作《琵琶行》而命名的九江琵琶亭；又有与戏曲家相关的，如汤显祖之于江西大余县城牡丹亭；还有与才子佳人相关的，如浙江诸暨西施亭等。

有的名亭则以山水风景取胜，如承德避暑山庄的水流云在亭，北京颐和园"园中园"谐趣园中的饮绿亭（水榭），杭州西湖三潭印月岛上的开网亭，滁州琅琊山麓的影香亭等；另有苏州古典名园中的亭，如世界文化遗产、苏州现存诸园中历史最为悠

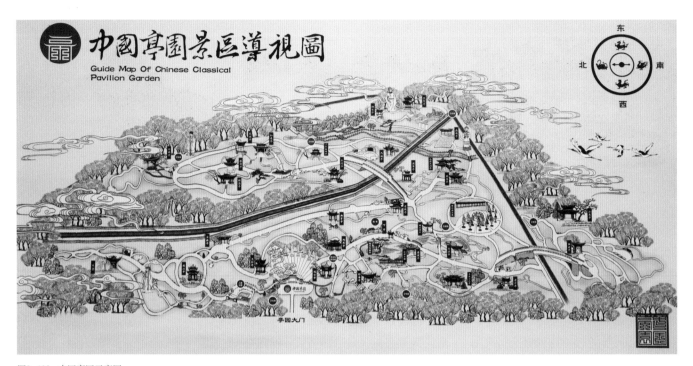

图2-193 中国亭园示意图

久的沧浪亭，留园中的濠濮亭、可亭等，这反映了苏州园林在中国园林文化中的特殊地位；甚至还有源于文学作品的亭，如《红楼梦》大观园中、潇湘馆附近的水中之亭——滴翠亭。

哈尔滨中国亭园中的亭可谓林林总总、兼收并蓄、叹为观止。但更为重要的是，该亭园是城市棕地修复、更新的成果，表现出良好的生态、社会与经济效益。其所在地自20世纪70年代起，曾是香坊区和原动力区垃圾倾卸场，常年堆积生活、工业、建筑等垃圾，据称垃圾堆落差曾有15米，最高点距高压线仅为3.5米。2011年始而通过重塑地形、植被覆盖等手段改

良土壤，依托起伏的地形经营植景和水景。在棕地修复、更新的基础上，以"亭"为主题、以"亭园"形式进行风景营造，体现了"亭"文化在新时期的持久生命力，更扩大了"亭园"的时代内涵。

六、康巴什千亭山

千亭山文化景区位于鄂尔多斯市康巴什新区北部，占地约7.5平方千米。基于康巴什新区打造"民族特色浓郁的现代休闲度假城市"的宗旨，千亭山文化景区于2013年筹建，以"城市后花园"为定位、以"亭文

化"和"宫殿文化"为主题，在尽量保留场地内水域、林地、山丘等原始地形地貌、生态环境的基础上，共规划了7个分区：匈奴文化园、南亭文化园、成吉思汗文化园、北亭文化园、河套文化园、伊克昭影视城、欧陆风情园。因此，与上述其他"亭园"相仿，除了"亭"之外，千亭山文化景区有着多种本土文化的呈现，如蒙古帝国之"成吉思汗"、河套文化，又如伊克昭，蒙古语意为"大庙"等，但"亭"成为最为显著的文化主题。因而在文化内涵上，与上述盛乐百亭园相似，千亭山文化景区也表现出特色本土文化与多元传统文化的结合。

第四节　亭城述略

　　安徽东部的滁州市位于长三角的前沿，是皖江开发的第一站，地理坐标为北纬31°51′~33°13′、东经117°09′~119°13′。城市始建于隋代开皇九年（589年），距今1400余年，其自然、人文景观俱佳，生态环境优良，自古以来城市建设一直与亭有着不解之缘而颇具特色，尤以宋代欧阳修所写《醉翁亭记》一文著称于世，堪称亭之绝唱，醉翁亭因之被誉为"天下第一亭"，位居中国四大名亭之首。而滁州的琅琊山景区（图2-194），亭子多达70余个，名亭汇集，在今日醉翁亭园区内（图2-195），除醉翁亭（图2-196）外，又陆续修建了意在亭（图2-197）、影香亭（图2-198）、古梅亭（图2-199）、六一亭（图2-200）、怡亭（图2-201）、醒心亭、洗心亭（图2-202）等，更有明代朱元璋下诏修建的御碑亭，以及晓光亭、皆空亭、望月亭、春亭、茶仙亭、梅亭等。总之，在其各景区大多突出亭的建筑，数量之多，分布之广，形态之丰富多样，历史文化之深厚，为其他城市所未见。因此，经上级有关单位审定，滁州市已正式注册为全国唯一的"亭城"，确实是名副其实，值得庆幸！

　　盖亭城之设立，不仅需要有该城市的历史、地理、社会、人文等诸多适宜的基础，而且要为现代亭城的建设，弘扬中国优秀的传统亭文化做出符合时代的创新发展。

　　滁州既因醉翁亭而名，醉翁亭也因城市所拥而愈显其历史的作用，两者相得益彰，故亭城之建设是以发扬醉翁亭所具有的优秀传统文化为核心的扩大与延续。重在创新，意在持续发展，切不可随意乱建，追求数量或肆意照搬外来的亭筑，减低或破坏以醉翁亭为核心的文化环境与地位。本书的撰写也受益于滁州亭城的启示，重点在于探索传统亭文化的深层含义，或也可为滁州亭城之文化建设，略尽绵薄之力耳。

图2-194　琅琊山主景区全图

图2-195 醉翁亭景区入口（赵纪军摄）

图2-197 曲水环绕的意在亭

图2-198 位居水心的影香亭

图2-196 醉翁亭（琅琊山管理处提供）

图2-199 古梅亭

图2-200 山坡高处的六一亭（赵纪军摄）

图2-201 怡亭（赵纪军摄）

图2-202 洗心亭

第三章 | 亭记观止

①
此节有关亭记原文的引用，文献来源参见本章第二节。

②
罗敏. 北宋亭记研究[M]. 长沙：湖南人民出版社，2015：136.

第一节　亭记综论①

本书收录了有唐以来的百余篇亭记，这些亭记所蕴含的亭文化极为丰富，大到国计民生，小至个人修为，其中也不乏对人与自然关系的种种观察和阐述。以下拟对这些亭记作一个大体的分类、归纳和解析。

一、家国与社会

（一）为官德政的礼赞称颂

在诸多亭记中，礼赞为官德政的篇目，在绝对数量上最多。[唐]颜真卿的《梁吴兴太守柳恽西亭记》被认为是开"亭记"之先河②，而这篇亭记的内容便是关于地方官员德政及其绩效的。总体而言，这类亭记大多描述了亭及其风景营造与官员德政之间互为表里的关联。

一方面，德政之美源于风景游观所带来的身心谐和，如[唐]柳宗元的《零陵三亭记》通过记叙薛存义治理零陵、复兴社会的政绩，及其处置公事之余经营山水风景的活动，阐发了游观场所、游赏活动之于治政利弊的见解："邑之有观游，或者以为非政，是大不然。夫气烦则虑乱，视壅则志滞。君子必有游息之物、高明之具，使之清宁平夷，恒若有余，然后理达而事成"，即观游能使人神清气爽，进而明理成事，并在治政上有所作为。

另一方面，亭及其风景游观场所的营造正是德政的结果。首先，是因德政而有余暇营亭、有闲暇游亭。如[唐]元结《殊亭记》记叙扶风马向理政武昌（今鄂州）时，秉持"明信严断惠正"的执政理念，而"能令人理，使身多暇，招我畏暑，且为凉亭"。[唐]刘禹锡《武陵北亭记》叙述窦公（名常）为武陵太守时，治理得力，农事丰收，百姓敦睦，始"因民之余力，乘日之多暇"，进而整修北亭旧址。[唐]白居易《白蘋洲五亭记》记叙了杨君汉公既善政又兼山水情怀的才德，并因之"政成故居多暇日。是以余力济高情，成胜概"。[唐]柳宗元的《邕州柳中丞马退山茅亭记》对德政、闲暇之间的关系做出了更为精到的阐释："夫其德及故信孚，信孚故人和，人和故政多暇"，政通人和之际，方有闲暇遍览风景、发现奇景。如此美文名篇及其揭示的家国运行之理，影响后世，如[清]张之洞的《半山亭记》以相似的笔墨赞颂了其父的为官政绩，以及"与民同乐"的仁政："夫其德及则信孚，信孚则人和，人和则政多暇。"其他类似的亭记不胜枚举，如[五代]徐铉的《乔公亭记》："是郡也，有汝南周公以为守，有颍川钟君以为佐，故人多暇豫，岁比顺成。"又如[北宋]胡宿的《流杯亭记》："庆历丙戌，植直李公给事之治许也，年获丰茂，日多暇豫。间引参佐，觞于湖上，踌躇四顾，超然独得。……李公宣风阜俗，怡神乐职，以余力治亭榭，以暇日饮宾友，式宴以乐，既惠且和。"……

其次，是因德政而得以有效组织官方人力、物力开展建设活动，不累及百姓，从而得以体恤百姓、服务百姓。例如[北宋]欧阳修的《泗州先春亭记》记载了清河张侯入主泗州、体察民情、为民修堤防灾的事迹，并通过百姓之口道出张侯调用州兵筑堤的惠政："泗之民曰：'此吾利也，而大役焉。然人力出于州兵，而石出乎南山，作大役而民不知，是为政者之私

我也。'"另外，[北宋]王安石的《扬州新园亭记》记载了宋公入主扬州后的理政手段及成效，"宋公之政，务不烦其民"，而"化清事省"，赞颂了宋公的执政才能；而继任的太常刁君，营建扬州新园亭，以追怀宋公、再塑吏治面貌，且所有的建设工作都延续了宋公"务不烦其民"的理政原则："是役也，力出于兵，材资于官之饶，地瞰于公宫之隙，成公志也"。另有[明]戴仁的《窦圌山超然亭记》记载龙安司理朱公在超然亭的营造中，也同样不劳民力："公不忍以官役夺民，且欲匠工缓图自善，故不务欲速"，这体现了朱公心系社稷、关爱民生的德操。

再次，是因德政而出一己之资俸营亭，也是为官者美德的一个侧面。例如[唐]冯宿的《兰溪县灵隐寺东峰新亭记》详述了兰溪县令洪君少卿之德政，同时认为德政是东峰亭美景之成因，且"洪君曾是挈俸钱二万，经斯营斯"，始成"佳境胜概"。又如[唐]韦词的《修浯溪亭记》叙述了浯溪亭由盛而衰、再而重修的历程，其最初由元结任道州刺史时所建，元结体恤民生、美德广布、备受敬慕，其重修由其"逊敏知治术"的小儿元友让所为，且"尽撤资俸"，这反映了元氏父子的高尚人格及其造福社会的德操。再如[唐]皇甫湜的《枝江县南亭记》，记叙了京兆韦庇因谗言算计而官贬枝江，却不计个人得失，勉力化

解当地百姓之难，而自己出资翻新南亭的事迹，此即韦庇德政及其成效的一个缩影："实为官业，而费家赀，不妨适我，而能惠众。"[元]陶安的《重修蛾眉亭记》则概述了苏君明之的种种德政，及其力倡重修蛾眉亭的经过，其"慨然发己资，倡谋修营，应者翕从"，这反映了苏君大公无私的高尚品德。[元]伯颜的《海角亭记》也提到自己整修海角亭"乃率先捐己用，不费官工，不妨农□"。

除了称颂官吏德政广布，有的亭记还指出亭的营造仅仅是其才德外显的一个很小的方面，从而愈发突显了德政绩效。如[唐]颜真卿的《梁吴兴太守柳恽西亭记》有"云轩水阁，当亭无暑，信为仁智之所创制""水亭之功，乃余力也"；[唐]冯宿的《兰溪县灵隐寺东峰新亭记》盛赞洪君少卿"然则是邑之理、兹亭之胜，于君之分，不为难能"；[唐]皇甫湜的《枝江县南亭记》称赞以韦庇之德才营亭，是"以赤刀效小割"；[元]陶安的《重修蛾眉亭记》也点明苏君明之"治工斯亭，特馀事耳"。

此外，有的亭直接以命名表现德政之实。如[五代]沈颜的《化洽亭记》表述了德政的成效。"化洽"顾名思义，即教化和洽、感化普沾。该亭记记叙了汝南长君赴任宁国临县后，山水风景由"颓圮"到"明媚"的变化，民生民风由"怀异"到"化洽"的转变，从而赞美了长君的美好

德行及其德政。亭之营造也是德政的结果：“斯亭何名，化洽而成。民化洽矣，斯亭乃治”，反映了风景面貌和社会风貌的互动关联。又如[北宋]苏轼的《遗爱亭记代巢元修》表述了施政之人的品德。该亭记开篇即阐释了“遗爱”其义：“何武所至，无赫赫名，去而人思之，此之谓遗爱”，即为官没有赫赫功名，却为世人追怀、爱戴。亭记随后则以在黄州为官的徐君猷施政的具体做法，具体阐释了“遗爱”之内涵、外延。再如[明]李骏的《合浦还珠亭记》借历史典故表现德政气象。该亭记用较多的篇幅叙述了“合浦还珠”的故事，即东汉合浦太守孟尝革除前任贪官污吏之暴政，珠蚌终而重返合浦、百姓复得安居乐业的千年佳话，并以合浦郡守李逊重建还珠亭之筹划井然、民众合应的事实，赞颂了郡守的德政与贤能，以及政通人和的社会面貌。

在诸多礼赞德政的亭记中，[唐]欧阳詹的《二公亭记》是比较特殊的一篇。“二公亭”并非官方所建，而是百姓建造，用以纪念泉州邦牧席公、别驾姜公二者的德政：“席公今日之化育，吾徒是以宁；姜公昔岁之弼谐，吾徒是以昌。”亭址选择也体现了席公、姜公关爱百姓的仁德之心，盖出于二者念及本地湿热多雨，相地以求高爽合宜之所。作者以“二公者，真吾父母也”道出了百姓心声，这也成为建亭的直接原因。其建造出

于百姓的通力合作，百姓各尽物力人力，亭三日得以建成。百姓则有“事无隐义，物有正名。地为二公而见，亭从二公而建”之语，将“父母官”的个人德行与本土地脉联系在一起。

（二）国计民生的现实关怀

不少亭记对为官德政之于国计民生的具体而现实的关怀，也多有描写。[南宋]叶适的《醉乐亭记》通过对比的手法，突出了宣城孙公对永嘉百姓福祉的关切：孙公到任永嘉之前，“地狭而专，民多而贫”，但在寒食之际，“丈夫洁巾袜，女子新簪珥，扫冢而祭，相与为遨嬉，……外有靓袨都雅之形”，然而这些只是光鲜的表象，实则“遨者虽心竞不相下，然或举债移质为毕事而已”，百姓为寒食风俗付出了沉重的代价。太守知其一、不知其二，“守长不察，……贪胥所窥，暴令绳之”，其下贪官污吏更借机勒索百姓、胡作非为。孙公到任永嘉之后，始能“访民俗之所安而知其故，至清明节，始罢榷弛禁，纵民自饮”，其仁政于次年更见成效：“当是时，四邻水旱不常，而永嘉独屡熟”，百姓因之享有与众不同的实惠。又如[元]陶安的《重新蛾眉亭记》，也以简明的笔触述写了苏君明之对于国计民生的具体作为：“尝议于长贰，均徭役，审刑名，兴学校之教，划仓库之弊，公田佃者或至贫乏，不征其逋，人甚便之。”

另有一些亭记不直接叙写德政修为，而表现了传统农事背景之下，作者本人或为官者对于民生疾苦的关切，及其“先天下之忧而忧，后天下之乐而乐”的拳拳之心。例如[北宋]苏轼的《喜雨亭记》生动地描绘了久旱而终获甘霖后，人们的各种喜悦情状，同时作者通过对比“不雨”则患“无麦无禾，岁且荐饥，狱讼繁兴，而盗贼滋炽”之病，而“赐之以雨”则有“优游以乐于此亭”之乐，表达了渴求甘霖的真挚情感，以及对百姓美好生活的由衷向往。同样，[南宋]张栻的《多稼亭记》也表现了郡守对于民生的关怀：“观稼穑之勤劳，而念民生之不易”，至于“幸而一稔，则又不敢以为己之能，而益思勉其不可以怠者，闵闵然，皇皇然，无须臾而宁于心，其庶矣乎”，直接道出了郡守在五谷丰登之际，不居功自傲，却谨慎秉持忧思不安、毫不懈怠的责任心。

此外，一些亭记在理论层面对心系民生的治政理念进行了阐发。如[北宋]王安石的《石门亭记》以“仁”为中心，阐述了为人、为官之道：“夫环顾其身无可忧，而忧者必在天下，忧天下亦仁也。……求民之疾忧，亦仁也。”[元]方回的《秀亭记》则有“忧人之忧、乐人之乐者，太守责也”之语。这些都道出了对于国计民生的忧思，阐扬了推己及人的“忧”“乐”之辨。

（三）国家兴亡的思虑期许

有关家国情愫的亭记，不仅有对官吏德政的礼赞、对民生现实的关注，也有对国家未来命运的殷切期望。

[元]揭傒斯的《陟亭记》一方面追溯了阮民望其人其事，赞颂了阮氏的人格与人品；另一方面记叙了阮民望次子阮浩的孝道行为，但亭记最后的落脚点是抒发对于国家兴旺的深沉期盼："当至元风虎云龙之世，使民望少自损，何所不至，而宁为乡善人以终抚其山川。天固将启其后之人矣。"其中，"至元"是中国元朝第一代皇帝元世祖忽必烈的年号；"风虎云龙"语出《易经》"云从龙，风从虎。圣人作而万物睹"[①]，比喻圣主得贤臣、贤臣遇明君，这显然表现了对于新时代美好愿景的积极心态；"使民望少自损，何所不至"，是惋惜阮民望未能尽其才，而若其才干能够得以充分发挥，则功绩无可限量；"天固将启其后之人矣"，直接抒发了对阮浩等后人作为的期待。

又如[元]宋濂的《环翠亭记》由环翠亭由兴而废、由废再兴的过程引发议论，将其盛衰起伏的曲折历程，与国家的兴盛、沉沦联系在一起。其中"昔人有题名园记者，言亭榭之兴废，可以占时之盛衰"一句，显然是指[北宋]李格非在《洛阳名园记》中所谓"园圃之废兴，洛阳盛衰之候也。且天下之治乱，候于洛阳之盛衰，而知洛阳之盛衰，候于园圃之废

兴而得……"[②]作者随后歌颂了明朝开国皇帝的丰功伟绩："盖帝力如天，拨乱而反之正，四海致太平，已十有余年矣"；并再次由环翠亭重建"占幽胜而挹爽垲"之美，对国家的繁荣昌盛寄予了深切的期望："是则斯亭之重构，……实可以卜世道之向治。三代之盛诚可期也"。

（四）读书取仕的治国愿景

唐朝以降，读书取仕已成为读书人崭露头角、为国效力，以及国家选拔治国之才的重要途径。一些亭的营造则与读书取仕及其治国愿景联系在一起。如[北宋]欧阳修的《陈氏荣乡亭记》通过记叙什邡县乡丈人陈君之子岩夫考取进士前后，该县县吏对于读书取仕的态度和认识的转变，宣扬了勤学、读书的潜在力量，及其于民提升素质、于官造福社会的良好效益。该亭记点明了什邡县吏一贯不重视、不待见读书的原因："然其特不喜秀才儒者，以能接见官府、知己短长以谗之为己病也"，这实则同时道出了读书本身对于治国安邦、发现时政之问题并解决问题所具有的积极效用。而乡丈人陈君是难得的开明之士，在儿子岩夫赴礼部参加省试之前，有言曰："嘻！吾知恶进士之病己，而不知可以为荣。若行幸得选于有司，吾将有以旌志之，使荣吾乡以劝也。"第二年，岩夫果然"中丙科以归"，而亭也得以落成，陈君与乡人设宴其

① 易经[M]. 苏勇，点校. 北京：北京大学出版社，1989：79.

② 李格非. 洛阳名园记[M]. 北京：文学古籍刊行社，1955：13.

① 孟子[M]. 万丽华，蓝旭，译注. 北京：中华书局，2016：25.

② 孟子[M]. 万丽华，蓝旭，译注. 北京：中华书局，2016：3.

③ 孟子[M]. 朱熹，集注. 上海：上海古籍出版社，2007：14.

下，以表庆贺。其正面效应是显著的，县吏则悔恨、叹息道："陈氏有善子，而吾乡有才进士，岂不荣邪！"欧阳修因之以"荣乡"名该亭，"荣乡"是光耀门楣、衣锦还乡之意，宣扬了读书取仕为国、为民的积极意义。

[南宋]张栻的《双凤亭记》通过记叙、评论双凤亭营造的来龙去脉，也阐述了诗书诵读之事的价值："故其本不过于治身而已，而其极可施用于天下"，也即"修身治国平天下"之意。双凤亭营造起因于庐陵彭侯守零陵、修学官："政治休洽，民安乐之。始议新学省"，因而其营造正源于德政之下兴文教之举；修学官过程中发现了学官前乱石上的天然凤云图，这被视为吉祥的象征，于是建亭以观瞻这一自然景观。作者就此阐述了对吉祥物的见解：一是大自然的天然造化和鬼斧神工，可为"吉祥"；二是与德政和修学的关联——凤云图的发现即源于政通人和之彭侯德政，凤云图位于学官之前则绝非偶然，所谓"人杰地灵"，是为"吉祥"；三是通过文教，百姓能够成为治国栋梁，则是最大的"吉祥"——"使永之士益知斯之为文而进焉，则将灿然如邹鲁之士，而无愧于古，斯其为祥也大矣"。因此，作者借自然造化之物，一方面描绘了零陵"天时、地利、人和"的图景，另一方面则表达了对"诗书礼乐"文化精神，及其

"治身"并"可施天下"之力量的推崇和赞颂。

（五）"与民同乐"的胸怀格局

"与民同乐"语出《孟子·梁惠王下》孟子与齐宣王之间关于音乐爱好及享乐的对话。其中，孟子先后问道："独乐乐，与人乐乐，孰乐乎？""与少乐乐，与众乐乐，孰乐？"宣王对曰："不若与人"，"不若与众"。孟子进而通过阐述帝王之乐和百姓之乐的关系，推及治天下之道："此无他，与民同乐也。今王与百姓同乐，则王矣"①。《孟子·梁惠王上》里也有相似的内容，即孟子在与梁惠王的对谈中，引述《诗经》中周文王组织民力营灵台、灵沼的情形，说明了"与民偕乐，故能乐也"②的道理。宋代理学家朱熹则有对"与民同乐"的注解："与民同乐者，推好乐之心以行仁政，使民各得其所。"③因此，"与民同乐"推崇、宣扬的是君王与百姓同心，"乐民之乐""忧民之忧"的仁政理念。

[北宋]欧阳修的《醉翁亭记》是体现"与民同乐"理念的千古名篇，其中入木三分地刻画了百姓去醉翁亭游乐、赴"太守宴"的欢乐场景："至于负者歌于途，行者休于树，前者呼，后者应，伛偻提携，往来而不绝者，滁人游也"，绘声绘色、惟妙惟肖，进而宴席之间"众宾欢""太

守醉"，可以说这是体现儒家"与民同乐"思想的一段绝唱。亭记最后以"乐"为题眼，阐发了"乐"的不同层次的内涵："然而禽鸟知山林之乐，而不知人之乐；人知从太守游而乐，而不知太守之乐其乐也。"由"禽鸟之乐"推及"众人之乐"，由"众人之乐"推及"太守之乐"，层层递进，升华了太守心系百姓的胸怀。欧阳修的《丰乐亭记》是《醉翁亭记》的姊妹篇，其中也表达了类似的思想理念："又幸其民乐其岁物之丰成，而喜与予游也。……夫宣上恩德，以与民共乐，刺史之事也，遂书以名其亭焉。"其亭名曰"丰乐"，恰如其分地概括了一派衣食丰足、游息享乐的祥和之象。

《醉翁亭记》影响后世，如[南宋]叶适的《醉乐亭记》直接引用其原文，点明亭"名曰醉乐，取昔人'醉能同其乐'之义"，表现了宣城孙公"与民同乐"的情怀。又如[清]张之洞的《半山亭记》阐述了其父作为兴义太守"与民同乐"的仁政，宛然《醉翁亭记》的翻版："是则知其乐，而不知太守之乐者，禽鸟也。知太守之乐，而不知太守之乐民之乐者，众人也。乐民之乐，而能与人、物同知者，太守也。"其通过铺陈"物之乐""人之乐"，并将其与"太守之乐"相对比，反映了太守心系自然万物与广大民众的思想境界与宽大胸怀。

此外，[北宋]梅尧臣的《览翠亭记》描述了宣城的三座亭，其中第一座是"太守邵公于后园池旁作亭，春日使州民游遨，予命之曰共乐"，也是"与民同乐"的气象。

除上面阐述为官者"与民同乐"儒家思想与作为的亭记，[元]戴表元的《寒光亭记》表达了佛家心系万民的内涵。也许作此亭记是由白龙寺僧所托，作者在追溯寒光亭盛衰兴废历程之后引发议论，写到一般人认为风景佳处常被僧佛者用以营造居游之所，但他们与王侯将相"徒欲乐于其身"不同，而"常愿与人同之"，作者进而从亭之兴废的表象，引申到"用心之公私广狭"的为人处世的哲理。

可见，"与民同乐"的理念在儒家、佛家思想中都有所关照，而前者更为普遍和深刻，并已成为中国博大精深的传统文化的重要组成部分，体现了醇厚的人文关怀，表现出深刻的社会意义，并具有积极的普世价值。

（六）追念先贤的尚古情怀

一些亭记还通过对前辈先贤事迹、品性等的礼赞，表达了特定的尚古情怀。而这些前辈先贤，通常正是维系家国稳定、抚恤社会民生的重要角色。

首先，是倡导善政以治国。[唐]皮日休的《郢州孟亭记》叙述了荥阳郑公命名"孟亭"的缘由，盖出于对孟浩然的尊崇；作者同时盛赞孟浩然的诗文成就，更点明其"天爵"身

份。因此该亭记通过礼赞孟浩然之品行修养，衬托了荥阳郑公的"乐善之深"，且"百祀之弊，一朝而去，则民之弊也去之可知矣"，以肯定的语气预见了郑公德政的积极成效。

另有亭记则直接阐述了前辈先贤之于善政治国的特殊价值。[北宋]文同的《拾遗亭记》抒发了陈子昂（字伯玉，官右拾遗）之雄才大略未能为当政者所识的慨叹，开篇即言"谓伯玉以王者之术说武曌，故赞贬之，曰：'子昂之于言，其聱謷欤？'呜呼甚哉！其不探伯玉之为政理书之深意也"。[明]王思任的《游丰乐醉翁亭记》从记游出发，赞颂了欧阳修的为官与为人，其忘怀得失、不分物我的情怀，体现了欧公胸襟之开阔及坦荡，从中可见欧阳修治政的卓绝心态与积极的社会影响。[明]黄溥的《磨崖碑亭记》通过记叙因唐《中兴颂》碑刻而建亭的过程，高度评价了元结、颜真卿的功绩与人格：元结之"文""体异而正，词简而备"，内容涉及唐功业由衰而兴的过程，其中"奸逆者死生可耻，忠良者则流芳未艾"，有"惩劝"之功；真卿之"字""笔力遒劲，法度森严"，字如其人，有"刚直英锐之气"，引"爱慕"之情，且元结、颜真卿二人"事功行义"所展现出来的"精神心画"，值得"常存不朽"。[明]李骏的《合浦还珠亭记》则用较多篇幅叙述了"合浦还珠"的故事，即东汉合浦

太守孟尝革除前任贪官污吏之暴政，珠蚌终而重返合浦、百姓复得安居乐业的千年佳话，一方面追念孟尝，另一方面具有积极的劝诫、勉励意义。又有[清]孔尚基的《重修梅花亭记》基于唐代名相宋璟的《梅花赋》展开论述，盛赞一代贤臣铁骨石肠、忠心为国的高贵品格，亭名呼应《梅花赋》，彪炳了一代先贤寒梅傲骨般的高尚情操。

其次，是颂扬武功以立国。[唐]元结的《广宴亭记》高度评价了扶风马向筹划营造广宴亭的作为。其基址经作者考证，乃吴国孙权"樊山开广宴"处，即孙权在建安十三年（208年）败曹军于赤壁后，在樊山（今鄂州西山）设宴以庆战功之处，因而广宴亭有着旌表战事武功、树立一国威势的内涵。张謇的《重建宋文忠烈公渡海亭记》则记述了宋代抗元名臣文天祥之渡海亭的重修，追忆前事，盛赞义举，赞扬文天祥虽"出万死一生奔迸流离""蒙无辩之谤，蹈不测之危"，但还是以鄙薄之力为国尽忠的精神，表达了对一代英雄的敬仰之情。作者认为朝代更迭，倏忽百年，相比于帝王的基业之盛，人们心口相传和敬慕的更多是文天祥伟大的气节。正是这种英雄气概，对于国家和人民而言，是取之不尽的精神财富，具有无可限量的精神力量。

最后，是尊崇文化以兴国。前贤树立的文化丰碑，成为后世园亭营

造的典范。如[北宋]胡宿的《流杯亭记》描绘众宾客雅集流杯亭的盛况："贤侯莅止，嘉宾就序，朱鲔登俎，渌醅在樽，流波不停，来觞无算。人具醉止，莫不华藻篇章间作。足以续永和之韵矣。"此盛况堪与晋代王羲之在绍兴的兰亭韵事相媲美，而这一派安宁祥和的社会情态，则出于主政许昌的李公"宣风阜俗，怡神乐职，以余力治亭榭，以暇日饮宾友，式宴以乐，既惠且和"，是为政通人和、繁荣昌盛之际，文化之于社会隆盛的必要而必然的内在价值。又如[清]黄泳在《重修莲池亭记》中所述莲池亭之重修、莲池风流雅集之盛况，则以苏轼在陕西凤翔经营的东湖、喜雨亭为范本："昔苏长公通判凤翔，凿东湖，亭喜雨，及知杭州，疏西湖，通六桥，亭湖心，成千古韵事。"

另外，[元]邵博的《清音亭记》讽刺了某"廉访者"自书、更易苏轼"清音"亭名匾额的恣意妄为、辱没先贤的不耻行径，表达了对先贤遗风的尊崇之情；[清]王奕清的《重修太白碑亭记》通过记述作者至夜郎（文中指今贵州桐梓）时，对诗人李白遗碑碑亭进行修缮之事，表达了对前人的敬慕；[清]梁善济的《重修元遗山先生野史亭记》则认为元好问（号遗山）《中州集》所涉人物有"幽并之气"，其对元遗山先生的崇敬仰慕之情溢于言表，也表现了作者追思先贤、传承文化、重振社会风气的拳拳

心迹。

总之，上述亭记通过追溯先贤风范，赋予亭以特定的政治、社会、文化内涵，表达了深切的家国情愫，彰显了强烈的社会使命感，以及对卓越文化风尚的追求或期盼。

二、风景与感知

（一）自然风景的体验领略

亭作为园林、风景营造的重要组成部分，是人工为之，并供人游赏，因而亭往往反映了人与自然的互动关系。许多亭记描写自然风景，并抒发作者自己对于自然风景的体验，或从中阐发对于外物的认识与见解。

对于自然风景的身心体验通常是复杂而综合的，有多种感官的参与。[唐]独孤及在其《卢郎中浔阳竹亭记》中写道："亭前有香草怪石，杉松罗生，密篠翠竿，腊月碧鲜，风动雨下，声比萧籁。亭外有山围溢城，峰名香炉，归云轮囷，片片可数，天香天鼓，若在耳鼻。"其中可见竹亭及其环境悦目之景、悦耳之声、扑鼻之香。类似地，[唐]白居易《白蘋洲五亭记》中的五亭综合了视觉与触觉：视觉在于"白蘋亭"之赏汀洲白蘋、"集芳亭"之看百花争妍、"山光亭"之眺山光水色、"朝霞亭"之望日出霞光；触觉则在于"碧波亭"中与微波涟漪的亲和。又如[明]陶望龄《也足亭记》有"吾日左右于此君

也，展膝袒坐，身足其荫；阒而听之，籁籁然风，足于吾耳；良夕月流，疏影交砌，反著壁上，层层如画，足于吾目"，即亭子给人以遮荫庇护，适于身体的某种触觉；竹丛随风作响，适于耳朵的听觉；在夜晚皎洁的月光下，竹丛的影子映在墙上，展现出一幅层层叠叠的长卷，适于眼睛的视觉：各种感官交织在一起，与自然融为一体。

有的亭记则阐述了某一种感官体验的丰富性。[唐]白居易的《冷泉亭记》描写了与自然亲和的多种触觉，兼及多样丰富、"可"以为之的游赏活动：春日草木和煦、欣欣向荣，可"导和纳粹，畅人血气"；夏夜泉水平静、清风徐徐，可"蠲烦析酲，起人心情"；坐于亭中观赏游玩，可"濯足于床下"；卧之与亭亲密接触，可"垂钓于枕上"。此外，[清]袁枚的《峡江寺飞泉亭记》则状写了丰富的听觉体验："登山大半，飞瀑雷震，从空而下。……僧澄波善弈，余命霞裳与之对枰。于是水声、棋声、松声、鸟声，参错并奏。顷之，又有曳杖声从云中来者，则老僧怀远抱诗集尺许，来索余序。于是吟咏之声又复大作。天籁人籁，合同而化。"其中的"天籁"有水声、松声、鸟声，"人籁"有棋声、吟咏之声，真是天、人"合同而化"的绝妙境界。

除了人对自然外物的具体感官体验之外，园林中的四时景象，也通常是亭记表现的对象，作者将人的感官体验置于自然的运行、流转之中。[唐]李绅的《四望亭记》"春台视和气，夏日居高明，秋以阅农功，冬以观肃成"，将春、夏、秋、冬的不同生活内容融汇在一起。又如[北宋]欧阳修的《醉翁亭记》描绘了"四时之景"："野芳发而幽香，佳木秀而繁阴，风霜高洁，水落而石出者，山间之四时也。朝而往，暮而归，四时之景不同，而乐亦无穷也。"其《丰乐亭记》的笔法如出一辙："掇幽芳而荫乔木，风霜冰雪，刻露清秀，四时之景无不可爱。"而[清]张之洞的《半山亭记》对于"四时之景"的叙述，则效仿《醉翁亭记》而作："晴而明，雨而晦，朝而苍翠千重，暮而烟霞万顷。四时之景无穷，而亭之可乐，亦与为无穷也。"另有[清]郑珍的《斗亭记》"手植柳四五株荫之，上列杂树，四时皆有花，而亭适当枣下"，描绘了时光荏苒之中寻常而朴实的家居生活。

另有亭记则点明游观之乐，实则在于"心"与自然的交感，即由"外"而"内"阐发对于自然风景的体验。[唐]刘禹锡的《洗心亭记》阐释了"洗心"之名的由来：亭位于山势高处，四周景致皆在望中；旁有松、石、竹，清静幽寂、沁人心脾；能激发词人灵感、淡泊僧侣心志、化解忧人思虑；游览该亭"适乎目而方寸为清"，由视觉之所观以至内心之超逸，这正是"洗心"之内涵。[北宋]周敦颐的《养心亭记》也解说亭名"养心"之意："张子宗范有行有文，其居背山而面水。山之麓，构亭甚清净。予偶至而爱之，因题曰'养心'"。该亭记另提到"养心"之于"诚立明通"的意义："诚立，贤也。明通，圣也。是贤圣非性生，必养心而至之"。于是亭记将风景体验与修身养性联系起来，表达了风景体验的生命意义。此外，上述[北宋]欧阳修的《醉翁亭记》除了描绘"四时之景"，其脍炙人口的名句"醉翁之意不在酒，在乎山水之间也。山水之乐，得之心而寓之酒也"，也提到身心与外物的交互，强调了风景之于内心的升华。

"诗情画意写入园林"的传统使有的亭名取自对于自然风景的体验。如[唐]元结在《寒亭记》中写到大暑时节身处山水林木之中的寒意："今大暑登之，疑天时将寒。炎蒸之地，清凉可安，合命之曰寒亭。"[北宋]欧阳修的《丛翠亭记》则描绘了在亭中所见的群山连绵、千姿百态、动静相生的瑰丽景象，这正是"丛翠"之名的由来："丛"乃山之数量，"翠"乃山之色泽，即"因取其苍翠丛列之状，遂以丛翠名其亭"。

（二）日常人伦的生命感怀

亭为人经营自然风景的媒介之一，其所蕴含、寄托的身心体验，还

①
计成. 园冶注释[M]. 2版. 陈植, 注释. 北京: 中国建筑工业出版社, 1988: 47.

涉及日常生活与人伦之情。

有的亭记抒发了基于个人生活体验的生命感怀。如[元]戴表元的《乔木亭记》对比了作者儿时游亭与数十年后再游的不同心境：之前由于家境富足、生活安逸，悦目赏心之事多，甚而未尝察觉游赏乔木亭之乐；而在离乱之后，常常衣食堪忧、居无定所，再会乔木亭时，乔木亭竟成为自己阅卷神游之处，借之触景生情，甚至可以消解烦忧，乔木亭成为作者不可或缺、形影不离的伴侣。作者在朴实清雅的字里行间，流露出淡淡的感伤之情与故国之思。

另外一些亭记则表达了由家人共同生活而生发的醇厚情感。如[北宋]欧阳修的《李秀才东园亭记》依时间脉络呈现了与该园亭相关的人、事、景：追忆孩提之时，李公其父营园亲力亲为、勤勤恳恳；描绘现实之景，"树之蘖者抱，昔之抱者拱，草之茁者丛，荄之甲者今果矣"；构想未来之变，"梁木其蠹，瓦甓其溜，石物其泐"。其抒发了时光蹉跎之叹，而又蕴藏着悠远、不舍的情愫："然忽忽如前日事，因叹嗟徘徊不能去"。又如[清]郑珍的《斗亭记》追记了作者与家人——特别是母亲——围绕斗亭度过的三年时光，或垂钓，或诵书，或咏诗，或种种儿戏，不一而足，在琐碎的日常生活之中见人伦之乐，以及作者对于家人特别是母亲的深厚、真切的情感。而在这个过程中"思昔贤

随遇守分之遗风"，则表现了作者安贫乐道的心境和生活态度。

[明]归有光的《思子亭记》通过描写家庭生活，寄托了对时年仅十六的亡儿的深沉思念。亭记开篇写作者于嘉靖二十一年（1542年）携儿至吴淞江居住，平日"最爱吾儿与诸弟游戏，穿走长廊之间。……此余平生之乐事也。""盖吾儿居此，七阅寒暑，山池草木，门阶户席之间，无处不见吾儿也"。其生活场景寻常而平实，更反衬了丧子之痛更甚。思子亭之碑文更抒发了世事无常、无力回天的嗟叹："天地运化，与世而迁。……宇宙之变，日新日苗。岂曰无之，吾匪怪谲。父子重欢，兹生已毕。"其悲怆、其孤独、其惨然，如泣如诉、催人泪下。

（三）风景经营的能主之人

亭的营造作为人与自然互动关系的呈现载体之一，蕴含了人对自然风景的体验，有时更出于人对自然风景的慧眼，表现出人经营自然风景的能动性，正如《园冶·兴造论》所言："世之兴造，专主鸠匠，独不闻三分匠、七分主人之谚乎？非主人也，能主之人也。"①

如上所述，一些亭的营造，是由于为官德政所造就的政通人和的时运。这使游观活动及其风景营建成为可能。其中，为官者通常是风景发掘、经营的主角，相关亭记则在礼赞

德政、评述风景的同时，赞誉了为官者对于风景经营的品味。[唐]冯宿的《兰溪县灵隐寺东峰新亭记》即提到美景由"隐"至"显"，是出于兰溪县令洪少卿之才德："洪君曾是挈俸钱二万，经斯营斯。因地于山，因材于林，因工于子来，因时于农隙，一何易也。崇山峻谷，佳境胜概，绵亘伏匿，一朝发明，又何能也。……然则是邑之理，兹亭之胜，于君之分，不为难能。"其中可见洪少卿在风景经营中尊重既有地形、利用现状植被的理念和手法；且在人力投入上，得到百姓的倾力支持；在建造时间上，选择在农耕之余，兼顾劳作与闲暇，是对作为传统经济基础的农业"本作"的维护。这种官员才德及其营亭过程中对于人力、物力的有序运筹，也见于[元]伯颜的《海角亭记》："谋诸僚属，相协经理，与亭并增广之"。

[唐]白居易的《白蘋洲五亭记》则记叙了梁吴兴太守柳恽、颜鲁公真卿、弘农杨君先后在白蘋洲以德政为基础、最终成就"五亭"的风景经营的事迹，说明了"人"在其中的能动性："大凡地有胜境，得人而后发；人有心匠，得物而后开：境心相遇，固有时耶？盖是境也，实柳守滥觞之，颜公椎轮之，杨君绘素之：三贤始终，能事毕矣。……政成故居多暇日。由是以馀力济高情，成胜概，三者旋相为用，岂偶然哉？"具体

而言，柳恽首先因景赋诗，始有"白蘋"之名；颜真卿"翦榛导流"，始有八角之亭；杨刺史最终"疏四渠，浚二池，树三园，构五亭，卉木荷竹，舟桥廊室，泊游宴息宿之具，靡不备焉"，综合了各种自然与人工的造园要素，并使之兼具观游、宴饮、休憩、歇宿等多样的功能，可见其出色的造园才能。

[唐]柳宗元也有多篇亭记关于主持德政的"能主之人"。他在《零陵三亭记》中叙述河东薛存义入主零陵之前，虽美景有存，却从未被人们注意："县东有山麓，泉出石中，沮洳污涂，群畜食焉，墙藩以蔽之，为县者积数十人，莫知发视。"薛君入主零陵之后，革除旧弊，以致社会祥和，进而"发墙藩，驱群畜，决疏沮洳，搜剔山麓，万石如林，积坳为池"，林木"不植而遂"，鱼鸟"不蓄而富"，"乃作三亭，陟降晦明，高者冠山巅，下者俯清池。更衣膳饔，列置备具，宾以燕好，旅以馆舍"。从中可见，薛君对潜藏之景的因地制宜的发掘，且"三亭"各具空间及环境特色，形成了饮食、住宿等设施完备的游观场所。同样，《桂州裴中丞作訾家洲亭记》中的御史中丞裴公，也开掘了多年为人们熟视无睹却暗藏精妙的风景："未有直治城，挟阛阓，车舆步骑，朝过夕视，讫千百年，莫或异顾，一旦得之，遂出于他邦"，真正是"非公之鉴，不能

①
诗经[M]. 王秀梅，译注. 北京：中华书局，2015：809.

②
论语[M]. 陈晓芬，译注. 北京：中华书局，2016：72.

以独得"。《邕州柳中丞马退山茅亭记》则记叙了作者兄长柳宽因德政而有余暇，有余暇而"寄胜概"、营建马退山茅亭之事，并借此引出"美不自美，因人而彰"之理，即美好的事物是因为人的发现和品鉴才得以呈现的。[清]张之洞在其《半山亭记》中沿用此论，称赞了其父作为太守的风景营造才能："盖天钟灵于是，必待太守以启之也。"

另外，有的亭记不仅称扬"能主之人"的才德，而且表达了与其人相关的更多内涵。[唐]韩愈的《燕喜亭记》通过记叙王仲舒（字弘中）在官贬连州后建"燕喜亭"之事，抒发了对其仕途的期许。其营亭缘于对其宅居后奇异山形地势之发现，进而经营其中嘉树石泉而得绝妙风景。"燕喜"之名则由韩愈为之，语出《诗经·鲁颂·閟宫》："鲁侯燕喜，令妻寿母。"①《诗经》原文歌颂了鲁僖公的文治武功，"燕喜"句表现了国家强盛背景下宴饮喜乐的场面，这暗含了对王仲舒为政才能的肯定。《燕喜亭记》又借《论语·雍也》"知者乐水，仁者乐山"②句，引出对王仲舒才能与品性的夸赞之辞："弘中之德与其所好，可谓协矣。智以谋之，仁以居之，吾知其去是而羽仪于天朝也不远矣"，明确表达了对弘中的由衷赞赏，以及对其前程的展望。

另有[明]徐可求的《日迟亭记》则通过赞誉瞿溥即任衢州太守后，营造日迟亭所展现的个人才情，表现了瞿公超凡脱俗的"出世"情怀。其营亭出于对当地风景的发现："山如故也，址如故也，前岂无人不作此举？而公始创之，事如有待，则山灵之傲幸于人，有甚于人之呵护山灵矣。"所建之亭格调清雅，"逸而雅，婉而多风，不必侈言仙去，恍已若在羲皇之上者。"且"公所不委琐于世局，自公之暇，一再涉此，会心不远，日御且迟，已因而颜之曰'日迟亭'"——瞿公不囿于世俗的情怀，正是他发现山色美景、营造风雅山亭的品性内因。

（四）为人为事的事理哲思

亭记和很多其他类型的古代散文一样，通常不仅仅是借景抒情，而且往往托物言志、以物喻人，甚至借物喻理，表现为以下四个方面。

首先，是对人与自然相互关系的阐发。一些亭记探讨人在面对自然风景时，如何能够获致快乐的心境，从而探求"人生之乐"。如[北宋]苏辙在《黄州快哉亭记》中谈到了临长江，观浩荡奔腾、烟波浩渺之水景的快乐，也谈到了追怀三国曹操、孙权、周瑜、陆逊之"流风遗迹"的快乐，但终究感叹的仍然是人之情，以及快乐的人生哲理——"士生于世，使其中不自得，将何往而非病？使其中坦然，不以物伤性，将何适而非快？"也即快乐以人的心境而异：假如一个人的心情不愉快，则见到什么美景也不能驱散忧愁；一个人只有心情坦荡，才有可能视美景为快乐，即使是在穷困潦倒之时，也能因壮丽的自然美而激发出一种乐趣。其《武昌九曲亭记》为回忆其兄苏轼为作，也有类似的说理："盖天下之乐无穷，而以适意为悦。方其得意，万物无以易之；及其既厌，未有不洒然自笑者也。"这表现了苏轼遭遇谪贬之后的自得而积极的心态。此外，[北宋]梅尧臣的《览翠亭记》则提出了风景常存、"乐亦由人"的观点。作者对此做出进一步阐发："暇不计其事简，计其善决；乐不计其得时，计其善适。"此即风景营造的因地制宜、风景享乐的因时合宜，是一种探求自然风景的能动心态，以及体验自然风景的互动状态。

另一些亭记探讨人与自然的内在关联，认为"万物有灵"，且相互联系。如[清]叶世倬的《重修连理亭记》由汉中留坝柴关岭北麓一株奇特的古橡树入手，认为"物之异者必有灵应"，由衷赞美了自然造化，进而阐发了"连理"的含义——"连理者，仁木也"，并将执政者的德政仁爱、夫妇的和谐恩爱、兄弟的同心同德与树的形态联系在一起，暗示了人与自然的某种微妙关联。

又如[南宋]张栻的《双凤亭记》记叙了亭与"吉祥物"天然风云图的关系，除前述表达"读书取仕的治国愿景"外，还反映了人与天赐之物之间的内在互动："天机之动，忽然而成，有非人力之所能及者"，似乎"吉祥物"的出现有其"偶然性"；但是又指出"独出城郭之间，又适学官之前，其决不偶然也"，似乎"吉祥物"的出现亦有其"必然性"；更为重要的是，"向也湮没而无闻焉，始为彭侯出是祥也，无疑矣"，似乎"吉祥物"的出现实则出于施行德政的彭侯对人、对物的内在感召。这种对于人与自然现象之间关联的阐发，显然带有某种神秘色彩，但也是古代"天人相参"观念的一种体现。

其次，是对人生运命、归宿的思考。如[北宋]苏轼的《墨妙亭记》就时任湖州知州的孙觉（字莘老）为收藏湖州境内自汉代以来的石刻，建造墨妙亭以求石刻长存之事，探讨了"知命"的命题。作者认为亭子之类的物质实体看似坚固，其实难以经久，"恃形以为固者，尤不可长，虽金石之坚，俄而变坏"；而所存石刻上的"功名文章，其传世垂后，乃为差久"，情况要好得多。这种以不经久之物，保存相对久传之物的做法，几乎是"不知命"的表现。作者进而思辨世间事物存亡之理：人有生死、国有兴亡，是为"天命"，但不能听由天命而无所作为，由此认为"知命者，必尽人事，然后理足而无憾"、"至于不可奈何而后已"，即要尽最大的努力去做事，以至无可操控的结

① 楚辞[M]. 林家骊, 译注. 北京: 中华书局, 2010: 182.

② 李白. 将进酒[M]//裴斐, 选注. 李白选集. 北京: 人民文学出版社, 1996: 56.

③ 刘蓉. 习说[M]//《清代诗文集汇编》编纂委员会. 清代诗文集汇编 (六六三): 养晦堂文集十卷, 养晦堂诗集二卷. 上海: 上海古籍出版社, 2010: 498.

④ 刘义庆. 世说新语笺疏[M]. 刘孝标, 注. 余嘉锡, 笺疏. 北京: 中华书局, 2011: 517.

果, 如此让自己没有遗憾, 这才是"知命"。

再次, 是对外物功用的"道器之辩"。如[明]袁中道的《楮亭记》论述了楮树之"材"与"不材"的关系, 记叙了楮亭的由来。作者借此说明所谓"不材之物", 在特定的情境下, 也必然有其功用。这暗含了"尺有所短, 寸有所长"①的哲理, 也体现了"天生我材必有用"②理念的豁达与自信。楮亭并非出于大兴土木, 而是植竹为亭、覆以箬叶, 是为自然之态。作者同时也提到: "道人之迹如游云, 安可枳之一处? 予期目前可作庇荫者耳。"其理念与作为都体现出一种追随自然之道的超脱心态, 对身外之物无所求、不苛求, 从而达成身心与外物的协调、和谐。

最后, 还有对社会运行之理的解说。如[北宋]曾巩的《饮归亭记》阐发了"成大事"与"做小事"之间的关系。饮归亭为"射亭", 由金溪尉汪遘为"教射"所建。该亭记通过追溯古代射礼由兴而衰的过程, 反衬汪君于此背景下"教射"的与众不同, 并从三个方面对此加以赞许: 其一, 太平时分习射, 是居安思危、未雨绸缪、有备无患之举; 其二, 汪君名亭为"饮归", 是承继"古者师还必饮至于庙, 以纪军实"之礼, 体现了汪君的"立武"情怀与志向; 其三, 习射之人并不多, 但汪君"所教亦非独射"。作者最终道出"天下之事能大

者固可以兼小, 未有小不治而能大"之理, 一如[清]刘蓉在其《习说》中所言"一室之不治, 何家国天下之为?"③

三、人格与品性

(一) 不囿外物的气度风骨

传统士大夫在为学、为官的过程中, 表现出一些特定的文化特质, 如豪放的气度或超凡的风骨。一些亭记刻画了他们超脱于外物的大小、多寡、奢俭、繁简, 而表现出的怡然自洽的生命状态。

[北宋]欧阳修的《游儵亭记》阐述了其兄晦叔虽"困于位卑, 无所用以老", 但无意外物大小与否而自得其乐的精神境界: "今吾兄家荆州, 临大江, 舍汪洋诞漫, ……而方规地为池, 方不数丈, 治亭其上, 反以为乐, 何哉? 盖其击壶而歌, 解衣而饮, 陶乎不以汪洋为大, 不以方丈为局, 则其心岂不浩然哉!"其中, "击壶而歌"语出《世说新语·豪爽》: "王处仲每酒后辄咏'老骥伏枥, 志在千里。烈士暮年, 壮心不已'。以如意打唾壶, 壶口尽缺。"④这正是人虽老、志不衰的豪情。作者认为: "其为适也, 与夫庄周所谓惠施游于濠梁之乐何以异?"众所周知, "濠梁之乐"典出《庄子·秋水》: "庄子与惠子游于濠梁之上。庄子曰: '儵鱼出游从容, 是鱼之乐

也。'"[①]这则典故正体现了不囿于外物的畅达心胸，也是"游儵"亭名的由来。

[明]陶望龄的《也足亭记》描述了其挚友朱晋甫超脱物质数量的多寡而获致的自足之乐。朱君爱竹，虽然其宅园之竹仅有两丛，但"视彼数竿，富若渭川之千亩而有以自足"，即两丛竹便似千亩林海，为精神升华之境界。同时作者举出反例衬托朱君之品性：一方面是隐逸之士，他们居山川之奇，享林木之幽，相比居于朝市者，心生优越之感；另一方面是居于朝市者，他们羡艳隐逸处所的环境，但唯恐山川还不够深远、林木还不够深邃。这两种人都没有超脱物质层面的比较，因而总无法释怀。相形之下，朱君"寄于物而不系焉"，正如《庄子·列御寇》中"饱食而敖游，泛若不系之舟，虚而敖游者也"[②]的境界。又如[明]归有光的《畏垒亭记》，则表达了作者自己对于志同道合者多寡的超脱。其开篇提到吴淞江旁的安亭"土薄而俗浇，县人争弃之"，又引《庄子·杂篇·庚桑楚》中庚桑楚的故事作类比："庚桑楚得老聃之道，居畏垒之山。其臣之画然智者去之，其妾之絜然仁者远之。拥肿之与居，鞅掌之为使。三年，畏垒大熟。畏垒之民，尸而祝之，社而稷之。"[③]其中可见"畏垒"亭名的由来，也可见志同道合者不计得失、大智若愚的品性。而在安亭"值岁大旱"之际，通过自己的努力而"颇以得谷"后，作者抒发其强烈的快意和满足，以及对志同道合者的召唤："谁为远我而去我者乎？谁与吾居而吾使者乎？谁欲尸祝而社稷我者乎？"这是一种执着于内心操守甚至孤傲的处世态度。

诸多形制简约之亭，都体现了对于俭朴的追求。而从大小、多寡并无二致的情形来看，在文人的情怀里，物质的简约、稀薄，反而更能达成内心精神的富足。[唐]独孤及《卢郎中浔阳竹亭记》中的卢公虽然地位尊贵，但心志淡远，毫无奢靡流俗之气，他在山巅建亭，"工不过凿户牖，费不过剪茅茨，以俭为饰，以静为师。辰之良，景之美，必作于是。凭南轩以瞰原隰，冲然不知锦帐粉闱之贵于此亭也"。在其风景游观与认知中，俭朴的亭甚至比华丽的宫廷更加可贵，其原因正在于"心和于内，事物应于外，则登临殊途，其适一也。何必嬉东山，禊兰亭，爽志荡目，然后称赏？"作者在此将竹亭登览之妙，与其他似乎更具声名的游观胜地进行比较，而更青睐自己营造的俭朴竹亭。

[明]施闰章的《就亭记》表现了作者超脱物质繁简、无所多求的淡然心态。"就亭"是作者以江西参议身份驻临江（今江西樟树）时所建。而其时"临江地故硗硗，官署坏陋，无陂台亭观之美。……登望无所，意常怏怏"，并无多少景致。"就亭"营

① 郭庆藩. 庄子集释[M]. 王孝鱼, 点校. 北京: 中华书局, 2013: 538-539.

② 郭庆藩. 庄子集释[M]. 王孝鱼, 点校. 北京: 中华书局, 2013: 913.

③ 郭庆藩. 庄子集释[M]. 王孝鱼, 点校. 北京: 中华书局, 2013: 678.

造，是"得轩侧高阜，……作竹亭其上，列植花木，又视其屋角之障吾目者去之"，也并无多少巧思经营，其命名意为"就其地而不劳也"，即无意于建亭地段的粗放、简陋，顺势、即时而为。另外，作者与官事繁忙、舟车劳顿之下，即使有陂台亭观之胜，也难有"胸中丘壑"的状态作比较，认为临江衰败落后、事务无多，虽无风景的赐予，却也能收获"山水之意"，从而流露出随遇而安、知足常乐、超脱物象的心态与志趣。

不囿于外物的气度风骨还表现在不图利禄、淡泊功名等方面。前者，如[元]刘基的《饮泉亭记》赞颂了东晋廉吏吴君隐之屏绝物质利诱的高尚情操，并引发关于"廉"与"贪"的说理和评论，认为"廉""贪"与否，在于个人自身的品质——"人心之贪与廉，自我作之，岂外物所能易哉！"而"外物"即所谓"利"与"名"，人贪图其一，便无操守——"人之好利与好名，皆蛊于物者也。有一焉，则其守不固，而物得以移之矣"。因此，"泉"为"外物"之客观存在，人如何对待才是关键，而"廉"之本质在于由"内心"自然生发的正气。

后者，如[北宋]欧阳修的《岘山亭记》称赞了其友人史君中辉不问功名的高尚德行。文章开篇评论羊祜（字叔子）、杜预（字元凯）两者虽有"平吴而成晋业"之功，却

"汲汲于后世之名""皆自喜其名之甚""自待者厚"，作者因而质疑其不能释怀于功名的传扬。相反，史君入守襄阳、翻新整修岘山亭之际，百姓欲借机刻石记录其德政，以存不朽，此为史君所不欲。作者通过对这些事件的纪实，展现了史君淡泊功名、只求百姓福祉的品德。

（二）归隐出世的淡泊旨趣

如果说上述超脱物质利益羁绊的气度风骨，多半表现了某种"入世"、济世为民的积极修为，那么这种超脱的气质在某些情况下也可能表现出"出世"、避世自遣、消极归隐的生活旨趣，这在厌倦、逃避官场倾轧的士大夫中尤为常见。如[北宋]苏舜钦的《沧浪亭记》主要记述了作者被贬迁苏州后，建沧浪亭的经过，及其所思、所感、所悟。其开篇即提到"予以罪废无所归"，道出一种游离于官场之外的虚无缥缈的消极心境。之后偶然发现奇景，进而营亭，在独自游赏之时，"则洒然忘其归"，显然，"忘其归"与此前的"无所归"不同，是一种在自然风景之中，所获致的自胜心境。而与纷繁的官场相对比，"返思向之汩汩荣辱之场，日与锱铢利害相磨戛，隔此真趣，不亦鄙哉！"此中"真趣"给予作者以新的领悟，是一种更高层次的畅达心境。最后，作者在论理之中，谈及"安于冲旷，不与众驱""沃然有得，笑傲

万古"，则表现了一种脱胎换骨般的旷达心境。

同样地，[北宋]汪藻的《永州玩鸥亭记》是作者官贬永州后所作。作者因有罪在身而鲜有交游。因环境凋败而无所可游。外无所求，对内修身，却反而渐渐让他自己洒脱自如、怡然自得。于是他在宅居之前、两水交汇之处建亭，且"有群鸥日驯其下"。其"玩鸥"的身心体验，是一种心向自然、物我同一、人与天调的忘我、忘物、忘情的境界，并借此成就"独往之志"。同时，他"杜门息交，朝饭一盂，夕饮一尊，日取古今人书数卷读之，怠则枕书而睡，睡起而日出矣。"生活内容简易朴素，生活节奏与日月运行相合。如此，"玩鸥"而自得，也自然而然了，表达了身心追随自然之理，从而安身立命的生活哲学。

另有亭记描述了为官者解甲归田之后的淡泊心境。如[明]归有光的《悠然亭记》记叙了作者表兄周公大礼（别号淀山）罢官之后的生活。悠然亭即周公于屋后小园中建造，其名取自[晋]陶渊明《饮酒》诗中"悠然见南山"①句。周公为政才能出众、功绩卓著，为妒忌者所不容，罢官后忘却尘世间事，但世人却不忘周公。作者通过对比周公的积极"入世"和恬淡"出世"，反衬了周公"自忘"的超脱心态。作者进而解读其中不可言说的"悠然"之意：周公此前遍览世间

风景，而定居马鞍山后怡然自得，察此马鞍山实无异于东岳泰山，即"兹山何啻泰山之礨石？"周公这种不囿于"外物"的心态，呼应了作者前文所说的"悠然者实与道俱"，也即悠然自得的人委实与天道合一。

还有的亭记则直接抒写隐居之乐，而多半以世俗情态做对比。如[唐]皮日休的《通元子栖宾亭记》表达了作者对友人李中白高古品格的赞赏：其隐居处"目爽神王，恍恍然迨若入于异境矣"，其中有林木山泉之景，有溪流异禽之声，有松竹交韵之响，有白云清风为伴，这些衬托了中白的尚古之志。而皮日休与中白皆曾有隐于山林的志向，但最终日休"仕"、中白"隐"，作者自感"语及名利，则芒刺在背矣"，这一对比，突出了中白一如既往的旨趣。至于通元子栖宾亭，其亭名便是对中白品格的注解："夫学高行远谓之通，志深道大谓之元，男子通称谓之子。"另有[北宋]苏轼为其友人、隐居彭城的云龙山人所作的《放鹤亭记》。其中谈到卫懿公因好玩鹤而亡国，而刘伶、阮籍这样的隐士却能以好酒而保全真性情，并名传后世，作者因此认为"其为乐未可以同日而语也"，即"君主之乐"和"隐士之乐"是不可同日而语的。这也呼应了作者对于云龙山人的反问："子知隐居之乐乎？虽南面之君，未可与易也。"又如[北宋]黄庭坚的《松菊亭记》叙写了蜀人韩渐正

①
陶潜. 陶渊明集校笺[M]. 龚斌, 校笺. 修订本. 上海: 上海古籍出版社, 2011: 234.

①
陶潜.陶渊明集校笺[M].修订本.龚斌,校笺.上海:
上海古籍出版社,2011:239.

翁的隐居生活,并交代了松菊亭的由来及其立意。该亭记从社会上人事的沉浮写到追求归隐之乐,颇具哲理韵味。筑亭的本意是享受归隐之乐,或与友人歌舞于此,或为耕耘田园,并与若干仁义智勇之士在其中"听隐居之松风,裛渊明之菊露"。可见,亭名中的"菊"源自陶渊明诗句"秋菊有佳色,裛露掇其英"①,更为亭平添些许归隐的恬淡气质。

(三)"仕""隐"互补的处世心智

前述[明]陶望龄的《也足亭记》论述了居于朝市者和隐于山林者,均未能超脱物质层面比较的局限,因而认为两者均未达到终极的心灵升华。但"仕""隐"这两种处世态度和修为是可以结合、互补的,另有一些亭记便说明了这一点。

[唐]权德舆的《许氏吴兴溪亭记》中的许氏其人和溪亭便兼得"仕""隐"两种特质,作者用"动静之理"加以表述:"君之动也,代耕筮仕,必于山水之乡,故尉义兴,赞武康,皆有嘉闻而无秕政。"许氏其人将"耕作"这种与自然亲密接触的行为,转换为"仕宦"这种与日常人伦交互、造福社会的行动,且有着良好的口碑:"其静也,则偃曝于斯亭,循分食力,不矫不躁。"许氏其人营亭观览,自适其中。溪亭由许氏经营、建造而成,样式简约、色彩淡

雅、傍依小溪,一派田园风光,且"与人寰不相远,而胜境自至",兼得"入世""出世"之妙。

[北宋]苏轼的《灵璧张氏园亭记》与其说是一篇"亭记",不如说是一篇"园记",其内容也多处涉及"仕""隐"的融合、平衡:张氏之园"其深可以隐,其富可以养",不仅可提供回归自然的身心体验,而且具有生活起居的物质功能;其所处之地位于"汴、泗之间,舟车冠盖之冲",兼得自然风景与交通便利,于是"凡朝夕之奉,燕游之乐,不求而足";因而使张氏子孙得以"开门而出仕,则跬步市朝之上;闭门而归隐,则俯仰山林之下。……仕者皆有循吏良能之称,处者皆有节士廉退之行"。从中不难见出营园、筑亭、造景,进而在为人处世之中兼及"仕""隐"的智慧。

上述亭记主要涉及处理自然与人的关系时,"仕""隐"兼得的智慧。[北宋]曾巩的《道山亭记》与之不同,主要表现了为官福州的程公诗孟"仕""隐"兼得的心志。福州所在的"闽",其地艰险偏远,"故仕者常惮往",而程公无所惧,"独忘其远且险",并"以治行闻,既新其城,又新其学",有着良好的为政功德。同时,程公建亭于"闽山嵚崟之际",因"登览之观,可比于道家所谓蓬莱、方丈、瀛州之山",而将其命名为"道山亭",可见其超凡的境

界。且其"又将抗其思于埃壒之外，其志壮哉！"因此，程公之"仕"见其"勇"，而程公之"隐"见其"志"，其鲜明的人格跃然纸上。

（四）高洁质朴的"君子"品格

"君子"是中国传统文化中的一个重要概念，广见于各种古典典籍，如《易经》《诗经》《尚书》之中。在历代亭记中，也不乏对"君子"这一命题的阐述，可从言行品格、社会担当、文化情愫三个方面加以理解。

探讨"君子"言行品格的亭记较多。其一，是关于君子对于行为场所的品味及其行为之间的关系。如[唐]贾至的《沔州秋兴亭记》说到"君子慎居处，谨视听"，秋兴亭之建置，则"前户后牖，顺开阖之义，简也；上栋下宇，无雕斫之饰，俭也。简近于智，俭近于仁，仁智居之，何陋之有？"同样地，[唐]独孤及的《卢郎中浔阳竹亭记》有曰："君子居高明，处台榭"，卢郎中的竹亭形制简约、装饰俭朴，"工不过凿户牖，费不过蕝茅茨，以俭为饰，以静为师"；还有[唐]梁肃的《李晋陵茅亭记》也提到"君子谓仲山（即"李晋陵"）居处恭，执事敬"，而其茅亭"功甚易，制甚朴"，从中不难看出君子于简易、平淡中见精神的高尚情操。另外，[唐]柳宗元的《零陵三亭记》则从论述观游与理政之间的关系出发，认

为"君子必有游息之物，高明之具，使之清宁平夷，恒若有余，然后理达而事成"，从另一个角度阐述了君子修为与所借之物的关系。

其二，是论及君子低调修身、积极为社会谋福利的品格。如[北宋]曾巩的《尹公亭记》开篇即点明"君子之于己，自得而已矣，非有待于外也"。此即君子对于自己的评判，关键是内在修身的高度，而非外界的眼光。作者随即引用了《论语·卫灵公》第二十章"子曰：'君子疾没世而名不称焉。'"[①]并认为君子正是有这样的品质，"所以与人同其行也"，即含蓄、内敛、不求功名的风范，且与世人一同勉力躬行。[明]王守仁的《君子亭记》也表达了类似的意思："人而嫌以君子自名也，将为小人之归矣"，至于世人之于"君子"，也应该重于内心的体察，而非彰显于外的表象；然而有人要宣扬"君子"的风范、气节，以求存其久远，是意欲"与人同其好"，即让世人共同蒙受"君子"的美德。与这些说理相应，该亭记叙述了尹公遭贬官之后，躬行仁义、精研学问的作为。尹公"不以贫富贵贱死生动其心"、不计较贬官遭遇的人格、品性，正是"与人同其行"的"君子"风范。而后任李公增益茅亭，宣扬尹公风范、气节，其义在"与民同乐"之上，这正是"与人同其好"的风致、气魄。

[北宋]苏轼的《遗爱亭记代巢元

①
论语[M].陈晓芬，译注.北京：中华书局，2016：211.

①
王守仁. 王阳明全集[M]. 吴光等,编校. 上海:上海古籍出版社,2015:654.

修》也谈及君子的低调为人、高调做事的作风:"夫君子循理而动,理穷而止,应物而作,物去而复,夫何赫赫名之有哉!"他将自己融于事物运行的过程、规律之中,因而不彰显、不显赫。而"遗爱"的内涵是为官没有赫赫功名,却为世人追怀、爱戴,反映了"君子"之于社会的积极作为。另外,[北宋]曾巩的《清心亭记》有言:"此君子之所以虚其心也,万物不累我矣。而应乎万物,与民同其吉凶者,亦未尝废也。于是有法诫之设,邪僻之防,此君子之所以斋其心也。虚其心者,极乎精微,所以入神也。斋其心者,由乎中庸,所以致用也。然则君子之欲修其身,治其国家天下者,可知矣。"此即"虚其心"以体察万物,致知穷理而"入神";"斋其心"以积极入世,中庸之道而"致用";最终得以修身齐家治国平天下。

其三,还有明代大儒王守仁(别号阳明)基于其"心学"理论对于君子品格的阐发。其《观德亭记》通过论述"学射"之理,说明"心"在其中的核心角色和作用。而"射"正是古代君子所必修的"六艺"——礼、乐、射、御、书、数——之一。王守仁认为:"君子之学于射,以存其心也",心"懆"则"动妄",心"荡"则"视浮",心"歉"则"气馁",心"忽"则"貌惰",心"傲"则"色矜",因而心不存者,

不学;相反,"心端则体正,心敬则容肃,心平则气舒,心专则视审,心通故时而理,心纯故让而恪,心宏故胜而不张、负而不驰。七者备而君子之德成。君子无所不用其学也,于射见之矣"。这也是"知行合一"认识论的具体体现。

"心"也是王守仁《远俗亭记》的落脚点:"苟同于俗以为通者,固非君子之行;必远于俗以求异者,尤非君子之心。"此即不加分辨地认同、跟从凡俗,非"君子"的作为;而刻意规避凡俗,以求卓然不群,更非"君子"的心志。他又论及"君子之行也,不远于微近纤曲,而盛德存焉,广业著焉",其中的"微近纤曲"即"俗",也即该亭记提到的"举业辞章"等"俗儒之学""簿书期会"等"俗吏之务"。所以,为"君子"者,关键在于如何认识"微近纤曲"等日常"俗"事,又如何加以身体力行。王守仁在《别诸生》一诗中写到"不离日用常行内,直造先天未画前"①,正是对上述观点的绝好注解。

其四,"自然的拟人化"也是阐发君子言行品格的常见途径。"兰""竹""莲""菊"等,都因其高洁的形象和内蕴的品质,而常被拟作君子的化身。[北宋]黄庭坚的《书幽芳亭》关于"兰"写道:"兰盖甚似乎君子,生于深山薄丛之中,不为无人而不芳,雪霜凌厉而见杀,来岁

不改其性也。是所谓遁世无闷，不见是而无闷者也。兰虽含香体洁，平居与萧艾不殊，清风过之，其香蔼然，在室满室，在堂满堂，是所谓含章以时发者也。"这正是对兰花高贵品质，以及相应的君子高尚德行的盛情歌咏。兰花生于深山薄丛之中，不因人迹罕至而不散发芬芳——君子在无人赏识的情况下，也自有品味；在经历了寒冬雪霜的残酷摧残后，也不改变自己的本性——君子在屡遭打压的情况下，也不更改其操守；兰花虽然含香体洁，香气随风自然散发，但平时与艾蒿没什么两样——君子谦卑内敛，不重外在虚荣，而重内在修养，适时施展才能。

[元]刘基的《尚节亭记》由竹在形象层面的"竹节"，引申至君子之精神品格层面的"气节"："涉寒暑，蒙霜雪，而柯不改，叶不易，色苍苍而不变，有似乎临大节而不可夺之君子。"而在[明]王守仁的《君子亭记》中，四围栽种的"竹"正是亭名为"君子"的原因，且"竹"也体现了"君子"四个方面的特征：虚怀若谷，宁静致远，通达包容而有分寸，有君子的德行；坚强刚直，历经时境变迁而不改本色，有君子的节操；萌发生长，暂止停歇，因时而宜，有君子的睿智；风起时，摇曳优雅，如儒门诸子雅集，风止时，挺拔肃立，如端列于殿堂两侧的群臣，有君子的仪表。

另有[明]张应福所作《君子亭记》，其亭名则源于周遭种植的"莲"与"竹"："夫莲花之君子，周濂溪尝言之，刘岩夫《植竹记》亦以刚柔忠义数德比于君子。"作者进而根据"莲"与"竹"的季相特征，对其所体现的君子品格，做出进一步的解说："莲"夏盛秋败，"竹"四时常青，因而"莲花乘时效用之君子也。竹则始终全节之君子也"。于是，作者认为："君子之处世，因时以有为，久暂而一致，斯无愧于二物焉耳。"此即君子的为人处世，既要能一时为君子，又要任何时候都是君子，这样才能符合莲花与竹子二物的个性。

除上述植物之于君子品格的比拟，还有"山水"。[唐]韩愈所作《燕喜亭记》言及为燕喜亭周遭山水景致的诸多赋名，其中有"君子之池"，意为"虚以钟其美，盈以出其恶也"。这道出了"君子"品格"虚怀若谷""扶正祛邪"的一体两面。

在"君子"的社会担当方面，[唐]李绅的《四望亭记》写道："春台视和气，夏日居高明，秋以阅农功，冬以观肃成。盖君子布和求瘼之诚志，岂徒纵目于白雪，望云于黄鹤。"其"四望"绝不仅仅是观览风景而已，而且还有农事劳绩、诗书诵读等内容，表达了超脱于风景游赏的致力社会安和、体察百姓疾苦的"君子"之志。[北宋]欧阳修的《峡州至喜

①
王羲之. 兰亭集序[M]//房玄龄, 褚遂良, 许敬宗, 等. 晋书. 北京: 中华书局, 1997: 539-540.

②
除注明外,"题解"均为赵纪军作。

亭记》赞颂了尚书虞部郎中朱公的卓绝品格。其为官峡州时,尽管地居僻远、薪俸微薄,但却能不求功名、致力德政。作者认为朱公正是"《诗》所谓'恺悌君子'者矣"。

在"君子"的文化情愫方面,[唐]元结在《广宴亭记》中叙述武昌(今鄂州)县令马向筹划营造广宴亭,用以追溯当年吴国孙权"樊山开广宴"之地的历史渊源,并认为"古人将修废遗尤异之事,为君子之道",也即马向营亭之举,有"君子"风范,是对古代前贤的敬重,也体现了悠远的文化传承及历史情怀。

第二节 亭记及题解

1. 兰亭集序①

王羲之

永和九年,岁在癸丑,暮春之初,会于会稽山阴之兰亭,修禊事也。群贤毕至,少长咸集。此地有崇山峻岭,茂林修竹;又有清流激湍,映带左右,引以为流觞曲水,列坐其次。虽无丝竹管弦之盛,一觞一咏,亦足以畅叙幽情。是日也,天朗气清,惠风和畅。仰观宇宙之大,俯察品类之盛。所以游目骋怀,足以极视听之娱,信可乐也。

夫人之相与,俯仰一世。或取诸怀抱,悟言一室之内;或因寄所托,放浪形骸之外。虽趣舍万殊,静躁不同,当其欣于所遇,暂得于己,快然自足,不知老之将至;及其所之既倦,情随事迁,感慨系之矣。向之所兴,俯仰之间,已为陈迹,犹不能不以之兴怀。况修短随化,终期于尽。古人云:"死生亦大矣。"岂不痛哉!

每览昔人兴感之由,若合一契,未尝不临文嗟悼,不能喻之于怀。固知一死生为虚诞,齐彭殇为妄作。后之视今,亦犹今之视昔。悲夫!故列叙时人,录其所述,虽世殊事异,所以兴怀,其致一也。后之览者,亦将有感于斯文。

题解②

《兰亭集序》是王羲之为兰亭集会所作诗集而写的序文。"兰亭"位于今绍兴西南二十七里处。

该序文共分三段。第一段描绘了山水气象之美——"崇山峻岭,茂林修竹""清流激湍,映带左右""天朗气清,惠风和畅",是一派清丽的自然风景;抒发了集会觞咏之乐——在饮酒、作诗、畅谈之间,观察、体验宇宙万物,"游目骋怀,足以极视听之娱",是一幅浓郁的人文画卷。

第二段抒发世事无常之悲——承接上文,进一步阐发了"取诸怀抱,悟言一室之内"及"因寄所托,放浪形骸之外"这一静一动的两种"乐";然而作者将这些人生之"乐"放在时间的长河中加以认识,以"向之所兴,俯仰之间,已为陈迹""修短随化,终期于尽"之事实,道出了人生的局限与悲哀。

第三段阐述古今感怀之理——由上文对"乐"的叙述、对"悲"的解说,引发了对"死生"命题的哲学思考,批判了老庄"一生死""齐彭殇"论调的虚妄,从而表达了积极入世的人生观;同时再次以时间纵深的视野,表达了古往今来的人生之"乐",虽内涵万端却义理一致的观点,从而赋予人生之"乐"以积极、永恒的意义,这是不囿于一时一事的情怀,也是该序文记叙兰亭觞咏兴怀、此情此景之盛事的缘由。

全文文笔清雅、结构缜密、内涵深刻,对人生意义的探讨具有普遍意义,不愧为流传千古的美文名篇。

(朱辅智,赵纪军)

2. 梁吴兴太守柳恽西亭记①

颜真卿

湖州乌程县南水亭,即梁吴兴太守柳恽之西亭也。缭以远峰,浮于清流,包括气象之妙,实资游宴之美。观夫构宏材,披广榭,谿达其外,暌岊其中。云轩水阁,当亭无暑,信为仁智之所创制。原乎其始,则柳吴兴恽西亭之旧所焉。世增崇之,不易其地。按吴均《入东记》云:"恽为郡,起西亭毗山二亭,悉有诗。"

今处士陆羽《图记》云:"西亭城西南二里,乌程县南六十步,跨苕溪为之。昔柳恽文畅再典吴兴,以天监十六年正月所起,以其在吴兴郡理西,故名焉。文畅尝与郡主簿吴均同赋西亭五韵之作,由是此亭胜事弥著。"间岁颇为州僚据而有之,日月滋深,室宇将坏,而文人嘉客,不得极情于兹,愤愤悱悱者久矣。邑宰李清,请而修之,以摅众君子之意。役不烦费,财有羡馀,人莫之知,而斯美具也。清皇家子,名公之允。忠肃明懿,以将其身;清简仁惠,以成其政。炫歌二岁,而流庸复者六百馀室,废田垦者二百顷。浮客臻凑,迨乎二千;种桑畜养,盈于数万。官路有刻石之堠,吏厨有餐钱之资。敦本经久,率皆如是,略举数者,其馀可知矣。岂必夜鱼春跃,而后见称哉?于戏!以清之地高且才,而励精于政事,何患云霄之不致乎?清之筮仕也,两参隽乂之列,再移仙尉之任,毗赞于蜀邑,子男于吴兴,多为廉使盛府之所辟荐。则知学诗之训,间缉之心,施之于政,不得不然也。县称紧旧矣,今诏升为望,清当受代,而邑人已轸去思之悲,白府愿留者屡矣。真卿重违耆老之请,启于十连,优诏以旌清之美也。某不佞,忝当分忧共理之寄。人安欲阜,固有所归,虽无鲁臣掣肘之患,岂尽言子用刀之术?由此论之,则水亭之功,乃馀力也。夫知邑莫若州,知宰莫若守,知而不言,无乃过乎?今此记述,以备

①
颜真卿. 梁吴兴太守柳恽西亭记[M]//周绍良. 全唐文新编: 卷三三八. 长春: 吉林文史出版社, 2000: 3874—3875.

亭引 PAVILION PRELIMINARIES

①
贾至. 沔州秋兴亭记[M]//周绍良. 全唐文新编:
卷三六八. 长春: 吉林文史出版社, 2000: 4256-
4257.

其事。惧不宣美，岂徒愧词而已哉？
大历一纪之首夏也。

题解

《梁吴兴太守柳恽西亭记》首
先描绘了梁吴兴太守柳恽主持营造之
西亭的环境及建筑特色：周边群山环
抱，建筑碧水凌空，空间宏敞、内外
交融，是游赏胜地，也是庇荫之所。
如此佳构被认为出于"仁智"，与太
守其人的品行联系在一起，因而历来
备受推崇。该亭历经盛衰变迁，也不
改其基址，表现了亭与其人、其地的
深刻关联。另外，史料也记载"悉有
诗"与该亭相关，从另一个侧面点明
了西亭浓厚的人文内涵和文化底蕴。

文章在第二段进一步追溯了西
亭在柳恽主持之下的人文盛况，并记
叙了西亭由盛而衰，而后在邑宰李清
主持之下由衰而兴的情况。作者在此
以较多的笔墨叙述了李清的执政才能
和德操，其政绩则包括流亡民众的安
居、荒芜农田的开垦、市政设施的完
善等，文章由此得出结论——西亭的
妥善修复不过是李清德政功绩的一个
很小的方面而已。然而亭记篇名点名
"柳恽"，于是文章借由李清德政之
于西亭重建的情况，衬托了柳恽德政
之于西亭的昔日盛况。

总之，该亭记既有对西亭营造特
色的生动描绘，也突出了主事之人在
其中的主导作用，从而展现了自然和
人文并茂的图景。

3. 沔州秋兴亭记①

贾至

在阳而舒，在阴而惨，性之常
也；履险而栗，涉夷而泰，情之变
也。观揖让而退，睹交战而竞，目之
感也；闻《韶》《濩》而和，聆郑卫
而靡，耳之动也。夫其舒则怡，惨则
悴，栗则止，泰则通，退则无咎，竞
则有悔，和则安乐，靡则忧危，性情
耳目，优劣若此。故君子慎居处，谨
视听焉。

沔州刺史贾载，吾家之良也。理
沔州未期月，而政通民和。于听讼堂
之西，因高构宇，不出庭户，在云霄
矣。却负大别之固，俯视沧海之浸，
阅吴蜀楼船之殷，览荆衡薮泽之大。
自公退食，游焉息焉。图书在左，翰
墨在右，鸣琴洋洋，亦有旨酒，性得
情适，耳虚目开。且处动则倦，理倦
莫若静；处静则明，惟明以理动。穷
则变，变则通，通则久。今沔州灵府
怡而神用爽，政是以和。观其前户后
牖，顺开阖之义，简也；上栋下宇，
无雕斫之饰，俭也。简近于智，俭
近于仁，仁智居之，何陋之有？况乎
当发生之辰，则攒秀木于高砌，见莺
其鸣矣；处台榭之月，则纳清风于洞
户，见暑之徂矣。洎摇落之时，则俯
颢气于轩槛，见火之流矣；值严凝之
序，则目素彩于檐楹，见雪之纷矣。
政成讼清，体安心逸，而诗人之兴，
常在四时。四时之兴，秋兴最高，因

以命亭焉。

余自巴丘征赴宣室，歇鞍棠树之侧，解带竹林之下，嘉其俯仰，美其动息，乃命进牍抽毫以记之。

题解

《沔州秋兴亭记》由日常生活中正反两面的情景及其体验，如阳与阴、险与夷、谦让与挑衅、音乐的平和与萎靡等入手，评论其性质和情态，得出"君子慎居处，谨视听"的论断；接着笔锋一转，直写沔州刺史贾载的才能和功绩——治理沔州不到一个月，便政通人和，作者在此显然是将贾载视为"君子"；继而围绕秋兴亭，具体叙述了贾载"慎居处，谨视听"的作为。

秋兴亭位于听讼堂西侧，位居高处，可尽览"吴蜀楼船""荆衡薮泽"，亭中有图书，有笔墨，有琴瑟，有美酒，处之心旷神怡，因而得以理政顺畅、政令通达、百姓和睦。然而，政通人和并非源于亭的设置，而在于刺史其人：秋兴亭营造正是刺史所为，其"前户后牖，顺开阖之义"的"简""上栋下宇，无雕斫之饰"的"俭"，实则体现了刺史的"智"与"仁"。作者借描绘秋兴亭的建置与特点，称赞了刺史的才干与品格。最后，作者以排比句描绘了四时之景，而"四时之兴，秋兴最高"，从而点明了"秋兴"之名的由来。

文章结构精巧，自然流畅，于写景、咏物之中，蕴含了对刺史其人的由衷赞美。（朱辅智，赵纪军）

4. 殊亭记①

元结

癸卯中，扶风马向兼理武昌，以明信严断惠正为理，故政不待时而成。于戏！若明而不信，严而不断，惠而不正，虽欲理身，终不自理，况于人哉？公能令人理，使身多暇，招我畏暑，且为凉亭。亭临大江，复在山上，佳木相荫，常多清风，巡回极望，目不厌远。吾见公才殊、政殊、迹殊，为此亭又殊，因命之曰殊亭。斫石刻记，立于亭侧，庶几来者，无所憾焉。

题解

《殊亭记》主要称赞了扶风马向理政武昌（今鄂州）时的政绩及其才德。开篇即陈述了马向"明信严断惠正"的执政理念，即开诚布公而守信、严格认真而决断、予人恩惠而正当，于是马向为政高效且有成效，也因之有余暇营亭。该亭风景特异，临大江、立山上，绿树成荫、清风习习，可周览，可远眺。文章以"才殊、政殊、迹殊，为此亭又殊"作结，言简意赅地概括了马向其人、其事的殊异，同时准确有力地突出了文章主旨。（朱辅智，赵纪军）

①
元结. 殊亭记[M]//周绍良. 全唐文新编: 卷三八二. 长春: 吉林文史出版社, 2000: 4392.

①
元结. 寒亭记[M]//周绍良. 全唐文新编: 卷三八二.
长春: 吉林文史出版社, 2000: 4392.

②
元结. 广宴亭记[M]//周绍良. 全唐文新编: 卷三八二.
长春: 吉林文史出版社, 2000: 4392.

5. 寒亭记①

元结

永泰丙午中，巡属县至江华，县大夫瞿令问咨曰："县南水石相映，望之可爱，相传不可登临。俾求之，得洞穴而入，栈险以通之，始得构茅亭于石上。及亭成也，以阶槛凭空，下临长江，轩楹云端，上齐绝巅。若旦暮景风，烟霭异色，苍苍石磶，含映水木。欲名斯亭，状类不得，敢请名之，表示来世。"于是休于亭上，为商之曰："今大暑登之，疑天时将寒。炎蒸之地，清凉可安，合命之曰寒亭。"乃为寒亭作记，刻之亭背。

题解

《寒亭记》主要以县令与作者对话的形式，叙述了寒亭的建造经过，并阐释了亭名内涵。寒亭营造缘于县大夫瞿令问对县南山水的喜爱，虽历经艰险，终得以建成。该亭"阶槛凭空，下临长江"，轩楹齐于山巅，朝暮风景各异，山石苍苍，水木清华。亭之命名则缘于作者亲临其境的身心体验：大暑炎蒸之际，却"清凉可安"，仿佛"天时将寒"。综观全文，其行文质朴，娓娓道来，从中可见古人醇厚的山水之情。（朱辅智，赵纪军）

6. 广宴亭记②

元结

樊水东尽其南，乃樊山北鲜，津吏欲于鲜上以为候舍。漫叟家于樊上，不醉则闲，乃相其地形，验之图记，实吴故宴游之处。县大夫马公登之，叹曰："谢公《赠伏武昌诗》云'樊山开广宴'，非此地邪？吾欲因而修之，命曰广宴亭，何如？"漫叟颂之曰："古人将修废遗尤异之事，为君子之道。于戏！天下有废遗尤异之事如此亭者，谁能修而旌之，天将厌悔往乎？使公方壮而有是心也，吾当裁蓄简札，待为之颂。"故作《广宴亭记》，以先意云。

题解

《广宴亭记》交代了武昌（今鄂州）县令马向筹划营造广宴亭的缘由。此事起因于管理樊水渡口的官吏欲在樊山之上修建房舍，而作者"相其地形，验之图记"，发现此地乃吴国孙权"樊山开广宴"处，于是县令拟修广宴亭，以追古贤。作者对此予以高度评价，称之为"废遗尤异之事"，而称此作为乃"君子之道"。作者作此亭记，意在表达对县令营亭意向的赞许，其亭待建。全文洋溢着感怀历史、礼赞先贤的浓厚人文气息。（朱辅智，赵纪军）

7. 卢郎中浔阳竹亭记①

独孤及

古者半夏生，木槿荣，君子居高明，处台榭。后代作者，或用山林水泽、鱼鸟草木以博其趣。而佳景有大小，道机有广狭，必以寓目放神，为性情筌蹄，则不俟沧洲而间，不出户庭而适。前尚书右司郎中卢公，地甚贵，心甚远，欲卑其制而高其兴，故因数仞之邱，伐竹为亭。其高出于林表，可用远望。工不过凿户牖，费不过翦茅茨，以俭为饰，以静为师。辰之良，景之美，必作于是。凭南轩以瞰原隰，冲然不知锦帐粉闱之贵于此亭也。亭前有香草怪石，杉松罗生，密篠翠竿，腊月碧鲜，风动雨下，声比萧籁。亭外有山围湓城，峰名香炉，归云轮囷，片片可数，天香天鼓，若在耳鼻。是其所以夸逋客而傲汉貂也。百里美爵禄不入，故饭牛而牛肥。卢公恬智相养，于是竹亭构而天机畅。尝试论亭之趣：夫物不感则性不动，故景对而心驰也；欲不足则患不至，故意惬而神完也。耳目之用系于物，得丧之源牵于事，哀乐之柄成乎心。心和于内，事物应于外，则登临殊途，其适一也。何必嬉东山，禊兰亭，爽志荡目，然后称赏？公欲其迹之可久，故命余为志。

题解

《卢郎中浔阳竹亭记》由议论自然风景与人之性情的关系入笔，认为美好的景色有大小之分，激发憬悟万物玄机的因由有广狭之别，但两者却都应是触动身心体验、思想情怀的媒介。同时，作者引出"君子居高明，处台榭"的命题，为后文盛赞前尚书右司郎中卢公做铺垫。

文章接着叙写卢公其人、其亭。卢公虽然地位尊贵，但心志淡远，毫无奢靡流俗之气。他建造的竹亭，形制简约、装饰俭朴，用工不过相当于开凿一个门窗，花费不过类同于修剪茅草杂木，但能于平淡中见精神。其环境优雅：有香草、怪石、杉松、翠竹，色泽清丽；风雨中的林木，似有"萧籁"之声；亭外山峦环抱，天空飞云片片。于是，竹亭及其环境有悦目的景、悦耳的声、扑鼻的香，而远胜于"出"之隐士、"入"之王侯所能享受的了。这些出于卢公的品格与智识，并能通过营亭，领会造化的奥妙。

文章结尾呼应文首，再次阐发议论，阐明了物我交互的规律，以及对外物的美好体验出于平和平静的内心且殊途同归的道理。（朱辅智，赵纪军）

8. 李晋陵茅亭记②

梁肃

赵郡李充（一作政）仲山，大历中由秘书郎为晋陵令，思所以退食修政，思所以端己崇俭，乃作茅亭于正寝之北偏。功甚易，制甚朴。大足

①
独孤及. 卢郎中浔阳竹亭记[M]//周绍良. 全唐文新编：卷三八九. 长春：吉林文史出版社，2000：4462-4463.

②
梁肃. 李晋陵茅亭记[M]//周绍良. 全唐文新编：卷五一九. 长春：吉林文史出版社，2000：6062.

①
欧阳詹. 二公亭记[M]//周绍良. 全唐文新编：卷五九七. 长春：吉林文史出版社，2000：6786-6788.

以布函丈之席，税履而跻宾位者，适容数人。则仲山约身临人，颛固简一之道可知矣。解龟后，继其任凡六七人，每居于斯，必称作者之美。而仲山安贫养性，寓于旧邑者，十有二年。方牧知之，又檄而摄焉。仲山清德之嗣，孝于家，勤于官。其摄也，念前之非久，政之未成也，乃必躬必亲，必诚必信，慎思不懈，而众务咸叙。未有及者，必访问咨度，择善而从之，则其治足征也。君子谓仲山居处恭，执事敬，出入一启，再临斯人，有以见位不苟进，仕不苟行，大来必俟时，于是乎始矣。予曩睹亭之起，今又观进德之美，辄直笔志之，谓之《晋陵茅亭记》。时贞元元年夏五月记。

题解

《李晋陵茅亭记》叙述了唐代一位小官名李兖者，为官晋陵后，在其正寝北偏设一茅亭"以退食修政""以端已崇俭"的情况。该亭"功甚易，制甚朴"，体现了李平易、俭朴的作风。李辞官后，其继任者都对茅亭赞不绝口。由于其良好的声名和口碑，其后嗣也被征召为官，同样是勤勤恳恳、事必躬亲、诚信为本、集思广益、择善而从。文章借此称赞了李兖可贵的人格，"居处恭，执事敬"，有君子之风范，并对其生活做出了美好的期许。（朱钧珍，赵纪军）

9. 二公亭记①

欧阳詹

胜屋曰亭，优为之名也。古者创栋宇，才御风雨，从时适体，未尽其要，则夏寝冬室，春台秋户，寒暑酷受，不能自减。降及中古，乃有楼观台榭，异于平居，所以便春夏而陶湮郁也。楼则重构，功用倍也；观亦再成，勤劳厚也。台烦版筑，榭加栏槛，畅耳目，达神气。就则就矣，量其材力，实犹有蠹。近代袭古增妙者，更作为亭。亭也者，藉之于人，则与楼、观、台、榭同；制之于人，则与楼、观、台、榭殊：无重构再成之糜费，加版筑槛栏之可处。事约而用博，贤人君子多建之；其建之，皆选之于胜境。

今年暮春月，邦牧安定席公、别驾置同正员前相国天水姜公，念兹邦川逼溟渤，山连苍梧，炎氛时回，湿云多来；又日临胃次，斗建辰位，和气将徂，畏景方至。《月令》云："可以升山陵，可以居高明，盖谓是月。"况地理卑庳，而不择爽垲，以荡夫污庐乎？因问风俗，相原隰，郭东里所，共得奇阜，高不至崇，庳不至夷，形势广袤，四隅若一。含之以澄湖万顷，挹之以危峰千岭，点圆水之心，当奔崖之前，如钟之纽，状鳌之首。二公止旌舆以回睇，假渔舟而上陟：幕烟茵草，玩怿移日，心谋意筹，有建亭之算，而未之言也。二公既回，邑人踵公游于斯者如市。登中隆，观媚丽，前来后至，异口同词。昔汉帝不曰："百姓安其田里而无愁怨之声者，其由良二千石乎"？是谓政平教成，时和境清，使俗泰而民以宁者也。《虞书》不曰："股肱良哉，庶事康哉"？是谓翼帝藩皇，调阴序阳，使物阜而民以昌者也。席公今日之化育，吾徒是以宁；姜公昔岁之弼谐，吾徒是以昌。且以之宁，又以之昌，恺悌君子也。《诗》云："恺悌君子，民之父母。"二公者，真吾父母也。兹阜二公攸选，尚而加爱，务休讼简，必复斯至。上露下芜，忍令父母憩之乎？遂偕发言为公就亭之功，如墙而前，陈诚于县尹。县尹允其请，而为之辨方经踪，环当上顶，诫奢训简，以授子来。于是家有余粮，囷有余木；或掬一抔土焉，或剪一枝材焉；一心百身，蜂还蚁往。榛荟可去以自剃，瓦甓无胫而奔萃。一之日斤斧之功毕，二之日圬墁之佣息。再晨而成，二公莫知。层梁亘以中嶜，飞甍翼而四磨。东西南北，方不殊致，糊白坟以呈素，膴赪壤而垂绘。通以虹桥，缀以绮树，华而非侈，俭而不陋。烟水交浮，岩峦叠迥，精舍奉其旁达，都城企其退际。容影光彩，漪入澜澄。指朱轩于潭底，阅云岑乎波里。爌爌由演，如飞若动，又钓人飘飖于左右，游禽出没乎前后。一盼一睐，千趣万态。税息之者，若在蓬壶方丈之上。二公重

清旷于旧赏，纳衷恳乎群庶，寻幽探异常于斯，劳宾祖客常于斯。加以平畸开辟，通途在下，可以亲耕耤，可以采讴谣，作一亭而众美具。

噫！天造兹阜，其固与人为亭欤？不然，何不远郭郫，而博敞诡秀之若此？非常之地，意待非常之人，故越千万礼祀而至二公方觌也。邑人想之，复言曰："事无隐义，物有正名。地为二公而见，亭从二公而建，斯亭也，可署曰二公亭。"虽刍荛之云，中实有谓。二公不忽，遂以为号。小子艺忝于文，曾观光上国，去之日历越游吴，归之辰逾荆泛汉，会稽之兰亭，姑苏之华亭，襄阳岘首，豫章湖中，皆古今称为佳境，或栋宇犹在，或基趾未没，山川物象，遍得而览。方之于此，远有惭德。懿哉二公，智周德厚，卜地如此，感民若彼。某非饰说，入吾邑者升吾亭者知之。古之制器物，造官室，或有铭颂，以昭其义。斯亭也，岂无敩古而为之章句者？小子薄劣，不敢议其事，粗述其旨，姑为之记。兼借二公之名，纪于左以为邦荣，在位宾僚，亦以次序从公而列。

题解

二公亭是在泉州州长席公调任别处、被贬为泉州别驾的姜公（名公辅，字德文）继而归隐后，由当地百姓自发建造，用以纪念两者。

《二公亭记》作于贞元九年

（793年），开篇阐发"亭"之内涵，颇具特色——"胜屋曰亭，优为之名也""事约而用博，贤人君子多建之；其建之，皆选之于胜境"，渲染了"亭"及其风景之"胜"，为后文叙事、论理奠定了一个颇高的基础。

作者继而细致地交代了二公亭的建造缘由、过程及其风景特色。其选址实为席公姜公之功，二人在暮春时节、行将夏日之际，念及本地湿热多雨，相地以求高爽合宜之所，而百姓循二公足迹登临，也倍加赞赏。这从一个侧面反映了百姓对于席公姜公的拥戴，而二人确实也使当地社会安宁、富足昌盛。作者道出百姓心声："二公者，真吾父母也"，这也成为建亭以资纪念的直接原因。其建造出于百姓的通力合作，百姓各尽物力人力，二公亭三日得以建成。其建筑飞檐翘角、嘉树掩映、"华而非侈，俭而不陋"，其风景极尽山水之妙、收纳八方美景，甚至"若在蓬壶方丈之上"。宋泉州太守王十朋也有诗咏曰："二公亭插艾荷间，绿盖红妆四面环。欲把西湖比西子，东湖自合比东山。"

作者叙事写景，其核心仍在于写"人"，意在赞颂二公之高古品格与为政功绩："非常之地，意待非常之人"，百姓则有"地为二公而见，亭从二公而建"之语。该亭记将个人德行与本土地脉联系在一起，从而在自然风景中见出浓厚的人文情怀。

①
权德舆. 许氏吴兴溪亭记[M]//周绍良. 全唐文新编：
卷四九四. 长春：吉林文史出版社，2000：5849.

②
冯宿. 兰溪县灵隐寺东峰新亭记[M]//周绍良. 全唐文
新编：卷六二四. 长春：吉林文史出版社，2000：
7062.

10. 许氏吴兴溪亭记[1]

权德舆

溪亭者何？在吴兴东部，主人许氏所由作也。亭制约而雅，溪流安以清，是二者相为用，而主人尽有之，其智可知也。夸目夺心者，或大其闳闳，文其节棁，俭士耻之；绝世离俗者，或梯构岩巇，纫结萝薜，世教鄙之。曷若此亭，与人寰不相远，而胜境自至。青苍在目，潺湲激砌。晴烟阴岚，明晦万状。鸥飞鱼游，不惊不喁。时时归云，来冒茅栋。许氏方岸鶡冠，支邛竹，目送溪鸟，口吟《招隐》，则神机自王，利欲自薄，百骸六藏之内累，无自而入焉。

有田二顷，傅于亭下，镃基之功，出于僮指。每露蝉一声，秋稼成实，倚杖眺远，不觉日暮。岁食之羡，则以给樽中。方其引满陶然，心与境冥，则是非得丧，相与奔北之不暇，又何可滑于胸中。

戏夫！举世徇物以失性，而不能自适，且缪戾于动静之理。君之动也，代耕筮仕，必于山水之乡，故尉义兴，赞武康，皆有嘉闻而无批政。其静也，则偃曝于斯亭，循分食力，不矫不躁。庸讵知今日善闲，不为异时之大来耶？予知之深，故因斯亭以广其词云。

题解

溪亭由许氏经营、建造而成，样式简约、色彩淡雅，傍依潺潺小溪，真是一派静谧的田园风光。如此造型、选址体现了许氏淡泊物质富贵、追求朴素生活的品德情操。溪亭近旁也有良田二顷，耕作所得除了满足常年所需的口粮，还有结余用来酿酒。陶醉于美酒与美景之中，让人心怀坦荡，不计尘世之是非得失。这反映了中国传统的自给自足的小农经济特征，同时体现了在这种经济背景下所蕴含的人与自然交融的文化特征。但许氏本人不参与耕作之事，而交由僮仆完成，自己则为官服务社会。他将"耕作"这种与自然亲密接触的行为，转换为"仕宦"这种与日常人伦交互、造福社会的行动，且有着良好的口碑。这种积极的社会效益与许氏对自然的体验是紧密相连、相得益彰的。他建造溪亭"与人寰不相远"，为官"必于山水之乡"，一动一静，似乎说明人与自然的交融、对话不仅是园林营造的本质特征，而且还可以反映齐家治国之理与自然运行之理的某些共性，也即"动"与"静"，积极、真实的"入世"和不为物质所累的"出世"是可以兼得、同一的。

11. 兰溪县灵隐寺东峰新亭记[2]

冯宿

东阳实会稽西部之郡，兰溪实东阳西鄙之邑。岁在戊寅，天官署洪君少卿以为之宰。君之始至，则用信待物，用勤集事，信故人洽，勤故人阜，未期月而其政成。后三年夏六月，予过其邑。洪君导予以邑之胜赏，于是有东峰亭之游。

背城之闉，半里而近。初届佛刹，刹之上方，而亭在焉。松门盖空，石道如带，足倦累息，然后造夫极焉。向之池隍馆宇之多，旗亭阛阓之喧，途道往来之众，簿书鞅掌之繁，顾步之际，忽焉如失。但山风飀飀，岭云峨峨，飞轩凭空，洞壑在下，向背殊状，昏明异色。指遥青而点黛者问之，则曰：某山某岩某林某墅；指远白而曳练者问之，则曰：某洲某渚某湫某塘。高深互呈，心目相竞，飘若象外，意其幻成。

予既谐其私，爰究其本。先是邑微登攀游观之所，洪君曾是挈体钱二万，经斯营斯。因地于山，因材于林，因工于子来，因时于农隙，一何易也。崇山峻谷，佳境胜概，绵亘伏匿，一朝发明，又何能也。

君在建中、兴元之间，为江南西道节度使曹王所知。时方军兴，贼寇压境，供亿仓卒，赋平人和，王实赖之。故御史大夫郑滑节度卢公群与君尝同僚，每号之曰："精金百炼，良骥千里。"诚矣。然则是邑之理，兹亭之胜，于君之分，不为难能。夫播芳尘而鼓馀波者，非文莫可，遂揽笔为记，刊于石而附诸地志焉。

题解

《兰溪县灵隐寺东峰新亭记》从兰溪县令洪少卿的德政起笔，引出对灵隐寺东峰亭的游赏及记叙。但作者对于东峰亭的形制、特点等着墨很少，只提及亭建于高处，"飞轩凭空"，似作升腾之状，而对东峰亭周边的景观环境则极力铺陈，以此衬托亭的妙处：佛寺门前松树茂盛，寺内步道蜿蜒曲折，山间清风飀飀，岭上白云高爽；登至高处，近处只见山洞沟壑形态、光影各异，远处则山水、林木、别业尽收眼底，仿佛优美的长卷。这些与寺外繁密的房舍、喧闹的酒市、熙攘的人群，以及官场的烦扰，形成鲜明的对比。作者转而呼应篇首，详述洪少卿之德政，此即美景成因：他自己出钱，百姓自愿出力，且不误农事；而美景自有其存在，能被开发出来，则更在于人的见识，这又从侧面赞赏、褒扬了洪少卿的人文素养。亭记末段追记了十几年前，建中、兴元年间，洪少卿在平叛过程中，保证军需供给、维持赋税公平、维护社会安定的事迹。可见，以洪少卿的卓绝才能，营造东峰亭美景全然不在话下。于是，该亭记写亭、写景、写人环环相扣，前后呼应，名曰"亭记"，实则更在于借亭写人。

总之，该亭记说明了造园、造景中"人品"与"景品"的一致性。明末计成在《园冶》"兴造论"中总结"世之兴造，专主鸠匠，独不闻三分

①
计成. 园冶注释[M]. 陈植, 注释. 2版. 北京: 中国建筑工业出版社, 1988: 47.

②
韩愈. 燕喜亭记[M]//周绍良. 全唐文新编: 卷五五七. 长春: 吉林文史出版社, 2000: 6413.

③
诗经[M]. 王秀梅, 译注. 北京: 中华书局, 2015: 809.

④
陈戍国. 尚书校注[M]. 长沙: 岳麓书社, 2004: 16.

匠、七分主人之谚乎？非主人也，能主之人也"①，正说明了这一点。

12. 燕喜亭记②

韩愈

太原王弘中在连州，与学佛人景常元慧游，异日从二人者行于其居之后，丘荒之间，上高而望，得异处焉。斩茅而嘉树列，发石而清泉激，辇粪壤，燔柴翳；却立而视之：出者突然成丘，陷者呀然成谷，注者为池而缺者为洞；若有鬼神异物阴来相之。自是弘中与二人者晨往而夕忘归焉，乃立屋以避风雨寒暑。

既成，愈请名之，其丘曰"竢德之丘"，蔽于古而显于今，有竢之道也；其石谷曰"谦受之谷"，瀑曰"振鹭之瀑"，谷言德，瀑言容也；其土谷曰"黄金之谷"，瀑曰"秩秩之瀑"，谷言容，瀑言德也；洞曰"寒居之洞"，志其入时也；池曰"君子之池"，虚以钟其美，盈以出其恶也；泉之源曰"天泽之泉"，出高而施下也；合而名之以屋曰"燕喜之亭"，取《诗》所谓"鲁侯燕喜"者颂也。

于是州民之老，闻而相与观焉，曰："吾州之山水名天下，然而无与'燕喜'者比。经营于其侧者相接也，而莫直其地。"凡天作而地藏之以遗其人乎？弘中自吏部郎贬秩而来，次其道途所经，自蓝田入商洛，

涉浙湍，临汉水，升岘首以望方城；出荆门，下岷江，过洞庭，上湘水，行衡山之下；繇郴逾岭，蝮虺所家，鱼龙所宫，极幽遐瑰诡之观，宜其于山水饫闻而厌见也。今其意乃若不足。传曰："智者乐水，仁者乐山。"弘中之德，与其所好，可谓协矣。智以谋之，仁以居之，吾知其去是而羽仪于天朝也不远矣。遂刻石以记。

题解

燕喜亭为王仲舒（字弘中）官贬连州后所建。基于其宅居后奇异山形地势之发现，王氏经营其中嘉树石泉而得绝妙风景，进而建亭为游赏风景时"避风雨寒暑"之用。"燕喜"之名则由友人韩愈为之，语出《诗经·鲁颂·閟宫》："鲁侯燕喜，令妻寿母。"③《诗经》原文歌颂了鲁僖公的文治武功，"燕喜"句表现了国家强盛背景下宴饮喜乐的场面。这暗含了对王仲舒为政才能的赞许，以及对其仕途的期许。的确，韩愈为燕喜亭周遭山水景致的诸多赋名，也将风景拟人化，以影射王仲舒的才德："竢德之丘"——有才德却不彰显，而等待机缘；"谦受之谷"——谦虚恭逊、虚怀若谷，语出《书·大禹谟》"满招损，谦受益"④；"君子之池"——人品之高洁正派；如此等等，不一而足。

此外，亭记详细描绘了王仲舒官贬途中所经历的瑰丽山水，但王仲舒似乎对遍历的山水意犹未尽，在入主

连州后，再而发现、经营山水奇观。作者在此援引《论语·雍也》"知者乐水，仁者乐山。知者动，仁者静"[1]，衬托了王仲舒的才能与品性，实则进一步明确表达了对他的由衷赞赏，以及对其前程的展望。

该亭记为韩愈在王仲舒被贬官之后作，在文章的诸多正面评价之中，也隐含了对其怀才不遇的些许淡淡的怜惜与同情。

13. 洗心亭记[2]

刘禹锡

天下闻寺数十辈，而吉祥尤彰彰。蹲名山，俯大江，荆吴云水，交错如绣。始余以不到为恨，今方弭所恨而充所望焉。既周览赞叹，于竹石间最奇处得新亭。彤焉如巧人画鳌背上物，即之四顾，远迩细大，杂然陈乎前，引人目去，求瞬不得。征其经始，曰僧义然，啸侣为工，即山求材。槃高孕虚，万景坌来。词人处之，思出常格；禅子处之，遇境而寂；忧人处之，百虑冰息。鸟思猿情，绕梁历榱。月来松间，雕镂轩墀。石列笋虡，藤蟠蛟螭。修竹万竿，夏含凉飔。斯亭之实录云尔。然上人举如意把我曰："既志之，盍名之以行乎远夫！"余始以是亭圜视无不适。始适乎目而方寸为清，故名洗心。长庆四年九月二十三日，刘某记。

题解

洗心亭位于安徽和州（今和县）。文章状写洗心亭，以及其中的观感与体验，辞藻华丽，极尽渲染之能事，全篇或可视为"洗心"之名的题解。

作者将亭比拟为"鳌背上物"，即蓬莱仙山，为其平添至上的风雅色彩。其位于山势高处，四周景致皆在望中，旁有松、石、竹，清静幽寂、沁人心脾，能激发词人灵感、淡泊僧侣心志、化解忧人思虑。游览该亭"适乎目而方寸为清"，由外在观瞻以至内心的安逸平静。这些也正是"洗心"之名的由来。

14. 武陵北亭记[3]

刘禹锡

郡北有短亭，繇旧也。亭孤其名，地藏其胜。前此二千石全然见之，建言而莫践，去之日，率遗恨焉。七年冬，诏书以竹使符授尚书水曹外郎窦公常曰："命尔为武陵守。"莅止三月，以硕画佐元侯，平裔夷，降渠魁。又三月，以顺令率蒸民，增水坊，表火道。是岁大穰，明年政成。农缘亩以勇劝，工执技以思贾。因民之余力，乘日之多暇，乃顾其属曰："郊道有候亭，示宾以不恩也。虽闻兹地，韬美未发，岂有待邪？自吾之治于斯也，购徒庀材，大起堙废。未尝植私庭，侈燕寝。役必先公，人不余瑕。调赋幸均矣，城池幸完矣，而

① 论语[M]. 陈晓芬, 译注. 北京: 中华书局, 2016: 72.

② 刘禹锡. 洗心亭记[M]//周绍良. 全唐文新编: 卷六〇六. 长春: 吉林文史出版社, 2000: 6868.

③ 刘禹锡. 武陵北亭记[M]//周绍良. 全唐文新编: 卷六〇六. 长春: 吉林文史出版社, 2000: 6867-6868.

①
杜甫. 后游[M]//张忠纲, 选注. 杜甫诗选. 北京: 中华书局, 2005: 162.

重浃辰之役，掠苟简之问，卒使胜躅冒没，犹璞而不攻。惧换符之日，遂复赍恨，无乃遗诮于来者乎！"言得其宜，智愚同赞。

于是撤故材以移用，相便地而居要。去凡木以显珍茂，汰污池以通沦涟。自天而胜者列于骋望，由我而美者生于颐指。箕张筵楹，股引房栊。斧斤息响，风物异态。大道出乎左藩，澄湖浸乎前垠，仙舟祖舰，毵是区处。九月壬午，工告休，亭长受成。赤车威迟，于以落之。肃宾而入，圜视有适。沈水北澳，阳山南麓。黠焉蓬蓬，雄殿郊隅。前轩舒阳，朱槛环之。舞衣回旋，乐簴参差。北庑延阴，外阿旁注。芊眠清泚，罗入洞户。初筵修平，雕俎静嘉。林风天籁，与金奏合。

亦既醉止，州从事举白而言曰："室成于私，古有发焉。翘成于公，庸敢无词？观乎棼楣有严，丹腹相宣，象公之文律，煜然而光也。望之宏深，即之坦夷，象公之酒德，温然而达也。庭芳万本，跗萼交映，如公之家，肥炽而昌也。门辟户闿，连机弛张，似公之政经，便而通也。因高而基，因下而池。跻其高，可以广吾视；泳其清，可以濯吾缨。俯于途，惟行旅讴吟是采；瞰于野，惟稼穑艰难是知。云山多状，昏旦异候。百壶先韦之饯迎，退食私辰之宴嬉。观民风于啸咏之际，展宸恋于天云之末。动合于谊，匪唯写忧。"公曰："夫言之必可书者，公言也。从事不以私视予，予从而让之，是自远也，其可乎！"乃授简于放臣，俾书以示后。后之思公者，虽灌丛蒌草，尚勿翦拜，翙翠飞之革然，石刻之隐然欤！

题解

《武陵北亭记》前后三段，一写窦公理政之建树，二写北亭重建之景象，三写北亭人文之内涵。

窦公（名常）为武陵太守时，治理得力，农事丰收，百姓敦睦，而始有闲暇，并产生整修北亭旧址之意。窦公曰："韬美未发，岂有待邪"，也许是借用了杜甫《后游》中的名句"江山如有待，花柳自无私"①，而窦公其人确实不存私心、为民福利，以致政通人和。北亭重建利用旧址材料，经历了"相便地""去凡木""汰污池"的过程，营造了宏敞的建筑形制，开拓了曼妙的山水风景，容纳了丰富的舞乐活动。亭记最后借佐吏之语，将重建之北亭与窦公品行、德政关联起来，"文律煜然""酒德温然""政经便通"等，呼应前文所述之窦公理政建树，烘托、突出了窦公大公无私、心系民生的形象。

全文从写"人"到写"物"，再"人""物"互生，风景逼人，含义隽永，而更重其中的人文精神。

15. 汴州郑门新亭记①

刘禹锡

亭于西门，尊阙路也。实相公以心规，群僚以辞叶，而百工以乐成。斧斤无声，丹素有严。主人肃客，落以金石。走郑之门，钦为右垣。黄河一支，淏漾北轩。前瞻东顾，霪动轨直。含景生姿，溯空欲翔。汴城具八方之人，殊形诡言，而耳目一说。

初公来临，拥节及门，驭吏曰：此郑州门。公心非之，若曰野哉！居无何，即旧号而更之曰郑门。故事王公大僚之去来，元侯前驱，翊门而旋，率立马尘坌中，挹策为礼。公心不然之，乃下亭令于执事。按亭东西函丈者三之有奇，而南北五之有赢。乐县宴豆，前后以位。棋阃对明，弭掀顺时。修梁衡建，中虚上荷。圆脊方廉，高卑中经。帘炉茵帘，文椸晥榻。储以应猝，周用而宜。乃命尹阍视亭长，抱关视掌固。启闭拚除，是谨是孜。锡命赐胙，劳迎赠饯，我当躬行，汝先汝蠲。挟膳提醪，生刍缟衣，我寮展事，靡问文武，汝惟汝从。凡入而修容，凡出而修载，褐袭威仪，勿籍勿诃。

繇是贵人称诸朝，群吏咏于家，行者夸于道。与人同其安者，人人驿其声而吟之。始乎諓諓而成乎庞鸿，欲无文字不可也。公逐条白其所以然，远命学古者书之。公姓令狐氏，以文章典内外书命，以谟明登左右相，以飞语策免，以思材复征。自有浚师，无如今治，文武两炽，其古之大臣欤！

①
刘禹锡. 汴州郑门新亭记[M]//周绍良. 全唐文新编：卷六〇六. 长春：吉林文史出版社，2000：6867.

题解

《汴州郑门新亭记》是作者受好友令狐楚所托而作。文章开门见山而又简练精确地介绍了汴州（今开封）郑门新亭的地理位置、建造过程、形制特点：位居显要，"亭于西门，尊阙路也"；在谋划、实施的具体操作中，刺史成竹在胸，官吏通力合应，工匠法度严谨，建成的新亭"含景生姿，溯空欲翔"，尽显轻灵之态，令人"耳目一说"。

第二段更为细致地介绍了新亭建造的缘由、实况："修梁衡建，中虚上荷，圆脊方廉，高卑中经。帘炉茵帘，文椸晥榻。储以应猝，周用而宜"，这不仅反映了新亭营造的高度有序和上佳品质，而且反映了令狐楚的理政才能与功德。新亭建成之后，其中相关活动的盛况也从一个侧面反映了新亭营造的效果。

文章在最后一段才点明汴州刺史何人，即令狐楚，并进一步宣扬了他的治政才干与谋略。这在前文的系列铺陈之后，更烘托了令狐公"文武两炽""古之大臣"的形象。

亭记全文欲扬先抑，层层渲染，构思别致，言语凝练，字字珠玑，亭之精巧、公之德政跃然纸上。

①
白居易. 冷泉亭记[M]//周绍良. 全唐文新编：卷
六七六. 长春：吉林文史出版社，2000：7641–
7642.

16. 冷泉亭记①

白居易

东南山水，余杭郡为最；就郡言，灵隐寺为尤；由寺观，冷泉亭为甲。亭在山下水中央，寺西南隅。高不倍寻，广不累丈，而撮奇得要，地搜胜概，物无遁形。

春之日，吾爱其草薰薰，木欣欣，可以导和纳粹，畅人血气。夏之夜，吾爱其泉渟渟，风泠泠，可以蠲烦析酲，起人心情。山树为盖，岩石为屏，云从栋生，水与阶平。坐而玩之者，可濯足于床下；卧而狎之者，可垂钓于枕上。矧又潺湲洁澈，粹冷柔滑。若俗士，若道人，眼耳之尘，心舌之垢，不待盥涤，见辄除去。潜利阴益，可胜言哉！斯所以最余杭而甲灵隐也。

杭自郡城抵四封，丛山复湖，易为形胜。先是领郡者，有相里君造作虚白亭，有韩仆射皋作候仙亭，有裴庶子棠棣作观风亭，有卢给事元辅作见山亭，及右司郎中河南元舆最后作此亭。于是五亭相望，如指之列，可谓佳境殚矣，能事毕矣。后来者虽有敏心巧目，无所加焉。故吾继之，述而不作。长庆三年八月十三日记。

题解

《冷泉亭记》尽情描写和赞美了杭州冷泉亭及其周围怡人的自然风景，阐发了山水佳境颐养身心、陶冶性情的教化、美育作用。

首段采用层层递进的写作手法、精中取精的递进次序，铺陈了"东南山水"的"余杭郡"之"最"、"余杭郡"的"灵隐寺"之"尤"、"灵隐寺"的"冷泉亭"之"甲"，直接点明了冷泉亭风景的至上绝美。

第二段深入描绘了冷泉亭春日夏夜的风景，阐释了"最余杭而甲灵隐"的具体因由，其中以四种"可"为之事，描绘了游览其中的丰富身心体验：春日草木和煦、欣欣向荣，可"导和纳粹，畅人血气"；夏夜泉水平静、清风徐徐，可"蠲烦析酲，起人心情"；坐于亭中观赏游玩，可"濯足于床下"；卧之与亭亲密接触，可"垂钓于枕上"；无论凡夫俗子，还是出家之人，在其中都能洗尽铅华，褪去杂念。作者因而发出"潜利阴益，可胜言哉"的感叹。

文章末段概述了余杭五亭及其建造者的情况，冷泉亭是其中最后建成的一座，作者感叹"五亭相望，如指之列""佳境殚矣，能事毕矣"，进一步点染了冷泉亭的卓异卓绝。

综上，该亭记在结构和内容上，第一、二段相互呼应，第三段补充强化；在行文修辞上，顶真、排比等手法的使用，都烘托、渲染了冷泉亭及其绝美风景；加之清新优美的文辞，更给人以沁人心脾之感。

17. 白蘋洲五亭记①

白居易

湖州城东南二百步抵雪溪，溪连汀洲，洲一名"白蘋"。梁吴兴守柳恽于此赋诗云："汀洲采白蘋"，因以为名也。

前不知几千万年，后又数百年，有名无亭，鞠为荒泽。至大历十一年，颜鲁公真卿为刺史，始翦榛导流，作八角亭，以游息焉。旋属灾潦荐至，沼埋台圮。后又数十载，萎芜隙地。至开成三年，宏农杨君为刺史，乃疏四渠，浚二池，树三园，构五亭，卉木荷竹，舟桥廊室，泊游宴息宿之具，靡不备焉。

观其架大溪、跨长汀者，谓之"白蘋亭"；介三园、阅百卉者，谓之"集芳亭"；面广池、目列岫者，谓之"山光亭"；玩晨曦者，谓之"朝霞亭"；狎清涟者，谓之"碧波亭"。五亭间开，万象迭入，向背俯仰，胜无遁形。每至汀风春，溪月秋，花繁鸟啼之旦，莲开水香之夕，宾友集，歌吹作，舟棹徐动，觞咏半酣，飘然恍然，游者相顾，咸曰："此不知方外也？人间也？又不知蓬瀛、崑阆，复何如哉？"

时予守官在洛阳，杨君缄书赍图，请予为记。予按图握笔，心存目想，覼缕梗概，十不得其二三。大凡地有胜境，得人而后发；人有心匠，得物而后开：境心相遇，固有时耶？

盖是境也，实柳守滥觞之，颜公椎轮之，杨君绘素之：三贤始终，能事毕矣。杨君前牧舒，舒人治；今牧湖，湖人康。康之由革弊兴利，若改茶法、变税书之类是也。利兴故府有羡财；政成，故居多暇日。由是以馀力济高情，成胜概，三者旋相为用，岂偶然哉？昔谢、柳为郡，乐山水，多高情；不闻善政。龚、黄为郡，忧黎庶，有善政；不闻胜概。兼而有者，其吾友杨君乎？君名汉公，字用义。恐年祀寝久，来者不知，故名而字之。时开成四年十月十五日记。

题解

湖州城东南二百步有一块白蘋汀洲地，此地因曾守此地的柳恽赋诗"汀洲采白蘋"而得名。该地在数百或数十万年前，是一片荒沼湿地。到了唐代，颜真卿在这里当刺史时，加以整理，建了一个八角亭供人游息，后来亭子因水涝灾害而毁。其后又有杨氏刺史对这块地加以整修，疏通渠道，挖水池、建花园，并修筑了五座亭子，于是此处就成为一个卉木荷竹、舟桥廊亭俱备的游宴息宿的园林了。

这五座亭子各具不同的特色：

（1）跨长汀架大桥的，名"白蘋亭"（赏汀洲白蘋）；

（2）入园林赏百卉的，名"集芳亭"（看百花争妍）；

（3）临池边赏山峦的，名"山光亭"（看山光水色）；

①
白居易. 白蘋洲五亭记[M]//周绍良. 全唐文新编: 卷六七六. 长春: 吉林文史出版社, 2000: 7642-7643.

①
李绅. 四望亭记[M]//周绍良. 全唐文新编：卷六九四. 长春：吉林文史出版社，2000：7876.

②
柳宗元. 柳州东亭记[M]//周绍良. 全唐文新编：卷五八一. 长春：吉林文史出版社，2000：6630.

（4）品晨曦望朝霞的，名"朝霞亭"（赏日出霞光）；

（5）近水面抚清涟的，名"碧波亭"（亲微波涟漪）。

五亭分立，万象引入，每当春花秋实之际，人们来这里赏莲荷、闻水香、集宾友、作吹歌，摇楫畅饮，飘然享受，这里真正是神仙境界也。而此地的发现与经营，先后与柳、颜、杨三人有关，这表现了人对于风景营造的能动作用，而最终构造五亭的杨刺史更是兼闻善政、胜概之才。（朱钧珍，赵纪军）

18. 四望亭记①

李绅

濠城之西北隅，爽垲四达，纵目周视，回环者可数百里而远，尽彼目力，四封不阅。尝为废墉，无所伫望。

郡守彭城刘君字嗣之理郡之二载，步履所及，悦而创亭焉。丰约广袤，称其所便，栋干梯陛，依墉以成。崇不危，丽不侈，可以列宾筵，可以施管磬。云山左右，长淮萦带，下绕清濠，旁阚城邑，四封五通，皆可洞然。

太和七年春二月，绅分命东洛，路出于濠，始登斯亭。周目四瞩，美乎哉！春台视和气，夏日居高明，秋以阅农功，冬以观肃成。盖君子布和求瘼之诚志，岂徒纵目于白雪，望云干黄鹤。庾楼夕月，岘首春风，盖一时之胜爽，无四者之眺临，斯亭之佳

景，固难俦俪哉。淮柳初变，濠泉始清，山凝远岚，霞散余绮。顾余尝为玉堂词臣，笔砚犹在，请书亭表事，刻石记言。癸丑岁建卯月七日，赵郡李绅书。

题解

四望亭位于濠城北隅，由郡守刘君（嗣之）依城郭边的废弃城墙而建，峻高而不险绝、华美而不奢靡，可以筵宾客，可以施管弦，四面山水清丽、"皆可洞然"。但亭之风景只是一个方面，《四望亭记》的作者通过推想春夏秋冬之景，引申了"四望"的含义："春台视和气，夏日居高明，秋以阅农功，冬以观肃成"。可见其中不但有风景，还有农事劳绩、诗书诵读等内容。这与"庾楼夕月""岘首春风"等"一时之胜爽"的风景名胜对比，更突出了"四望"独一无二的内涵。作者进而点明超脱于风景游赏的致力社会安和、体察百姓疾苦的君子之志，表达了深切的社会关怀与人文情怀。

19. 柳州东亭记②

柳宗元

出州南谯门，左行二十六步，有弃地在道南。南值江，西际垂杨传置，东曰东馆。其内草木猥奥，有崖谷倾亚缺圮。豺得以为圃，蛇得以为薮，人莫能居。

至是始命披制颛疏，树以竹箭松栌桂桧柏杉，易为堂亭，峭为杠梁。下上徊翔，前出两翼。凭空拒江，江化为湖。众山横环，嵚阔滺湾。当邑居之剧，而忘乎人间，斯亦奇矣。

乃取馆之北宇，右辟之以为夕室；取传置之东宇，左辟之以为朝室；又北辟之以为阴室；作屋于北牖下，以为阳室；作斯亭于中，以为中室。

朝室以夕居之，夕室以朝居之，中室日中而居之，阴室以违温风焉，阳室以违凄风焉。若无寒暑也，则朝夕复其号。

既成，作石于中室，书以告后之人，庶勿坏。元和十二年九月某日，柳宗元记。

题解

《柳州东亭记》是柳宗元为他在柳州城南所建的东亭所作的碑记，叙述了利用"弃地"进行建设的过程，开掘、发挥为人摒弃的山水风景的潜能，变"消极"为"积极"，可谓东亭营造之积极意义之一。东亭本身实为一组建筑，其构思精妙，不同的建筑单体有不同的方位朝向，因之不同的建筑单体有不同的实用功能。这体现了柳宗元根据需要适时适地加以经营的能动性，可谓东亭营造之积极意义之二。亭记通篇所述主要关于东亭营造，但也可以说是柳宗元被谪贬柳州之后，仍然保有的积极为官治政之心态的写照。

20. 邕州柳中丞作马退山茅亭记①

柳宗元

冬十月，作新亭于马退山之阳。因高丘之阻以面势，无樽栌节棁之华。不斲椽，不蔪茨，不列墙，以白云为藩篱，碧山为屏风，昭其俭也。

是山崒然起于莽苍之中，驰奔云矗，亘数十百里，尾蟠荒陬，首注大溪，诸山来朝，势若星拱，苍翠诡状，绮绡绣错。盖天钟秀于是，不限于退裔也。然以壤接荒服，俗参夷徼，周王之马迹不至，谢公之屐齿不及，岩径萧条，登探者以为叹。

岁在辛卯，我仲兄以方牧之命，试于是邦，夫其德及故信孚，信孚故人和，人和故政多暇，由是尝徘徊此山，以寄胜概，乃堲乃塗，作我攸宇，于是不崇朝而木工告成，每风止雨收，烟霞澄鲜，辄角巾鹿裘，率昆弟友生冠者五六人，步山椒而登焉。于是手挥丝桐，目送还云，西山爽气，在我襟袖，以极万类，揽不盈掌。

夫美不自美，因人而彰。兰亭也，不遭右军，则清湍修竹，芜没于空山矣。是亭也，僻介闽岭，佳境罕到，不书所作，使盛迹郁湮，是贻林间之愧。故志之。

题解

马退山茅亭为作者任职邕州的兄长柳宽所建，该亭因借山形地势，结构简约、构造简易，有着融于山

①

柳宗元. 邕州柳中丞作马退山茅亭记[M]//周绍良. 全唐文新编：卷五八〇. 长春：吉林文史出版社，2000：6621.

①
柳宗元. 零陵三亭记[M]//周绍良. 全唐文新编: 卷
五八一. 长春: 吉林文史出版社, 2000: 6623.

川、天地之中的天然和质朴。而马退山虽地居偏远、人迹罕至，但登望风景奇异、蜿蜒流转、钟灵毓秀。《邕州柳中丞作马退山茅亭记》的作者指出于荒莽之中见神奇，源于其兄的德政——"德及故信乎，信乎故人和，人和故政多暇"，政通人和之际，而有闲暇遍览风景、发现奇景。作者借此提出了"美不自美，因人而彰"的观点，即美好的事物是因为人的发现和品鉴才得以呈现的，指出了人之品性与自然外物之间的微妙关联。此外，该亭记文辞精美、凝练生动，读之如身临其境；说理经由事实的阐发，言之凿凿，颇具力度。

21. 零陵三亭记①

柳宗元

邑之有观游，或者以为非政，是大不然。夫气烦则虑乱，视壅则志滞。君子必有游息之物，高明之具，使之清宁平夷，恒若有余，然后理达而事成。

零陵县东有山麓，泉出石中，沮洳污涂，群畜食焉，墙藩以蔽之，为县者积数十人，莫知发视。河东薛存义，以吏能闻荆楚间，潭部举之，假湘源令。会零陵政庬赋扰，民讼于牧，推能济弊，来莅兹邑。遁逃复还，愁痛笑歌，逋租匿役，期月辨理。宿蠹藏奸，披露首服。民既卒税，相与欢归，道途迎贺，里闾。门

不施胥吏之席，耳不闻鼙鼓之音。鸡豚糗醿，得及宗族。州牧尚焉，旁邑仿焉。然而未尝以剧自挠，山水鸟鱼之乐，淡然自若也。乃发墙藩，驱群畜，决疏沮洳，搜剔山麓，万石如林，积坳为池。爰有嘉木美卉，垂水蒙峰，珑玲萧条，清风自生，翠烟自留，不植而遂。鱼乐广闲，鸟慕静深，别孕巢穴，沉浮啸萃，不蓄而富。伐木坠江，流于邑门；陶土以埴，亦在署侧；人无劳力，工得以利。乃作三亭，陟降晦明，高者冠山巅，下者俯清池。更衣膳馔，列置备具，宾以燕好，旅以馆舍。高明游息之道，具于是邑，由薛为首。

在昔禆谌谋野而获，宓子弹琴而理。乱虑滞志，无所容入。则夫观游者果为政之具欤？薛之志其果出于是欤？及其弊也，则以玩替政，以荒去理。使继是者咸有薛之志，则邑民之福，其可既乎？予爱其始而欲久其道，乃撰其事以书于石。薛拜手曰："吾志也。"遂刻之。

题解

三亭，为读书亭、湘秀亭、俯清亭，故址在今湖南零陵县东山之麓，其由薛存义于唐宪宗元和年间所建。《零陵三亭记》通过介绍薛存义治理零陵、复兴社会的政绩，及其处置公事之余经营山水风景的活动，阐发了对于游观场所之经营、观游活动之利弊的见解。

亭记开篇即否定了观游影响政务的观点，认为必须要有"游息之物，高明之具"，从而使人"清宁平夷，恒若有余"，进而"理达事成"。第二、三段分别叙事、论理：对于游观场所而言，应因地制宜加以经营，一方面发挥自然（山水、植栽、鸟鱼）自身的潜能，使其运转良好，另一方面在建造过程中，合理规划人力物力的分布，而能顺势而为取得绩效；对于观游活动而言，应把握游观与公务的平衡，不可过度，这便需要人的才能与智慧了。

此外，文章还具体介绍了三亭的位置与功能："陟降晦明，高者冠山巅，下者俯清池。更衣膳饔，列置备具，宾以燕好，旅以馆舍。"由此可见此三亭规划精心、形态各异、功能完善，共同构成了体现"高明游息之道"的游观场所。

22. 永州法华寺新作西亭记①

柳宗元

法华寺居永州，地最高。有僧曰觉照，照居寺西庑下。庑之外有大竹数万，又其外山形下绝。然而薪蒸篠簜，蒙杂拥蔽，吾意伐而除之，必将有见焉。照谓予曰："是其下有陂池芙蕖，申以湘水之流，众山之会，果去是，其见远矣。"遂命仆人持刀斧，群而翦焉。丛莽下颓，万类皆出，旷焉茫焉，天为之益高，地

为之加辟；丘陵山谷之峻，江湖池泽之大，咸若有而增广之者。夫其地之奇，必以遗乎后，不可旷也。余时谪为州司马，官外乎常员，而心得无事。乃取官之禄秩以为其亭，其高且广，盖方丈者一焉。

或异照之居于斯，而不蚤为是也。余谓昔之上人者，不起宴坐，足以观于空色之实，而游乎物之终始。其照也逾寂，其觉也逾有。然则向之碍之者为果碍耶？今之辟之者为果辟耶？彼所谓觉而照者，吾讵知其不由是道也？岂若吾族之挈挈于通塞有无之方以自狭耶？或曰：然则宜书之。乃书于石。

题解

法华寺西亭是柳宗元官贬永州后，以自己的官禄建造的。柳宗元见到法华寺觉照僧人居所之外的山水远景为榛莽所蔽，因而与觉照商议加以整理，之后果然天地益广、山水益奇，西亭即为此间风景免于失之空旷而建。但觉照僧人居此地久矣，为何一直没有做这样的事呢？柳宗元由此阐发了佛家对外物之觉悟的见解，认为其境界不在于"有"或"无"的物质规限，静坐一隅，而能知晓、体察世间万物，这呼应了前文所述觉照僧人其实是知道"蒙杂拥蔽"之后的风景的。因此作者认为"通塞有无"并非关键，而在于心灵领悟。该亭记先叙事后说理，而又前后呼应，浑然一体。

①
柳宗元. 永州法华寺新作西亭记[M]//周绍良. 全唐文新编：卷五八一. 长春：吉林文史出版社，2000：6625.

①
柳宗元. 永州崔中丞万石亭记[M]//周绍良. 全唐文新编：卷五八〇. 长春：吉林文史出版社，2000：6622.

②
柳宗元. 桂州裴中丞作訾家洲亭记[M]//周绍良. 全唐文新编：卷五八〇. 长春：吉林文史出版社，2000：6620-6621.

23. 永州崔中丞万石亭记①

柳宗元

御史中丞清河男崔公来莅永州。间日，登城北墉，临于荒野蓁翳之隙，见怪石特出，度其下必有殊胜。步自西门，以求其墟。伐竹披奥，欹侧以入。绵谷跨溪，皆大石林立，涣若奔云，错若置棋，怒若虎斗，企若鸟厉。抉其穴则鼻口相呀，搜其根则蹄股交峙，环行卒愕，疑若搏噬。于是刳辟朽壤，翦焚榛秽，决沟洰，导伏流，散为疏林，洄为清池。寥廓泓渟，若造物者，始判清浊，效奇于兹地，非人力也。乃立游亭，以宅厥中。直亭之西，石若掖分，可以眺望。其上青壁斗绝，沉于渊源，莫究其极。自下而望，则合乎攒峦，与山无穷。

明日，州邑耆老，杂然而至曰："吾侪生是州，艺是野，眉厖齿鲵，未尝知此。岂天坠地出，设兹神物，以彰我公之德欤？"既贺而请名。公曰："是石之数，不可知也。以其多而命之曰万石亭。"耆老又言曰："懿夫公之名亭，岂专状物而已哉！公尝六为二千石，既盈其数。然而有道之士，咸恨公之嘉绩未浃于人。敢颂休声，祝于明神。汉之三公，秩号万石，我公之德，宜受兹锡。汉有纯臣，惟万石君。我公之化，始于闺门。道合于古，佑之自天。野夫献辞，公寿万年。"

宗元尝以笺奏隶尚书，敢专笔削以附零陵故事。时元和十年正月五日记。

题解

《永州崔中丞万石亭记》记叙了御史中丞崔公发现奇石胜景并建亭揽胜之事，并借永州百姓之口，宣扬了崔公的德政。

亭因石景而建，石景千姿百态，作者借云、棋、虎、鸟、鼻、口、蹄、股等物象展开了生动的比喻和描绘，这也是"万石亭"命名的由来。亭之营建因地制宜，以观览风景为要，而亭又"合乎攒峦，与山无穷"，与大地自然融为一体。奇石胜景被认为是上天对崔公德政的赐予，而亭记借由永州百姓之言论加以抒写，更彰显了崔公深得民心的政绩。总之，该亭记写"景"、写"人"并举，赋予了自然风景以浓厚的人文意味。

24. 桂州裴中丞作訾家洲亭记②

柳宗元

大凡以观游名于代者，不过视于一方，其或傍达左右，则以为特异。至若不骛远，不陵危，环山洄江，四出如一，夸奇竞秀，咸不相让，遍行天下者，唯是得之。桂州多灵山，发地峭坚，林立四野。署之左曰漓水，水之中曰訾氏之洲。凡峤南之山川，达于海上，于是毕出，而古今莫能知。

元和十二年，御史中丞裴公来莅兹邦，都督二十七州诸军州事。盗道奸革，德惠敷施。期年政成，而富且庶。当天子平淮夷，定河朔，告于诸侯，公既施庆于下，乃合僚吏，登兹以嬉。观望悠长，悼前之遗。于是厚货居氓，移于闲壤。伐恶木，刜奥草，前指后画，心舒目行。忽然若飘浮上腾，以临云气。万山西向，重江东隘，联岚含辉，旋视具宜，常所未睹，倏然互见，以为飞舞奔走，与游者偕来。乃经工化（一作庀）材，考极相方。南为燕亭，延宇垂阿，步檐更衣，周若一舍。北有崇轩，以临千里。左浮飞阁，右列间馆。比舟为梁，与波升降。苞漓山，合龙宫，昔之所大，蓄在亭内。日出扶桑，云飞苍梧。海霞岛雾，来助游物。其隙则抗月槛于回溪，出风榭于篁中。昼极其美，又益以夜，列星下布，颢气回合，邃然万变，若与安期、羡门接于物外。则凡名观游于天下者，有不屈伏退让以推高是亭者乎？

既成以燕，欢极而贺，咸曰：昔之遗胜概者，必于深山穷谷，人罕能至，而好事者后得以为己功。未有直治城，挟阛阓，车舆步骑，朝过夕视，讫千百年，莫或异顾，一旦得之，遂出于他邦，虽博物辩口，莫能举其上者。然则人之心目，其果有辽绝特殊而不可至者耶？盖非桂山之灵，不足以瑰观；非是洲之旷，不足以极视；非公之鉴，不能以独得。

噫！造物者之设是久矣，而尽之于今，余其可以无籍乎？

题解

訾家洲是广西漓江桂林段上的一个江洲，因居于此洲的人以訾姓为多，故名訾家洲。洲上有一亭，为唐代桂州刺史裴中丞所建。当时，大文学家柳宗元来此游历后，写了《桂州裴中丞作訾家洲亭记》。

柳宗元首先描写了亭子的环境，感觉此亭不同于他亭之处，是漓江水中央岛洲上，四野林立，但视野开阔，而当政者裴中丞又是一个清廉爱民的好官，他在此洲上建了这座亭子，将远近风光、多种天象蓄于亭内，获得了万山面内、江水漂流、天云岛雾、亭榭布列、日出扶桑、夜赏明月的景致，既得桂山之灵气，又具水洲平野之妙趣，而更可贵的是，此处不像许多山水之胜一定要入深山僻地、交通不便，而车舆步骑皆易到达。故设亭在此揽胜，真是匠心独具。（朱辅智，朱钧珍）

25. 修浯溪亭记[①]

韦辞

元公刺道州，有妪伏治乱之恩，封部歌吟，旁浃于永。故去此五十年而里俗犹知敬慕：凡琴堂水斋，珍植嘉卉，虽歆倾荒翳，终樵采不及焉。仁声之感物也如此。

①
韦辞. 修浯溪亭记[M]//蒋炼，蒋民主，注译. 浯溪诗文选. 香港：香港天马图书有限公司，2001：195.

①
皇甫湜. 枝江县南亭记[M]// （清）董诰. 全唐文：卷六八六. 北京：中华书局，1983：7027.

今年春，公季子友让以逊敏知治术，为观察使袁公所厚，用前宝鼎尉假道州长史，路出亭下，维舟感泣。以简书程责之不遑也，乃尽撤资俸，托所部祁阳长豆卢归修复之。

后假归，喜获私尚。会余亦以恩例，自道州司马移佐江州，帆风横流，相遇于浯溪。寒暄毕，宝鼎竦然曰："兹亭创治之始，既铭于崖侧矣。至于水石之势，咏赋所及，则家集存焉。然自空阒，时余四纪，士林经过，简翰相属。今圻堄移旧，手笔亡矣；将编于左方，用存此亭故事。既适相会，盍为志焉？"余嘉其损约贫寓而能以章复旧志为急，思有以白之，故不得用质俚辞命。

元和十三年十二月六日江州员外司马韦辞记，罗浦书。

题解

《修浯溪亭记》以凝练的手法交代了重修浯溪亭的缘由和经过。浯溪亭最初由元结（约719—约772年）任道州刺史时所建。元结体恤民生，美德广布，备受敬慕，其官邸亭园则诸多珍品植栽，文人墨客对其有不少诗文礼赞。但是该园最终易主、凋败倾颓，令人唏嘘。元结的小儿子元友让聪颖好学，通晓为官治国之术，但生活简朴，并不富足。虽如此，他拿出自己全部的资财和薪俸，重修浯溪亭，以凭吊往事。作者通过对事件过程的记叙，以及对元友让言谈的记录，赞颂了元氏父子的高尚人格及其造福社会的德操，也通过对园林盛衰历程的记述，表现了浓厚的人文情怀。

26. 枝江县南亭记①

皇甫湜

京兆韦庞为殿中侍御史河南府司录，以直裁听，群细人增构之，责掾南康，移治枝江。百为得宜，一月遂清。乃新南亭，以适旷怀。俯湖水，枕大驿路，地形高低，四望空平。青莎白沙，控柞缘崖，涩芰圆葭，诞漫朱华。接翠裁绿，繁葩春烛，决湖穿竹，渠鸣郁郁，潜鱼历历，产镜璄碧，净鸟白赤，洗翅窥吃。缬霞縠烟，旦夕新鲜，吟唼喧啼，怨抑情绵。令君骋望，逍遥湖上，令君宴喜，弦歌未已。其民日致，忻游成群，使缨叹恋，停车止征。实为官业，而费家赀，不妨适我，而能惠众。呜呼！是乃仁术也，岂直目观而已乎。人知韦君若是也多，惜以赤刀效小割，异日赋政千里，总戎疆场，吾知其办终也，亦若是而已矣。乃为作记，刻于兹石，以图永久。

题解

《枝江县南亭记》借记叙枝江县南亭翻新重修之事，记叙了韦庞其人其事，宣扬了韦庞的为人品行和德政操守。

韦庇因谗言算计而官贬枝江，却不计个人得失，勉力化解当地百姓之难。南亭的翻新重修则是韦庇德政及其成效的一个缩影：南亭与周边自然山水相得益彰，草木葱郁、鱼鸟共欢，令人心旷神怡，环境效益绝佳；其中大众游赏、歌舞升平，甚至征兵征战之事都化于无形，社会效益良好。韦庇在朝廷中的不得志和在地方上的业绩形成鲜明的对比。此外，虽然南亭的翻新应是官家之事，但韦庇自己出资建设，将公事当作自己的事情一样操办，"不妨适我"，同时惠及大众。"公"与"私"在此相互映衬，反映了韦庇不存私心、一心为民的高尚品德和情操。最后，作者觉得韦庇官贬枝江做事，是"以赤刀效小割"，或曰"大材小用"，再次以对比的手法强调了韦庇的个人才干，并展望其应有的功业前景。该亭记通过不同层次、不同内容的对比，环环相扣，主旨突出。

值得一提的是，该亭记对于与南亭相关的山水风景的描写，基本上四字一词，四词一句，句内押韵，形式严谨而简练，读来音韵回环、朗朗上口，在行文写作上也堪称上佳美文。

27. 杭州新造南亭子记[①]

杜牧

佛著经曰：生人既死，阴府收其精神，校平生行事罪福之。坐罪者刑，狱皆怪险，非人世所为，凡人平生一失举止，皆落其间。其尤怪者，狱广大千百万亿里，积火烧之，一日凡千万生死，穷亿万世无有间断，名为"无间"。夹殿宏廊，悉图其状，人未熟见者，莫不毛立神骇。佛经曰："我国有阿阇世王，杀父王篡其位，法当入所谓狱无间者，昔能求事佛，后生为天人。况其他罪，事佛固无恙。梁武帝明智勇武，创为梁国者，舍身为僧奴，至国灭饿死不闻悟，况下辈固惑之。为工商者，杂良以苦，伪内而华外，纳以大秤斛，以小出之，欺夺邨闾惷民，铢积粒聚，以至于富。刑法、钱谷小胥，出入人性命，颠倒埋没，使簿书条令，不可究知，得财买大第豪奴，如公侯家。大吏有权力，能开库取公钱，缘意恣为，人不敢言是。此数者心自知其罪，皆捐己奉佛以求救，日月积久，曰："我罪如是，富贵如所求，是佛能灭吾罪，复能以福与吾也。"有罪罪灭，无福福至，生人唯罪福耳，虽田妇稚子，知所趋避。今权归于佛，买福卖罪，如持左契，交手相付。至有穷民啼一稚子，无以与哺，得百钱，必召一僧饭之，冀佛之助，一日获福。若如此，虽举寰海内尽为寺与僧，不足怪也。屋壁绣纹可矣，为金枝扶疏，擘千万佛，僧为具味饭之可矣，饭讫持钱与之。不大不壮不高不多不珍不奇瑰怪为忧，无有人力可及而不为者。

①
杜牧. 杭州新造南亭子记[M]//周绍良. 全唐文新编：卷七五三. 长春：吉林文史出版社，2000：8861-8862.

晋，霸主也，一铜鞮宫至衰弱，诸侯不肯来盟，今天下能如几晋，凡几千铜鞮，人得不困哉？文宗皇帝尝语宰相曰："古者三人共食一农人，今加兵佛，一农人乃为五人所食，其间吾民尤困于佛。"帝念其本牢根大，不能果去之。

武宗皇帝始即位，独奋怒曰："穷吾天下，佛也"。始去其山台野邑四万所，冠其徒几至十万人，后至会昌五年，始命西京留佛寺四，僧唯十人。东京二寺，天下所谓节度观察，同华汝三十四治所得留一寺，僧准西京数，其他刺史州不得有寺。

出四御史缕行天下以督之，御史乘驿未出关，天下寺至于屋基耕而刓之。凡除寺四千六百，僧尼笄冠二十六万五百，其奴婢十五万，良人枝附为使令者，倍笄冠之数，良田数千万顷，奴婢口率与百亩编入农籍，其馀赋取民直，归于有司，寺材州县得以恣新其公署传舍。今天子接位，诏曰："佛尚不杀而仁，且来中国久，亦可助以为治。天下州率与二寺，用齿衰男女为其徒，各止三十人，两京数倍其四五焉。"著为定令，以徇其习，且使后世不得复加也。

赵郡李子烈播，立朝名人也，自尚书比部郎中出为钱塘。钱塘于江南，繁大雅亚吴郡，子烈少游其地，委曲知其俗，蠹人者剔削根节，断其脉络，不数月人随化之，三笺干丞相云："涛坏人居不一，焊锢败侵不休。"诏与钱二千万，筑长堤以为数十年计，人益安善。子烈曰："吴越古今多文士，来吾郡游，登楼倚轩，莫不飘然而增思。吾郡之江山甲于天下，信然也。佛炽害中国六百岁，生见圣人一挥而几夷之。今不取其寺材，立亭胜地，以彰圣人之功，使文士歌诗思之，后必有指吾而骂者。"乃作南亭，在城东南隅，宏大焕显，工施手目发匀肉均牙滑而无遗巧矣。江平入天，越峰如髻，越树如发，孤帆白鸟，点尽上凝。在半夜酒馀，倚老松，坐怪石，殷殷潮声，起于月外，东闽两越，宦游善地也，天下名士多往之。予知百数十年后，登南亭者，念仁圣天子之神功，美子烈之旨迹，睹南亭千万状，吟不辞已，四时千万状，吟不能去。作为歌诗，次之于后，不知几千百人矣。

题解

《杭州新造南亭子记》表达了反对佛教学说的立场，而"南亭"正是灭佛平寺的结果。

作者详细介绍了唐文宗，特别是唐武宗限制佛教发展的政策与成效，以及赵郡李播（字子烈）于钱塘（今杭州）利用佛寺拆除而来的材料建成南亭的过程，抒发了对李播由衷的赞赏之情。其中，对于南亭风景的描绘——"发匀肉均牙滑""越峰如髻，越树如发"等，巧妙运用了拟人化的手法，分外精巧可人。

总之，该亭记通过质疑其时佛教的盛行，体现了作者心系国计民生的社会责任感。

28．郢州孟亭记^①

皮日休

明皇世章句之风大得建安体，论者推李翰林、杜工部为尤。介其间能不愧者，惟吾乡之孟先生也。先生之作，遇景入咏，不拘奇抉异，令醒齚束人口者，涵涵然有干霄之兴，若公输氏当巧而不巧者也。北齐美萧悫"芙蓉露下落，杨柳月中疏"，先生则有"微云淡河汉，疏雨滴梧桐"。乐府美王融"日霁沙屿明，风动甘泉浊"，先生则有"气蒸云梦泽，波撼岳阳城"。谢朓之诗句精者，有"露湿寒塘草，月映清淮流"，先生则有"荷风送香气，竹露滴清响"。此与古人争胜于厘毫间也。他称是者众，不可悉数。呜乎！先生之道，复何言耶！谓乎贫，则天爵于身；谓乎死，则不朽于文。为士之道，亦以至乎。

先生襄阳人也，日休襄阳人也。既慕其名，亦睹其貌，盖仲尼思文王则嗜昌歜，七十子思仲尼则师有若。吾于先生见之矣。说者曰："王右丞笔先生貌于郢之亭，每有观型之志。"四年，荥阳郑公诚刺是州，余将抵江南，舣舟而诣之，果以文见贵，则先生之貌纵视矣。

先是亭之名取先生之讳，公曰："焉有贤者名，为趋厮走养，朝夕言于刺史前耶？"命易之以先生姓。日休时在宴，因曰："《春秋》书纪季公子友仲孙湫字者，贵之也。故书名曰'贬'，书字曰'贵'。况以贤者名署于亭乎？君子是以知公乐善之深也。百祀之弊，一朝而去，则民之弊也去之可知矣。"见善不书，非圣人之志。宴豆既彻，立而为文。咸通四年四月三日记。

题解

孟亭为纪念孟浩然而建。皮日休通过《郢州孟亭记》，一方面表达了对于孟浩然的景仰，另一方面表达了对于郢州刺史郑公品德的赞美以及对其理政的美好展望。

作者盛赞孟浩然的诗文成就，将历代名篇佳句与孟浩然脍炙人口的诗文相对照，衬托了孟诗的精妙。孟浩然终身未仕，而有"天爵"，作者因之对其崇高的品行修养敬重有加。

而刺史郑公在得知亭名"取先生之讳"后，"命易之以先生姓"，因前者有不敬之嫌，后者存尊贵之意。作者以更易亭名一事，表现了郑公之于孟浩然的尊崇，因而推知其"乐善之深"，且"百祀之弊，一朝而去，则民之弊也去之可知矣"，以肯定的语气预见了郑公德政的积极成效。

该亭记全篇洋溢着浓厚的人文气息，同时宣扬了高尚德行的正面意义。

①
皮日休. 郢州孟亭记[M]//周绍良. 全唐文新编: 卷七九七. 长春: 吉林文史出版社, 2000: 9671.

①
皮日休. 通元子栖宾亭记[M]//董诰. 全唐文: 卷七九七. 北京: 中华书局, 1983: 8354—8355.

29. 通元子栖宾亭记①

皮日休

距彭泽东十里，有仙邃源奥处，号曰富阳，文士李中白隐焉。五年冬别中白。岁且翅，再自淝陵之江左，因访于是。至其门，骖不暇绁，而目爽神王，恍恍然迫若入于异境矣。诉别苦外，不复游一词。且乐其得也。木秀于芝，泉甘于饴，霁峰倚空，如碧毫扫粉障，色正鲜温。鸣溪潆潆，源内纍篙，轟出琉璃液。石有怪者，骁然闳然，若将为人者，禽有异者，嘹嘹然若将天驯耶。每空斋寥寥，寒月方午，松竹交韵，其正声雅音，笙师之吹竿，邻人之鼓篝，不能过也。况延白云为升堂之侣，结清风为入室之宾，其为趣则生而未睹矣。中白所尚皆古，以时不合己，故隐是境，将至老。呜呼！世有用君子之道隐者乎？有则是境不足留吾中白也。昔余与中白有俱隐湘衡之志。中白以时不合己，果偿本心。余以寻求计吏，不谐夙念。今至是境，语及名利，则芒刺在背矣。夫宾之来也，不逾于邑，邑距是十里，至是者不为易矣。其延之，且不晡乎？晡不夕乎？则俟宾之所，果不可低庳。于是钜其寝，西向百步，则筑宾亭焉。两其室而一其厦。且曰："宾将病暑，吾则敞其檐；宾将病寒，吾则奥其牖。"自竟是功，则鲜蔬之馈，罍樽之费，纵倍于前矣。其功始于咸通二年秋八月。

后五年五月，中白馆余于是。且祷其记而名之者，累月让不获。因曰："古者有高隐殊逸，未被爵命，敬之者以其德业号而称之，元德、元晏是也。夫学高行远谓之通，志深道大谓之元，男子通称谓之子。谓请以'通元子'为其号，请以'栖宾'为亭名。"噫！知我者不谓我为佞友矣。五年五月朔日记。

题解

"通元子栖宾亭"是作者友人李中白于彭泽东十里、其隐居之处建造的。《通元子栖宾亭记》通过介绍与亭相关的四个层面的内容，表达了对李中白高古品格的赞赏。

文章首先写景，中白隐居之处，有林木山泉之景，有溪流异禽之声，有松竹交韵之响，有白云清风为伴，衬托了中白的尚古之志；其次写人，言及作者皮日休本人与中白皆曾有隐于山林的志向，但终而中白"隐"、日休"仕"，且"语及名利，则芒刺在背矣"，此番对比突出了中白一如既往的旨趣；再次写亭，由于隐居之处距彭泽较远，因而筑亭以留宾客，亭有"两室""一厦"，且有灵活的构造以满足使用功能；最后释义，阐释"通元子栖宾"亭名的含义——"夫学高行远谓之通，志深道大谓之元，男子通称谓之子"，"栖宾"，顾名思义，即居留宾客，可见亭名是对中白品格的注解，也概括了亭的功能。

30. 化洽亭记[1]

沈颜

宁国临县逆之东南，古胜地也。顷属兵兴以后，尽目芜焉。稂莠蔽川，嘉树不长。氛烟塞路，清泉不发。幽埋异没，谁复相之。是邑汝南长君，治民有瘳，任人得逸。乃卜别墅，就而营之。前有浅山，屹然如屏。后有卑岭，缭然如城。跨池左右，足以建亭。丘陇高下，足以劝耕。泓泓盈盈，涟漪是生。兰兰青青，疏篁舞庭。斯亭何名，化洽而成。民化洽矣，斯亭乃治。长君未至，物景颓圮。长君既至，物景明媚。物之怀异，有时之否。人之怀异，亦莫如是。懿哉长君，雅识不群。愚不纪之，孰彰后人。时乾宁三年仲夏月十有九日记。

题解

《化洽亭记》记叙了汝南长君赴任宁国临县后，山水风景由"颓圮"到"明媚"的变化，民生民风由"怀异"到"化洽"的转变，从而赞美了长君的美好德行及其德政。"化洽"之名，顾名思义，即教化和洽、感化普沾。亭之营造也是化洽的结果——"斯亭何名，化洽而成。民化洽矣，斯亭乃治"，反映了风景品质与社会风貌之间的内在联系。

31. 乔公亭记[2]

徐铉

同安城北，有双溪禅院焉。皖水经其南，求塘出其左。前瞻城邑，则万井纆连。却眺平陆，则三峰积翠。朱桥偃蹇，倒影于清流。巨木轮囷，交荫于别岛。其地丰润，故植之者茂遂。其气清粹，故宅之者英秀。闻诸耆耋，乔公之旧居也。虽年世屡迁，而风流不泯。故有方外之士，爰构经行之室。回廊重宇，耽若深严。水濑最胜，犹鞠茂草。甲寅岁，前吏部郎中钟君某字某，左官兹郡，来游此溪。顾瞻徘徊，有怀创造。审曲面势，经之营之。院主僧自新，聿应善言，允符凤契，即日而栽，逾月而毕。不奢不陋，既幽既闲。凭轩俯盼，尽濠梁之乐。开牖长瞩，忘汉阴之机。川原之景象咸归，卉木之光华一变。每冠盖萃止，壶觞毕陈。吟啸发其和，琴棋助其适。郡人瞻望，飘若神仙。署曰乔公之亭，志古也。

噫！士君子达则兼济天下，穷则独善其身。未若进退以道，小大必理。行有馀力，与人同乐，为今之懿也。是郡也，有汝南周公以为守，有颍川钟君以为佐，故人多暇豫，岁比顺成。旁郡行再雩之礼，而我盛选胜之会。邻境兴阛户之叹，而我赋考室之诗。播之町颂，其无愧乎？余向自禁掖，再从放逐。故人胥会，山水穷游。良辰美景，赏心乐事，有一

① 沈颜. 化洽亭记[M]//周绍良. 全唐文新编: 卷八六八. 长春: 吉林文史出版社, 2000: 10943.

② 徐铉. 乔公亭记[M]//董诰. 全唐文: 卷八八二. 北京: 中华书局, 1983: 9088.

①
万丽华，蓝旭，译注.孟子[M].北京：中华书局，2010：215.

②
范仲淹.秋香亭赋[M]//曾枣庄，刘琳，主编.四川大学古籍整理研究所，编.全宋文：卷三六七.成都：巴蜀书社，1990：396.

于此，宜其识之。立石刊文，以示来者。于时岁次乙卯保大十三年三月日，东海徐铉记。

题解

《乔公亭记》以优美的文辞描写了乔公旧居的优美自然风光，此地虽历经岁月变迁，但风韵犹存。后又有地方官吏、僧人因地制宜增益其美景，而有"濠梁之乐"——人与自然彼此交融、形神一体，更忘"汉阴之机"——没有机巧功利之心，反映了作者遭遇放逐、官场失意后，超脱于世俗名利的情怀。

亭记进而转述《孟子·尽心上》"穷则独善其身，达则兼善天下"[①]句，阐发了自己修身自好、心系民生、"与人同乐"的人生哲学，并正面描绘了汝南周公、颍川锺君仁政之下歌舞升平的画面。亭记在此表现出传统士大夫的"出世"逃避现实心态和"入世"造福社会愿望之间的矛盾与交织。

此外，乔公亭是后人重新经营乔公旧居风景环境并建造、命名的，因此它一方面延续了旖旎的自然风光，一方面则体现了对场所人文历史的传承。

32.秋香亭赋[②]

范仲淹

提点屯田钜鹿公，就使居之北，择高而亭。背孤巘，面横江，植菊以为好，命曰秋香亭。呼宾醑酒以落之，仆赋而俳焉。

郑公之后兮，宜其百禄。使于南国兮，铿金粹玉。倚大㫁于江干，揭高亭于山麓。江无烟而练迥，山有岚而屏蓄。一朝赏心，千里在目。时也，秋风起兮寥寥，寒林脱兮萧萧。有翠皆歇，无红可凋。独有佳菊，弗冶弗夭。采采亭际，可以卒岁。畜金行之劲性，赋土爱之甘味。气骄松筠，香灭兰蕙。露溥溥以见滋，霜肃肃而敢避。其芳其好，胡然不早。岁寒后知，殊小人之草；黄中通理，得君子之道。饮者忘醉，而饵者忘老。

公曰："时哉时哉，我宾我来。缓泛迟歌，如春登台。"歌曰："赋高亭兮盘桓，美秋香而酡颜。望飞鸿兮冥冥，爱白云之闲闲。"又歌曰："曾不知吾曹者将与夫谢安，不可尽欢，而聿去乎东山；又不知将与夫刘伶，不可复醒，而蔑闻乎雷霆。岂无可而无不可兮，一逍遥以皆宁。"

题解

《秋香亭赋》围绕友人所建的秋香亭，写景、记游、咏物。文章开篇寥寥数笔，即点明了与亭相关的"自然"要素：位于友人"使居之北"，有奇崛之山水、"植菊以为好"的"物象"，还有亭名"秋香"所提示的"秋"之"天象"。其次，"植菊以为好"之"好"、亭名"秋香"之"香"，暗示了其中所蕴含的与友人品性相关的浓郁"人文"气息。最后，文章提点了与亭相关的饮酒、欢游的"社交"活动。

文章继而就"自然""人文""社交"几个方面展开细致、深入的刻画与阐发。首先是"菊"美学上的独树一帜，在"秋风起兮寥寥，寒林脱兮萧萧"之时，在视觉上"独有佳菊，弗冶弗夭"；在味觉上，"畜金行之劲性，赋土爰之甘味"；与他物相比，"气骄松筠，香灭兰蕙"。文章随即由菊的"物性"推及君子的德操与禀赋，深化了秋香亭的人文内涵。而文章对于饮酒、欢游活动的描述，述及人际"饮者忘醉，而饵者忘老"之"忘"、"美秋香而酡颜"之"美"，言及天际"飞鸿冥冥""白云闲闲"，加之对隐士谢安、刘伶的追溯，都生动地表现了人与自然水乳交融的情态。

33. 流杯亭记[①]

胡宿

城邑之粹，依于山川，所以通气象而宣底滞；府寺之胜，寄于亭沼，所以栖神明而外氛浊。许昌之右，其水曰"西湖"。自东北导溟水一支，纳于湖中。淼漫齑沦，浸可数里，精气利泽，秋冬不涸，盖壁田所依之川也。一名"绿鸭陂"，唐薛能增广其沚，作亭其上，所谓"绿鸭亭"者，名今在焉。大抵湖水修于南北，狭于东西。芹蘋芰芰，菰蒲菡萏之植，含葩茸干，或丹或白，罗映洲沚，粲若绘境。秋鹥寒鸂，鼓浪往来；晨凫夕雁，乘烟上下。翩翩去翼，嗈嗈余声，江湖幽情，满于眺听。天王都汴，许在寰内，殿藩之重，率用二府。前弼及两禁迩臣，于以均执恪之劳，就偃休之适，亦由湖水名胜，可以濯烦襟而养妙气也。前后诸公，构亭环其上者甚夥。钓台射埒，左右栖映，随所面势，咸极佳趣。其规模宏大者，有若湖中之堂，曰"清暑"，钱思公之所作也。桥跨一面，树环四际，青苍俯映，潺湲可弄。湖阴之亭曰"会景"，吕文靖之所构也。正据北岸，临瞰泉水，禽鱼卉木，形无遁者。会景之北，有梅梨桃杏之园，履中十亩，中有堂曰"净居"。净居之北，有池曰"迷鱼"。清泉碧树，幽邃闲静，有山间林下之思。庆历丙戌，植直李公给事之治许也，年获丰茂，日多暇豫。间引参佐，觞于湖上，踌躇四顾，超然独得。曰湖居之丽，前人系作，究奇选胜，殆穷目巧。然上巳修禊，胜集也，念此独阙。溟水在侧而弗知用，岂未之思耶？乃立亭于迷鱼之后，西北置阀筑石作渠，析溟上流，曲折凡二百步许，弯环转激，注于亭中，为浮觞乐饮之所。东西植杂果，前后树众卉，与清暑、会景，参然互映，为深远无穷之景焉。亭成，榜之曰"流杯"，落之以钟鼓。车骑凤驾，冠盖大集。

①
胡宿. 流杯亭记[M]//曾枣庄，刘琳. 全宋文：第11册.
成都：巴蜀书社，1990：543-544.

①
梅尧臣. 览翠亭记[M]//曾枣庄，刘琳，主编；四川大学古籍整理研究所，编. 全宋文：卷五九三. 成都：巴蜀书社，1991：521.

贤侯莅止，嘉宾就序，朱鲔登俎，渌醑在樽，流波不停，来觞无算。人具醉止，莫不华藻篇章间作。足以续永和之韵矣。复即湖之坤隅，乘羡水以作碻，纤旅力之弊，广群游之观。使汉阴老父见之，其必曰："施于觞酌游观之美，何其佳哉！"时友人梅圣俞参画郎幕，且导府意，托记亭事。因念《小雅·鹿鸣》之诗必言燕乐者，所以和人心而通政道也。李公宣风阜俗，怡神乐职，以余力治亭榭，以暇日饮宾友，式宴以乐，既惠且和。引而伸之，河润九里，政之在物，从可知焉。又惟杭、颖二州西偏，皆映带流水，同得西湖之号，与许为三。尝试评之，杭挟武林、天竺之秀，而地偏东南；颖占女台、林刹之佳，而传舍居其内；许在三辅，密迩神甸，茉骥作镇，辕、嵩在西，介于二京，尝游七圣。《春秋》重地，尊先京师，神明气象，湖水之胜，应以陪京为首焉。庆历丁亥三月五日记。

题解

《流杯亭记》写的是中国古代文坛中"曲水流觞"韵事中流杯亭的历史故事。这个流杯亭位于河南的许昌西湖的右边，是一个极具水色田园之秀的胜地，这里原有一个"绿鸭亭"，以后又常有官员文人在此处修建亭阁，如湖中有清暑堂，湖北面有会景亭，亭北有梅李桃杏果园，果园中又有净居堂、迷鱼池等。

其中特别写到在迷鱼池后面，建了一条曲曲折折长达二百步的石渠，在其旁修建了一个流杯亭，以作为浮觞饮乐的场所。流觞时，贤侯、嘉宾就序，渠水"流波不停，来觞无算，人具醉止，莫不华藻篇章间作"，这堪与晋代王羲之在绍兴的兰亭韵事相媲美。这时，大文学家梅尧臣也来参与策划，托本文作者胡宿来写一篇亭记，胡宿认为这是"和人心""通政道"的佳事，可以"宣风阜俗，怡神乐职"，进而"以余力治亭榭，以暇日饮宾友，式宴以乐，既惠且和"，所以写了这篇亭记。（朱钧珍）

34. 览翠亭记①

梅尧臣

郡城非要冲，无劳送还往；官局非冗委，无文书迫切。山商征材，巨木腐积，区区规规，袭不为宴处久矣。始是，太守邵公于后园池旁作亭，春日使州民游遨，予命之曰共乐。其后别乘黄君于灵济崖上作亭会饮，予命之曰重梅。今节度推官李君亦于廨舍南城头作亭，以观山川，以集嘉宾，予命之曰览翠。

夫临高远视，心意之快也；晴澄雨昏，峰岭之态也。心意快而笑歌发，峰岭明而气象归。其近则草树之烟绵，溪水之澄鲜。御鳞翩来，的的有光；扫黛侍侧，妩妩发秀。有趣若此，乐亦由人。何则？景虽常存，人不常暇。暇不计其事简，计其善决；乐不计其得时，计其善适。能处是而览者，岂不暇不适者哉？吾不信也。

题解

《览翠亭记》短小精悍，写景、说理并举。涉及宣城的三座亭：一曰"共乐"，是"与民同乐"的气象；二曰"重梅"，用于会饮；三曰"览翠"，用以"观山川""集嘉宾"。作者梅尧臣重点描写了在览翠亭上所见的晴雨山川、连绵草树、粼粼波光，及其赋予的畅快心意，并借此提出了风景常存、"乐亦由人"的观点，即风景价值的显现需要人的参与。作者对此进一步指出"暇不计其事简，计其善决；乐不计其得时，计其善适"，认为风景营造及其品鉴需要因地制宜、因时合宜，这表现出人与自然在时空综合进程中的互动状态。

35. 醉翁亭记[①]

欧阳修

环滁皆山也。其西南诸峰，林壑尤美，望之蔚然而深秀者，琅琊也。山行六七里，渐闻水声潺潺，而泻出于两峰之间者，酿泉也。峰回路转，有亭翼然临于泉上者，醉翁亭也。作亭者谁？山之僧曰智仙也。名之者谁？太守自谓也。太守与客来饮于此，饮少辄醉，而年又最高，故自号曰醉翁也。醉翁之意不在酒，在乎山水之间也。山水之乐，得之心而寓之酒也。

若夫日出而林霏开，云归而岩穴暝，晦明变化者，山间之朝暮也。野芳发而幽香，佳木秀而繁阴，风霜高洁，水落而石出者，山间之四时也。朝而往，暮而归，四时之景不同，而乐亦无穷也。

至于负者歌于途，行者休于树，前者呼，后者应，伛偻提携，往来而不绝者，滁人游也。临溪而渔，溪深而鱼肥，酿泉为酒，泉香而酒洌。山肴野蔌，杂然而前陈者，太守宴也。宴酣之乐，非丝非竹，射者中，弈者胜，觥筹交错，起坐而喧哗者，众宾欢也。苍颜白发，颓然乎其间者，太守醉也。

已而夕阳在山，人影散乱，太守归而宾客从也。树林阴翳，鸣声上下，游人去而禽鸟乐也。然而禽鸟知山林之乐，而不知人之乐；人知从太守游而乐，而不知太守之乐其乐也。醉能同其乐，醒能述以文者，太守也。太守谓谁？庐陵欧阳修也。

题解

《醉翁亭记》是一篇自建亭作记以来，最为历代人们赞赏而心仪的传世之作。这一方面是由于作者的文笔之美，写景瑰丽如诗如画、脍炙人口，写情则精粹入神境、令人冥思；另一方面则是由于文章表现了一种气质之美，具有一种由浅入深、由表及里的儒学韵味与哲理情愫。

① 欧阳修. 醉翁亭记[M]//曾枣庄，刘琳，主编；四川大学古籍整理研究所，编. 全宋文：卷七三九. 成都：巴蜀书社，1991：111.

① 朱钧珍. 咀嚼一生——关于中国传统园林自然景观的思考[J]. 中国园林，2016，32（02）：66-69.

② 欧阳修. 丰乐亭记[M]//曾枣庄，刘琳. 全宋文：卷七三九. 上海：上海辞书出版社；合肥：安徽教育出版社，2006：114-115.

第一段写亭的位置、环境、建造者及其目的，着重的是以酒赏景，得享山林之乐。

第二段则具体描绘大自然的山林之景，以"日出而林霏开，云归而岩穴暝"来写一天的朝暮之景，以"野芳发而幽香，佳木秀而繁阴""风霜高洁，水落石出"来展示一年四季之景，以"借自然之物，引自然之象"①的变化而得其乐，此一乐也。

第三段为作者写老百姓去醉翁亭游乐途中来赴"太守宴"的情景："负者歌于途，行者休于树，前者呼，后者应，伛偻提携，往来不绝者，滁人游也。"写得如此绘形绘色，惟妙惟肖，从而出现了"众宾欢""太守醉"的欢乐场面，可以说这是作者体现儒家"与民同乐"思想的一段绝唱，此为二乐也。

最后一段是在享受由朝至暮的山林之乐后，作者由浅入深，将尽兴的场面导向作者心灵深处的人生哲理的表白，或为旷达，或为超脱，或为疑虑的境界，意味深长，此为三乐也。

关于号称"天下第一亭——醉翁亭"这一园景的详情，请参阅本书第二章第三节。（朱钧珍）

36. 丰乐亭记②

欧阳修

修既治滁之明年夏，始饮滁水而甘，问诸滁人，得于州南百步之远。其上则丰山耸然而特立，下则幽谷，窈然而深藏，中有清泉，滃然而仰出。俯仰左右，顾而乐之。于是疏泉凿石，辟地以为亭，而与滁人往游其间。

滁于五代干戈之际，用武之地也。昔太祖皇帝，尝以周师破李景兵十五万于清流山下，生擒其将皇甫晖、姚凤于滁东门之外，遂以平滁。修尝考其山川，按其图记，升高以望清流之关，欲求晖、凤就擒之所，而故老皆无在者。盖天下之平久矣。自唐失其政，海内分裂，豪杰并起而争，所在为敌国者，何可胜数！及宋受天命，圣人出而四海一，向之凭恃险阻，铲削消磨，百年之间，漠然徒见山高而水清。欲问其事，而遗老尽矣。

今滁介于江、淮之间，舟车商贾、四方宾客之所不至，民生不见外事，而安于畎亩衣食，以乐生送死，而孰知上之功德，休养生息，涵煦于百年之深也？

修之来此，乐其地僻而事简，又爱其俗之安闲。既得斯泉于山谷之间，乃日与滁人仰而望山，俯而听泉，掇幽芳而荫乔木，风霜冰雪，刻露清秀，四时之景，无不可爱。又幸其民乐其岁物之丰成，而喜与予游也。因为本其山川，道其风俗之美，使民知所以安此丰年之乐者，幸生无事之时也。

夫宣上恩德，以与民共乐，刺史之事也，遂书以名其亭焉。

庆历丙戌六月日，右正言、知制诰、知滁州军州事欧阳修记。

题解

《丰乐亭记》是欧阳修到滁州上任后的第二年所作。他觉得这里的水是如此甘美，问及当地人此水的来源，获知是来自滁州以南仅百步的上丰山幽谷，于是他到此处看到如此深藏的幽谷，如此潋然的泉水，环顾四周，十分欣赏这里的山水之美，于是疏泉凿石，开发用地，建了一个亭子，和老百姓常来此游乐。

他又论述该处在五代时已是兵家之地，宋太祖也在此打过胜仗，想向当地人了解一些情况，只可惜知情的人都已不在了。

他接着讲述该地区很偏僻，人们也都过得很安乐，在此休养生息如常，他自己也是因为这里"地僻而事简"，乐得在此仰而看山、俯而听泉，风花雪月，四时美景如画，百姓们都过着物阜粮丰的日子。享受着社会安宁的无事之乐，他能在此与民同乐，这也是作为一个父母官应做的事。于是，他建亭同乐，取名曰"丰乐"。（朱钧珍）

37. 岘山亭记[①]

欧阳修

岘山临汉上，望之隐然，盖诸山之小者。而其名特著于荆州者，岂非以其人哉？其人谓谁？羊祜叔子、杜预元凯是已。方晋与吴以兵争，常倚荆州以为重，而二子相继于此，遂以平吴而成晋业，其功烈已盖于当世矣。止于风流余韵，蔼然被于江汉之间者，至今人犹思之，而于思叔子也尤深。盖元凯以其功，而叔子以其仁，二子所为虽不同，然皆足以垂于不朽。余颇疑其反自汲汲于后世之名者何哉？传言叔子尝登兹山，慨然语其属，以谓此山常在，而前世之士皆已湮灭于无闻，因自顾而悲伤，然独不知兹山待己而名著也。元凯铭功于二石，一置兹山之上，一投汉水之渊。是知陵谷有变，而不知石有时而磨灭也。岂皆自喜其名之甚而过为无穷之虑欤？将自待者厚而所思者远欤？

山故有亭，世传以为叔子之所游止也。故其屡废而复兴者，由后世慕其名而思其人者多也。熙宁元年，余友人史君中辉以光禄卿来守襄阳。明年，因亭之旧，广而新之，既周以回廊之壮，又大其后轩，使与亭相称。君知名当世，所至有声，襄人安其政而乐从其游也，因以君之官名其后轩为光禄堂，又欲纪其事于石，以与叔子、元凯之名并传于久远。君皆不能止也，乃来以记属于余。

余谓君知慕叔子之风，而袭其遗迹，则其为人与其志之所存者，可知矣。襄人爱君而安乐之如此，则君之为政于襄者，又可知矣。此襄人之

①
欧阳修. 岘山亭记[M]//曾枣庄，刘琳. 全宋文：卷七四〇. 上海：上海辞书出版社；合肥：安徽教育出版社，2006:126-127.

①
欧阳修．李秀才东园亭记 [M]// 曾枣庄，刘琳．全宋文：卷七四一．上海：上海辞书出版社；合肥：安徽教育出版社，2006：134-135．

所欲书也。若其左右山川之胜势，与夫草木云烟之杳霭，出没于空旷有无之间，而可以备诗人之登高，写《离骚》之极目者，宜其览者自得之。至于亭屡废兴，或自有记，或不必究其详者，皆不复道。

熙宁三年十月二十有二日，六一居士欧阳修记。

题解

岘山亭坐落于襄阳城南七里的岘山之上，屡废屡兴，因羊祜（字叔子）、杜预（字元凯）"平吴而成晋业"的功绩而闻名。欧阳修由此出发，肯定了两者"垂于不朽"的卓越功勋，却同时对他们"汲汲于后世之名""皆自喜其名之甚""自待者厚"进行了质疑和批评，表达了淡泊功名的理念，为后文赞颂史君中辉之品德与德政做出铺垫。

史君以光禄卿的身份入守襄阳，因民生安定，而深受拥戴。次年他因仰慕羊祜，而翻新整修岘山亭。百姓欲借机刻石记录其德政，以存不朽，为史君所不欲。作者通过对这些事件的纪实，展现了史君的高尚德行和为政功绩。

亭记最后以寥寥数语概括了岘山的山川胜势，并点明这些和岘山亭的来龙去脉并非记文的重点，意即重在阐发其中的人文、社会事理，从而廓清了全文阐发淡泊功名立场、赞美史君德政的主旨。

38．李秀才东园亭记①

欧阳修

修友李公佐有亭，在其居之东园。今年春，以书抵洛，命修志之。李氏世家随。随，春秋时称汉东大国。鲁桓之后，楚始盛，随近之，常与为斗，国相胜败。然怪其山川土地既无高深壮厚之势，封域之广与郧、蓼相介，才一二百里，非有古强诸侯制度，而为大国，何也？其春秋世，未尝通中国盟会朝聘。僖二年，方见于经，以伐见书。哀之元年，始约列诸侯，一会而罢。其后乃希见。僻居荆夷，盖于蒲骚、郧、蓼小国之间，特大而已。故于今虽名藩镇，而实下州，山泽之产无美材，土地之贡无上物。朝廷达官大人自闽陬岭徼出而显者，往往皆是，而随近在天子千里内，几一百年间未出一士，岂其庳贫薄陋自古然也？

予少以江南就食居之，能道其风土，地既瘠枯，民给生不舒愉，虽丰年，大族厚聚之家，未尝有树林池沼之乐，以为岁时休暇之嬉。独城南李氏为著姓，家多藏书，训子孙以学。予为童子，与李氏诸儿戏其家，见李氏方治东园，往求美草，一一手植，周视封树，日日去来园间甚勤。李氏寿终，公佐嗣家，又构亭其间，益修先人之所为。予亦壮，不复至其家。已而去，客汉沔，游京师。久而乃归，复行城南，公佐引予登亭上，周寻童子时所见,则树之蘖者抱,昔之抱者槁,草之苗者丛,荄之甲者今果矣。问其游儿,则有子,如予童子之岁矣。相与逆数昔时,则于今七闰矣,然忽忽如前日事,因叹嗟徘徊不能去。噫!予方仕宦奔走,不知再至城南登此亭复几闰,幸而再至,则东园之物又几变也。计亭之梁木其蠹,瓦甓其溜,石物其泐乎!随虽陋,非予乡,然予之长也,岂能忘情于随哉?

公佐好学有行,乡里推之。与予友,盖明道二年十月十二日记。

题解

《李秀才东园亭记》是作者为其随州旧友李公佐的东园亭而作的。文章首先追溯了随州的特点——疆域不大,地位不显,"山泽之产无美材,土地之贡无上物",点染了地贫民乏的萧瑟境况。但李氏一族富有家学,也是当地唯一造园的人家。作者以对比的手法显示了李氏一族的文化品位。

该园位于随州城南,其建造始于李公父辈。其父去世后,李公继续经营,并造亭增益其景。作者依循时间脉络呈现了与该园亭相关的人、事、景:追忆孩提之时,李公其父营园亲力亲为、勤勤恳恳;描绘现实之景,"树之蘖者抱,昔之抱者槁,草之苗者丛,荄之甲者果";构想未来之变,"梁木其蠹,瓦甓其溜,石物其泐"。作者借此抒发了时光蹉跎之叹,而又蕴藏着于人于物悠远、醇厚的情感。

总之,该亭记一方面赞赏了李公独特的学养,一方面表达了与李公真挚的友谊。

39. 陈氏荣乡亭记[①]

欧阳修

什邡,汉某县,户若干,可征役者家若干,任里胥给吏事又若干,其豪又若干。县大以饶,吏与民尤鸷恶猾骄,善货法,为蠹孽。中州之人凡仕宦之蜀者,皆远客孤寓思归,以苟满岁脱过失得去为幸。居官既不久,又不究知其俗,常不暇刌剔,已辄易去。而县之大吏,皆宿老其事,根坚穴深。为其长者,非甚明锐,难卒攻破。故一县之政,吏常把持而上下之,然其特不喜秀才儒者,以能接见官府、知己短长以谇之为己病也。每儒服持谒向县门者,吏辄坐门下,嘲咻踞骂辱之,俾惭以去。甚则阴用里人无赖苦之,罗中以法,期必破坏之而后已。民既素饶,乐乡里,不急禄仕,又苦吏之所为,故未尝有儒其业与服以游者。其好学者,不过专一经,工歌诗,优游自养,为乡丈人而已。比年,蜀之士人以进士举试有司者稍稍增多,而什邡独绝少。

陈君,什邡之乡丈人,有贤子曰岩夫。岩夫幼喜读书为进士,力学,甚有志。然亦未尝敢儒其衣冠以谒县

①
欧阳修. 陈氏荣乡亭记[M]//曾枣庄,刘琳. 全宋文:卷七四〇. 上海:上海辞书出版社;合肥:安徽教育出版社,2006:129-130.

①
欧阳修. 丛翠亭记[M]//曾枣庄，刘琳. 全宋文：卷
七四一. 上海：上海辞书出版社；合肥：安徽教育出
版社，2006：132-133.

门，出入间闬必乡其服，乡人莫知其所为也。已而州下天子诏书，索乡举秀才，岩夫始改衣，诣门应诏。吏方相惊，然莫能为也。既州试之，送礼部。将行，陈君戒且约曰："嘻！吾知恶进士之病己，而不知可以为荣。若行幸得选于有司，吾将有以旌志之，使荣吾乡以劝也。"于是呼工理材，若将构筑者。明年，岩夫中丙科以归。陈君成是亭，与乡人宴其下。县之吏悔且叹曰："陈氏有善子，而吾乡有才进士，岂不荣邪！"

岩夫初为伊阙县主簿，时予为西京留守推官，尝语予如此，欲予之志之也。岩夫为县吏材而有内行，不求闻知于上官，而上官荐用下吏之能者岁无员数，然卒亦不及。噫！岩夫为乡进士，而乡人始不知，卒能荣之。为下吏，有可进之势，而不肯一鬻所长以干其上，其守道自修可知矣。陈君有子如此，亦贤丈人也。予既友岩夫，恨不一登是亭，往拜陈君之下，且以识彼邦之长者也。又嘉岩夫之果能荣是乡也，因以命名其亭，且志之也。某年月，欧阳修记。

题解

《陈氏荣乡亭记》通过记叙什邡县陈君之子岩夫考取进士前后，该县县吏对待读书取仕的态度和认识的转变，宣扬了勤学、读书的潜在力量，及其于民提升素质、于官造福社会的良好效益。亭记也称赞了岩夫朴实低调、内敛修为、不图名利的高尚品德，而这也正是儒士的文化内涵及精神。同时，"陈氏荣乡亭"的建造是用以标志、庆祝岩夫的衣锦还乡，因此该亭记除了阐发亭子所具有的文化内涵，还点出了亭子所具有的纪念意义。于是，亭记一方面阐述了读书的内在人文力量，一方面表现了取仕的外在功名荣耀，这或可理解为该亭内涵之"一体两面"。

40. 丛翠亭记①

欧阳修

九州皆有名山以为镇，而洛阳天下中，周营、汉都，自古常以王者制度临四方，宜其山川之势雄深伟丽，以壮万邦之所瞻。由都城而南以东，山之近者阙塞、万安、轘辕、缑氏，以连嵩室，首尾盘屈逾百里。从城中因高以望之，众山靡迤，或见或否，惟嵩最远最独出。其巉岩耸秀，拔立诸峰上，而不可掩蔽。盖其名在祀典，与四岳俱备天子巡狩望祭，其秩甚尊，则其高大殊杰当然。城中可以望而见者，若巡检署之居洛北者为尤高。

巡检使、内殿崇班李君，始入其署，即相其西南隅而增筑之，治亭于上，敞其南北向以望焉。见山之连者、峰者、岫者，骆驿联亘，卑相附，高相摩，亭然起，崒然止，来而向，去而背，颓崖怪壑，若奔若蹲，若斗若倚，世所传嵩阳三十六峰者，

皆可以坐而数之。因取其苍翠丛列之状，遂以丛翠名其亭。

亭成，李君与宾客以酒食登而落之，其古所谓居高明而远眺望者欤！既而欲纪其始造之岁月，因求修辞而刻之云。

题解

《丛翠亭记》由"山"入笔，状写了位于洛阳东南的中岳嵩山山形鹤立的形态，以及因天子祀典而具有的至尊地位；继而写"亭"，交代了亭由巡检使、内殿崇班李君于山之西南隅建筑；再而写"景"，描绘了在亭中所见的群山连绵、千姿百态、动静相生的瑰丽景象。通过写景阐明了"丛翠"之名的由来："丛"乃山之数量，"翠"乃山之色泽。通观全文，其写景比喻丰富，赋名生动逼真，对山川风景的喜爱之情溢于言表。

41. 游鯈亭记[①]

欧阳修

禹之所治大水七，岷山导江，其一也。江出荆州，合沅、湘，合汉、沔，以输之海。其为汪洋诞漫，蛟龙水物之所凭，风涛晦冥之变怪，壮哉！是为勇者之观也。

吾兄晦叔为人慷慨喜义，勇而有大志。能读前史，识其盛衰之迹，听其言，豁如也。困于位卑，无所用以老，然其胸中亦已壮矣。

夫壮者之乐，非登崇高之丘，临万里之流，不足以为适。今吾兄家荆州，临大江，舍汪洋诞漫，壮哉，勇者之所观！而方规地为池，方不数丈，治亭其上，反以为乐，何哉？盖其击壶而歌，解衣而饮，陶乎不以汪洋为大，不以方丈为局，则其心岂不浩然哉！夫视富贵而不动，处卑困而浩然其心者，真勇者也。然则，水波之涟漪，游鱼之上下，其为适也，与夫庄周所谓惠施游于濠梁之乐何以异？乌用蛟鱼变怪之为壮哉？故名其亭曰游鯈亭。景祐五年四月二日，舟中记。

题解

《游鯈亭记》赞颂了兄长晦叔"处卑困而浩然"的思想境界与广阔胸襟。

文章首先将大禹治水与晦叔其人作对照：长江之"大"与志向之"大"，江流入海之"壮"与学识胸怀之"壮"，大禹所作所为之"勇"与晦叔"慷慨喜义"之"勇"。这些是对后文进一步阐发晦叔人格及其风骨的铺垫。

作者随即指出"大""壮""勇"却并不一定登高山、临大河。晦叔虽"家荆州，临大江"，但"规地为池，方不数丈，治亭其上，反以为乐"，是不囿于贫贱富贵、卑微显达等外物纷扰的心境、心态使然。作者在此援引了两则典故：一是"击壶而歌"，语

①
欧阳修. 游鯈亭记[M]//曾枣庄，刘琳. 全宋文：卷七四一. 成都：巴蜀书社，1991：135.

① 刘义庆. 世说新语笺疏[M]. 刘孝标. 注. 余嘉锡, 笺疏. 北京: 中华书局, 2011: 517.

② 郭庆藩. 庄子集释[M]. 王孝鱼, 点校. 北京: 中华书局, 2013: 538-539.

③ 欧阳修. 峡州至喜亭记[M]//曾枣庄, 刘琳. 全宋文: 卷七三九. 上海: 上海辞书出版社; 合肥: 安徽教育出版社, 2006: 104-105.

出《世说新语》"王处仲每酒后，辄咏'老骥伏枥，志在千里。烈士暮年，壮心不已。'以如意打唾壶,壶口尽缺"①，反映了人虽老、志不衰的豪情；二是"濠梁之乐"，典出《庄子·秋水》"庄子与惠子游于濠梁之上。庄子曰：'儵鱼出游从容，是鱼之乐也。'……"②这则典故正体现了不囿于外物的畅达心胸，也是"游儵"命名的由来。

该亭记通过对比手法，引经据典而流畅自然，清晰地表达了文章主旨。

42. 峡州至喜亭记③

欧阳修

蜀于五代为僭国，以险为虞，以富自足，舟车之迹不通乎中国者，五十有九年。宋受天命，一海内，四方次第平。太祖改元之三年,始平蜀。然后蜀之丝枲织文之富，衣被于天下，而贡输商旅之往来者，陆辇秦凤，水道岷江，不绝于万里之外。

岷江之来，合蜀众水，出三峡为荆江，倾折回直，捍怒斗激，束之为湍，触之为旋。顺流之舟顷刻数百里，不及顾视，一失毫厘，与崖石遇，则糜溃漂没，不见踪迹，故凡蜀之可以充内府、供京师而移用乎诸州者，皆陆出，而其羡余不急之物，乃下于江，若弃之然，其为险且不测如此。夷陵为州，当峡口，江出峡始漫为平流。故舟人至此者，必沥酒再拜相贺，以为更生。

尚书虞部郎中朱公再治是州之三月，作至喜亭于江津，以为舟者之停留也。且志夫天下之大险，至此而始平夷，以为行人之喜幸。夷陵固为下州，廪与俸皆薄，而僻且远，虽有善政，不足为名誉以资进取。朱公能不以陋而安之，其心又喜夫人之去忧患而就乐易，《诗》所谓"恺悌君子"者矣。自公之来，岁数大丰，因民之余，然后有作，惠于往来，以馆以劳，动不违时，而人有赖，是皆宜书。故凡公之佐吏，因相与谋而属笔于修焉。

题解

五代时的四川属于内陆，险要偏僻，虽物产丰富，但交通不便，有"蜀道难，难于上青天"之谚，所以与中原地区数十年也不通舟车。到宋代时，四海之内皆已平定，而四川则到宋太祖改元之三年（962年）才平定，这时的四川已丝绸织品丰富，商旅物流繁盛，有陆路与岷江水路与外界相通。

岷江集四川诸河道出长江三峡至荆江，这一段水道曲折迂回，激荡湍流，顺水时，舟行速度达数百里，但如不慎遇上岩石阻挡，则可能漂没不见踪影，十分危险。故往京师诸州的运输者，多由陆路弃水路。但经过长江出峡之后，岷江水势转为平流，运输者若能穿过这一段险路，便产生庆幸能平安出峡的喜悦。于是，这里的一位州官朱公就在出口的江津，修建了一个亭子，名曰"至喜亭"——在此休息，庆幸平安之喜。

可贵的是，这位朱公，处于这种僻远之地，薪俸微薄，但却能安心于此行德政，故老百姓都称他为"恺悌君子"——行德政的父母官。老百姓在此丰衣足食，勤于经营，商旅方便，民安而有乐，所以大家商议，要为此亭之设，作书记事，于是请欧阳修写了这篇亭记。（朱钧珍）

43．泗州先春亭记[①]

欧阳修

景祐二年秋，清河张侯以殿中丞来守泗上。既至，问民之所素病，而治其尤暴者，曰："暴莫大于淮。"越明年春，作城之外堤，因其旧而广之，度为万有九千二百尺，用人之力八万五千。泗之民曰："此吾利也，而大役焉。然人力出于州兵，而石出乎南山，作大役而民不知，是为政者之私我也。不出一力而享大利，不可。"相与出米一千三百石，以食役者。堤成，高三十三尺，土实石坚，捍暴备灾可久而不坏。

既曰："泗，四达之州也，宾客之至者有礼。"于是因前蒋侯堂之亭新之，为劳饯之所，曰思邵亭，且推其美于前人，而志邦人之思也。又曰："泗，天下之水会也，岁漕必廪于此。"于是治常丰仓。西门二夹

室，一以视出纳，曰某亭；一以为舟者之寓舍，曰通漕亭。然后曰："吾亦有所休乎。"乃筑州署之东城上，为先春亭，以临淮水，而望西山。

是岁秋，予贬夷陵，过泗上，于是知张侯之善为政也。昔周单子聘楚而过陈，见其道秽，而川泽不陂梁，客至不授馆，羁旅无所寓，遂知其必亡。盖城郭道路，旅舍寄寓，皆三代为政之法，而《周官》尤谨著之，以为御备。今张侯之作守也，先民之备灾，而及于宾客往来，然后思自休焉，故曰知为政也。

先时，岁大水，州几溺，前司封员外郎张侯夏守是州，筑堤以御之，今所谓因其旧者是也。是役也，堤为大，故予记其大者详焉。

题解

《泗州先春亭记》是一篇表彰宋代一位好官张侯在泗州任上善于为政的亭记。张侯一上任，就下去了解民情，为民修堤防灾，并就地名"泗"州的含义，首先在前吏所建亭的旧址上复建新亭，取名"思邵亭"；其次，在粮仓附近设亭，以便出纳；又在船夫往来歇息之处建"通漕亭"；最后才考虑到在其州署的东城上建了一个"先春亭"作为观赏西山及歇息之用。这位张侯先为民备灾，又照顾到宾客、百姓往来之便，又推其美于前任，最后才考虑自己的游息，这些都是他"先天下之忧而忧，后天下之乐而乐"的

①
欧阳修. 泗州先春亭记[M]//曾枣庄，刘琳. 全宋文：卷七三九. 上海：上海辞书出版社；合肥：安徽教育出版社，2006：102-103.

①
苏舜钦. 沧浪亭记[M]//曾枣庄, 刘琳. 全宋文: 卷八七八. 上海: 上海辞书出版社; 合肥: 安徽教育出版社, 2006:83-84.

美政, 所以欧阳修顺民意而写了这篇亭记。(朱钧珍)

44. 沧浪亭记①

苏舜钦

予以罪废无所归, 扁舟南游, 旅于吴中, 始僦舍以处。时盛夏蒸燠, 土居皆褊狭, 不能出气, 思得高爽虚辟之地, 以舒所怀, 不可得也。

一日过郡学, 东顾草树郁然, 崇阜广水, 不类乎城中。并水得微径于杂花修竹之间, 东趋数百步, 有弃地, 纵广合五六十寻, 三向皆水也。杠之南, 其地益阔, 旁无民居, 左右皆林木相亏蔽。访诸旧老, 云钱氏有国, 近戚孙承佑之池馆也。坳隆胜势, 遗意尚存。予爱而徘徊, 遂以钱四万得之, 构亭北碕, 号沧浪焉。前竹后水, 水之阳又竹, 无穷极。澄川翠干, 光影会合于轩户之间, 尤与风月为相宜。予时榜小舟, 幅巾以往, 至则洒然忘其归。觞而浩歌, 踞而仰啸, 野老不至, 鱼鸟共乐。形骸既适则神不烦, 观听无邪则道以明。返思向之汩汩荣辱之场, 日与锱铢利害相磨戛, 隔此真趣, 不亦鄙哉!

噫! 人固动物耳。情横于内而性伏, 必外寓于物而后遣; 寓久则溺, 以为当然, 非胜是而易之, 则悲而不开。惟仕宦溺人为至深, 古之才哲君子, 有一失而至于死者多矣, 是未知所以自胜之道。予既废而获斯境, 安于冲旷, 不与众驱, 因之复能乎内外失得之原。沃然有得, 笑傲万古, 尚未能忘其所寓目, 用是以为胜焉。

题解

"沧浪"在今苏州市城南三元坊附近, 原来此地是五代时吴越国戚孙承佑的一处园林, 早废。现在的沧浪亭是北宋诗人苏舜钦所建。

《沧浪亭记》共有两篇, 一篇是由建造者苏舜钦自撰。到了明代, 因沧浪亭属大云庵所有, 庵中的文瑛和尚又请文学家归有光再为沧浪亭作记, 因而又一篇《沧浪亭记》产生。

本篇亭记主要记述了亭子选址、建造的经过。苏舜钦曾在朝中做官, 后被贬迁于苏州, 偶尔发现城外有一块三面临水的空地。这块空地地形起伏, 约有八亩, 周围林木荫郁, 小径曲伸于杂花修竹之间, 于是苏舜钦以四万贯钱买下, 在这里建造了这个亭子。此亭前竹后水, 水的南面又为竹丛, 层层深锁, 翠竹如林。子美(苏舜钦的字号)经常在此泛舟游览, 时而高歌, 时而与鱼鸟共乐, 沉湎忘返, 几乎完全忘记了那些政治权势及名利追求的烦人之事, 认为自己已经超然物外, 寄情于山水之乐, 取得了自胜之道, 达到了旷达淡泊的境界。他曾写有一首诗:

一迳抱幽山, 居然城市间。
高轩面曲水, 修竹慰愁颜。

迹与豺狼远，心随鱼鸟闲。
吾甘老此境，无暇事机关。[1]

这首诗表达了作者隐逸生活的乐与恨。（朱钧珍）

45．养心亭说[2]

周敦颐

孟子曰："养心莫善于寡欲。其为人也寡欲，虽有不存焉者寡矣其为人也多欲，虽有存焉者寡矣。"予谓养心不止于寡而存耳，盖寡焉以至于无。无，则诚立明通。诚立，贤也。明通，圣也。是贤圣非性生，必养心而至之。养心之善有大焉如此，存乎其人而已。张子宗范有行有文，其居背山而面水。山之麓，构亭甚清净。予偶至而爱之，因题曰"养心"。既谢且求说，故书以勉。

题解

"养心亭"由周敦颐赋名，《养心亭说》主要阐述了作者周敦颐对于"养心"内涵的理解。作者首先引述孟子对于"养心"的见解——养心的方法，没有比"寡欲"更好了："寡欲"之人，虽也有"不存"本心的，但为数很少；"多欲"之人，虽也有"存"本心的，但为数也少。作者进而提出他所认为的"养心"不仅仅是"寡""存"之辨，更是追求"圣贤"之道："盖寡焉以至于无，则诚立明通"——"诚立"则"贤"、

"明通"则"圣"，且在于个人之"养心"的身体力行。从这篇亭记中也可看到周敦颐融合儒道哲学的倾向。

46．拾遗亭记[3]

文同

庚子秋，同被诏校《唐书》新本，见史第伯玉与傅弈、吕才同传。谓伯玉以王者之术说武曌，故赞贬之，曰："子昂之于言，其聋瞽欤？"呜呼甚哉！其不探伯玉之为政理书之深意也。

明堂大学，在昔帝王所以恢大教化之地，自非右文好治之主为之，且犹愧无以称其举，岂淫艳荒惑，险刻残诐，妇人之所宜兴乎？缘事警奸，立文矫僭，伯玉之言有味于其中矣。彼傅、吕者，本好历数才技之书，但能略领大体、颛务记览，以济其末学，讵可引伯玉而为之等齐耶？杜子美、韩退之，唐之伟人也。杜云："终古立忠义，感遇有遗篇。"韩云："国朝盛文章，子昂始高蹈。"其推尚伯玉之功也如此，后人或以己见而遮抑之，人之才识，信大有相绝者矣。同当时尝欲遮疏于朝廷，以辨伯玉之不然，会除外官，不果。

癸卯春，伯玉县人金华道士喻拱之过门。言其令庞君子明于本观陈公读书堂旧址，构大屋四楹，题之曰"拾遗亭"。栋宇宏豁，轩楹虚显，步倚睡听，依然风尚，将纪其实，

①
苏舜钦. 沧浪亭[M]//沈文倬，校点. 苏舜钦集：卷第八. 上海：上海古籍出版社，1981：83.

②
周敦颐. 养心亭说[M]//曾枣庄，刘琳. 四川大学古籍整理研究所，编. 全宋文：卷一〇七三. 成都：巴蜀书社，1992：264.

③
又名《射洪县拾遗亭记》。参见：文同. 拾遗亭记[M]//胡问涛，罗琴，校注. 文同全集编年校注：卷二十三. 成都：巴蜀书社，1999：745-746.

①
曾巩. 醒心亭记[M]//曾枣庄，刘琳. 全宋文：卷
一二六一. 上海：上海辞书出版社；合肥：安徽教育
出版社，2006：136-137.

愿烦执事。同曰："伯玉，同之郡
人也。昔不幸而死于贼简之手，心常
悼之矣。今不幸而不得列于佳传，是
故悬悬欲为之伸地下之枉耳。记此何
敢妄。"遂述前事，使揭于亭上，聊
以阐独坐之幽。其山川之胜，登临之
美，古今不易，有子美之诗在焉。

题解

《拾遗亭记》从记叙嘉祐五年庚
子（1060年）作者文同被诏校《新
唐书》一事出发，表达了自己对其中
的《史篇》将才华横溢的陈子昂与傅
弈、吕才等平庸之辈混同，而未被"列
于佳传"的不满。作者继而引用杜甫、
韩愈的赞誉之辞，抒发了自己对陈氏
的尊敬与景仰之情。文章通过在末段
对陈氏含冤遇害的简略叙述，表达了
对陈氏的同情与追念。该亭记通篇叙
事简练，文字朴实，入木三分地表现
了陈子昂的学识与胆识。此外，该亭
记所描绘的"亭"命名"拾遗"，取
自陈子昂曾担任的官职，借此直接建
立了所记叙之"人"与所依托之"物"
的关联。亭之建筑本身宏伟开阔，视
野畅达——"大屋四楹，……栋宇宏
豁，轩楹虚显，步倚眺听，依然风尚"，
似乎也映衬了陈氏的大家风范。

47. 醒心亭记①

曾巩

滁州之西南，泉水之涯，欧阳公
作州之二年，构亭曰"丰乐"，自为
记以见其名之意。既又直丰乐之东几
百步，得山之高，构亭曰"醒心"，
使巩记之。

凡公与州之宾客者游焉，则必即
丰乐以饮。或醉且劳矣，则必即醒心
而望。以见夫群山之相环，云烟之相
滋，旷野之无穷，草树众而泉石嘉，
使目新乎其所睹，耳新乎其所闻，则
其心洒然而醒，更欲久而忘归也。故
即其事之所以然而为名，取韩子退之
《北湖》之诗云。噫！其可谓善取乐
于山泉之间，而名之以见其实，又善
者矣。

虽然，公之乐，吾能言之。吾君
优游而无为于上，吾民给足而无憾于
下，天下之学者皆为材且良，夷狄鸟
兽草木之生者皆得其宜，公乐也。一
山之隅，一泉之旁，岂公乐哉？乃公
所以寄意于此也。

若公之贤，韩子殁数百年，而
始有之。今同游之宾客，尚未知公之
难遇也。后百千年，有慕公之为人，
而览公之迹，思欲见之，有不可及之
叹，然后知公之难遇也。则凡同游于
此者，其可不喜且幸欤？而巩也，又
得以文词托名于公文之次，其又不喜
且幸欤！

庆历七年八月十五日记。

题解

欧阳修在安徽滁州西南琅琊山
建有丰乐亭，又专为琅琊山的智仙和

尚建了醉翁亭，这两个亭子都由他写了亭记。而欧阳修后来又在丰乐亭的东北数百步的山上筑了一座醒心亭。这一醉、一乐、一醒的设想反映出欧阳修对山川之胜的爱好与思索。他认为丰乐之余，既醉且劳，因此要醒一醒，才可以真正欣赏到群山环抱、云烟缭绕、旷野无穷以及草木泉石之佳境，从而使视野为之开阔、耳闻为之清新、心灵为之洒脱，乐而忘归，故将亭子名曰"醒心"。

《醒心亭记》的作者曾巩是欧阳修的学生，他认为欧阳修之游乐：对上，优游而无为；对民，给足而无憾。天下的知识分子（学人）都是才德兼备的人，因此醒心亭的建立，其意义是颇为深刻的。（朱钧珍）

48. 道山亭记①

曾巩

闽故隶周者也，至秦开其地列于中国，始并为闽中郡。自粤之太末，与吴之豫章，为其通路。其路在闽者，陆出则阸于两山之间，山相属无间断，累数驿乃一得平地，小为县，大为州，然其四顾亦山也。其途或逆坂如缘絙，或垂崖如一发，或侧径钩出于不测之溪上，皆石芒峭发，择然后可投步。负戴者虽其土人，犹侧足然后能进。非其土人，罕不踬也。其溪行，则水皆自高泻下，石错出其间，如林立，如士骑满野，千里下

上，不见首尾。水行其隙间，或衡缩蟉糅，或逆走旁射，其状若蚓结，若虫镂，其旋若轮，其激若矢。舟溯沿者，投便利，失毫分，辄破溺。虽其土长川居之人，非生而习水事者，不敢以舟楫自任也。其水陆之险如此。汉尝处其众江淮之间而虚其地，盖以其狭多阻，岂虚也哉？

福州治侯官，于闽为土中，所谓闽中也。其地于闽为最平以广，四出之山皆远，而长江在其南，大海在其东，其城之内外皆途，旁有沟，沟通潮汐，舟载者昼夜属于门庭。麓多桀木，而匠多良能，人以屋室钜丽相矜，虽下贫必丰其居，而佛、老子之徒，其宫又特盛。城之中三山，西曰闽山，东曰九仙山，北曰粤王山，三山者鼎趾立。其附山，盖佛、老子之宫以数十百，其瑰诡殊绝之状，盖已尽人力。

光禄卿，直昭文馆程公为是州，得闽山嶔崟之际，为亭于其处，其山川之胜，城邑之大，宫室之荣，不下簟席而尽于四瞩。程公以谓在江海之上，为登览之观，可比于道家所谓蓬莱、方丈、瀛州之山，故名之曰道山之亭。闽以险且远，故仕者常惮往，程公能因其地之善，以寓其耳目之乐，非独忘其远且险，又将抗其思于埃壒之外，其志壮哉！

程公于是州以治行闻，既新其城，又新其学，而其余功又及于此。盖其岁满就更广州，拜谏议大夫，又

①
曾巩. 道山亭记[M]//曾枣庄，刘琳. 全宋文：卷一二六三. 上海：上海辞书出版社；合肥：安徽教育出版社，2006：178-179.

①
曾巩. 尹公亭记[M]//曾枣庄，刘琳. 全宋文：卷一二六二. 上海：上海辞书出版社；合肥：安徽教育出版社，2006：161－162.

拜给事中、集贤殿修撰，今为越州，字公辟，名师孟云。

题解

《道山亭记》主要写一位程姓官员，选择闽中地区一块险峻的山环之地建亭的事。

此亭因闽江在其南、大海在其东，颇得山水之胜。登亭四望，好像看到了道家理想中的蓬莱、方丈、瀛洲三神山，所以程氏将这个亭子命名为"道山亭"。而建亭的主人，也正是想选择这种既僻（静）又险（峻）的偏远之地，以便能达到洗（涤）心尘而壮其志之目的。（朱钧珍）

49．尹公亭记①

曾巩

君子之于己，自得而已矣，非有待于外也；然而曰"疾没世而名不称焉"者，所以与人同其行也。人之于君子，潜心而已矣，非有待于外也；然而有表其闾，名其乡，欲其风声气烈暴于世之耳目而无穷者，所以与人同其好也。内有以得诸己，外有以与人同其好，此所以为先王之道，而异乎百家之说也。

随为州，去京师远，其地僻绝。庆历之间，起居舍人、直龙图阁河南尹公洙以不为在势者所容谪是州，居于城东五里开元佛寺之金灯院。尹公有行义文学，长于辨论，一时与之游

者，皆世之闻人，而人人自以为不能及。于是时，尹公之名震天下，而其所学，盖不以贫富贵贱死生动其心，故其居于随，日以考图书、通古今为事，而不知其官之为谪也。尝于其居之北阜，竹柏之间，结茅为亭，以茇而嬉，岁余乃去。既去而人不忍废坏，辄理之，因名之曰尹公之亭。州从事谢景平刻石记其事。至治平四年，司农少卿赞皇李公禹卿为是州，始因其故基，增庳益狭，斩材以易之，陶瓦以覆之。既成，而宽深亢爽，环随之山皆在几席。又以其旧亭峙之于北，于是随人皆喜慰其思，而又获游观之美。其冬，李公以图走京师，属予记之。

盖尹公之行见于事、言见于书者，固已赫然动人；而李公于是又侈而大之者，岂独慰随人之思于一时，而与之共其乐哉？亦将使夫荒遐僻绝之境，至于后人见闻之所不及，而传其名、览其迹者，莫不低徊俯仰，想尹公之风声气烈，至于愈远而弥新，是可谓与人同其好也。则李公之传于世，亦岂有已乎？故予为之书，时熙宁元年正月日也。

题解

尹公亭由官贬随州的尹洙始建。他离任后，亭子由于当地百姓的追念而名为"尹公亭"，随后由继任太守李禹卿扩建、整修。《尹公亭记》通过辨理、叙事，称颂了尹公可视为"君子"的德操，以及李公深厚的人

文情怀。

文章首先探讨了"君子"及其与世人的关系。对于"君子"本人来说，关键是内在修身的高度，而非外界评判。作者随即引用了《论语·卫灵公》第二十章："子曰：'君子疾没世而名不称焉。'"[1]此句大致有两种解释：一是"君子所担忧的是离开人世之时，其声名尚不被人们称颂"；二是"君子所担忧的是离开人世之时，尚未做到与'君子'之名相称"。本书认为基于逻辑条理，以及对后文内容的观照，对君子应取第二种解释。这是含蓄、内敛、不求功名的"君子"风范，并"与人同其行"，即与世人一同勉力躬行。

文章言及世人，认为世人也应该重于内心的体察，而非彰显于外的表象。然而有人要宣扬"君子"的风范、气节，以求存其久远，是意欲"与人同其好"，即让世人共同蒙受"君子"的美德。

基于以上说理，文章赞颂了尹公谪贬之后，躬行仁义、精研学问之作为，"不以贫富贵贱死生动其心"、徒忘官谪之品性，这正是"与人同其行"的"君子"风范。而李公增益茅亭，宣扬尹公风范、气节，其义在"与民同乐"之上，这正是"与人同其好"的风致、气魄。

总之，该亭记辨理、叙事紧密结合，首尾呼应，条理分明地评述了与尹公亭相关的人与事。

50．饮归亭记[2]

曾巩

金溪尉汪君名遘，为尉之三月，斥其四垣为射亭。既成，教士于其间，而名之曰饮归之亭。以书走临川，请记于予。请数反不止。予之言何可取？汪君徒深望予也。既不得辞，乃记之曰：

射之用事已远，其先之以礼乐以辨德，《记》之所谓"宾燕乡饮大射"之射是也；其贵力而尚技以立武，《记》之所谓"四时教士贯革"之射是也。古者海内洽和，则先礼射，而弓矢以立武，亦不废于有司。及三代衰，王政缺，礼乐之事相属而尽坏，揖让之射滋亦熄。至其后，天下尝集，国家尝闲暇矣。先王之礼，其节文皆在，其行之不难。然自秦汉以来千有余岁，衰微绌塞，空见于六艺之文，而莫有从事者，由世之苟简者胜也。争夺兴而战禽攻取之党奋，则强弓疾矢巧技之出不得而废，其不以势哉？

今尉之教射，不比乎礼乐而贵乎技力。其众虽小，然而旗旄镯鼓，五兵之器，便习之利，与夫行止步趋迟速之节，皆宜有法，则其所教亦非独射也。其幸而在乎无事之时，则得以自休守境而填卫百姓。其不幸杀越剽攻，骇惊闾巷，而并逐于大山长谷之间，则将犯晨夜，蒙雾露，蹈厄驰危，不避矢石之患，汤火之难，出

① 论语[M]. 陈晓芬, 译注. 北京: 中华书局, 2016: 211.

② 曾巩. 饮归亭记[M]//曾枣庄, 刘琳. 全宋文: 卷一二六二. 上海: 上海辞书出版社; 合肥: 安徽教育出版社, 2006:151-152.

①
曾巩. 清心亭记[M]//曾枣庄, 刘琳. 全宋文: 卷一二六二. 上海: 上海辞书出版社; 合肥: 安徽教育出版社, 2006:157-158.

入千里, 而与之有事, 则士其可以不素教哉? 今亭之作所以教士, 汪君又谓古者师还必饮至于庙, 以纪军实。今庙废不设, 亦欲士胜而归则饮之于此, 遂以名其亭。汪君之志, 与其职可谓协矣!

或谓汪君儒生, 尉文吏, 以礼义禁盗宜可止, 顾乃习斗而喜胜, 其是与? 夫治固不可以不兼文武, 而施泽于堂庙之上, 服冕搢笏, 使士民化、奸究息者, 固亦在彼而不在此也。然而天下之事能大者固可以兼小, 未有小不治而能大也。故汪君之汲汲于斯, 不忽乎任小, 其非所谓有志者邪?

题解

饮归亭为“射亭”, 由金溪尉汪遘为“教射”所建。《饮归亭记》追溯了古代射礼由兴而衰的过程, 反衬了汪君于此背景下“教射”之与众不同。而作者从三个方面对此加以赞许: 其一, 太平时分习射, 是居安思危、未雨绸缪、有备无患之举; 其二, 汪君名亭为“饮归”, 是承继“古者师还必饮至于庙, 以纪军实”之礼, 体现了汪君的“立武”情怀与志向, 在其位、做其事, 所为之事与所怀之志协调统一; 其三, 习射之人并不多, 但汪君“所教亦非独射”, 作者最终道出“天下之事能大者固可以兼小, 未有小不治而能大”之理, 即从一点一滴做起, 并胸怀大志。作者在此也表达了对汪君的深厚期望。

51. 清心亭记①

曾巩

嘉祐六年, 尚书虞部员外郎梅君为徐之萧县, 改作其治所之东亭, 以为燕息之所, 而名之曰清心之亭。是岁秋冬, 来请记于京师, 属余有亡妹殇女之悲, 不果为。明年春又来请, 属余有悼亡之悲, 又不果为。而其请犹不止。至冬乃为之记曰:

夫人之所以神明其德, 与天地同其变化者, 夫岂远哉? 生于心而已矣。若夫极天下之知, 以穷天下之理, 于夫性之在我者, 能尽之, 命之在彼者, 能安之, 则万物之自外至者, 安能累我哉? 此君子之所以虚其心也, 万物不累我矣。而应乎万物, 与民同其吉凶者, 亦未尝废也。于是有法诫之设, 邪僻之防, 此君子之所以斋其心也。虚其心者, 极乎精微, 所以入神也。斋其心者, 由乎中庸, 所以致用也。然则君子之欲修其身, 治其国家天下者, 可知矣。

今梅君之为是亭, 曰不敢以为游观之美, 盖所以推本为治之意, 而且将清心于此, 其所存者, 亦可谓能知其要矣。乃为之记, 而道予之所闻者焉。十一月五日, 南丰曾巩记。

题解

清心亭由尚书虞部员外郎梅君所建, 是其为官萧县后, 改建其治所之东亭而成，并且梅君名之曰"清心"。《清心亭记》文无关风景的描绘，而提出与"心"相关的见解，阐发"君子"之道。作者曾巩认为"心"是"人之所以神明其德，与天地同其变化"的关键。"君子""虚其心"以体察万物，致知穷理而"入神"；"斋其心"以积极入世，中庸之道而"致用"；最终得以修身齐家治国平天下。概言之，该亭记通过探究、解读"清心亭"的"为治之意"，阐发了虚静的丰厚内涵与能动作用。

52. 石门亭记[①]

王安石

石门亭在青田县若干里，令朱君为之。石门者，名山也。古之人咸刻其观游之感慨，留之山中，其石相望。君至而为亭，悉取古今之刻立亭中，而以书与其甥之婿王某，使记其作亭之意。

夫所以作亭之意，其直好山乎？其亦好观游眺望乎？其亦于此问民之疾忧乎？其亦燕闲以自休息于此乎？其亦怜夫人之刻暴剥偃踣而无所庇障且泯灭乎？夫人物之相好恶必以类。广大茂美，万物附焉以生，而不自以为功者，山也；好山，仁也。去郊而适野，升高以远望，其中必有慨然者。《书》不云乎："予耄逊于荒"。《诗》不云乎："驾言出游，

以写我忧。"夫环顾其身无可忧，而忧者必在天下，忧天下亦仁也。人之否也敢自逸？至即深山长谷之民，与之相对接而交言语，以求其疾忧，其有壅而不闻者乎？求民之疾忧，亦仁也。政不有小大，不以德，则民不化服。民化服然后可以无讼。民不无讼，令其能休息无事，优游以嬉乎？古今之名者，其石幸在，其文信善，则其人之名与石且传而不朽，成人之名而不夺其志，亦仁也。作亭之意，其然乎？其不然乎？

题解

青田县令朱戬于石门山上修造石门亭，并请其外甥女婿王安石作记，以述其建亭的用意。《石门亭记》以"仁"为中心，阐述了为人、为官之道。

在"为人"一面，文章显然是取《论语·雍也》"知者乐水，仁者乐山"之意，将人的有容乃大、谦逊为怀的品性与山的"广大茂美，万物附焉以生，而不自以为功者"的特征联系在一起；而乐乎游观，也出于身心对山川外物的体认，这就是"仁"。在"为官"一面，文章认为"忧天下""求民之疾忧""以德化服"，是心系大众的情怀，是体恤民生的德政，也即"仁"。

概言之，朱君作亭不仅仅在于对名山风景的喜爱，而且在于从中获得的人生感悟和造福社会的理念。

①
王安石. 石门亭记[M]//曾枣庄，刘琳. 全宋文：卷一四〇八. 上海：上海辞书出版社；合肥：安徽教育出版社，2006：56-57.

①
王安石. 扬州新园亭记[M]//曾枣庄，刘琳. 全宋文：65 · 卷一四〇八. 王安石 · 四六. 上海：上海辞书出版社；合肥：安徽教育出版社，2006：61.

②
苏轼. 喜雨亭记[M]//曾枣庄，刘琳. 全宋文：卷一九六七. 上海：上海辞书出版社；合肥：安徽教育出版社，2006：385-386.

53. 扬州新园亭记①

王安石

诸侯宫室台榭，讲军实、容俎豆，各有制度。扬，古今大都，方伯所治处，制度狭庳，军实不讲，俎豆无以容，不以逼诸侯哉？宋公至自丞相府，化清事省，喟然有意其图之也。

今太常刁君，实集其意，会公去镇郓，君即而考之，占府干隅，夷茀而基，因城而垣，并垣而沟，周六百步，竹万箇覆其上。故高亭在垣东南，循而西三十轨，作堂曰"爱思"，道僚吏之不忘宋公也。堂南北乡，袤八筵，广六筵。直北为射埒，列树八百本，以翼其旁。宾至而享，吏休而宴，于是乎在。又循而西十有二轨，作亭曰"隶武"，南北乡，袤四筵，广如之。埒如堂，列树以乡，岁时教士战、射、坐作之法，于是乎在。始庆历二年十二月某日，凡若干日卒功云。

初，宋公之政，务不烦其民，是役也，力出于兵，材资于宫之饶，地瞵于公宫之隙，成公志也。噫！扬之物与监，东南所规仰，天子宰相所垂意，而选继乎宜有若宋公者，丞乎宜有若刁君者。金石可弊，此无废已。庆历三年四月某日，临川王某记。

题解

《扬州新园亭记》作于宋仁宗庆历三年，即1043年"庆历新政"之时，那时北宋王朝积贫积弱、内忧外患，官僚机构臃肿而有"冗员"，军队低效而有"冗兵"。文章开篇即陈述了这样的社会现实。扬州作为当时中国东南的经济文化中心，也不例外。宋公入主扬州后，理政有方，"宋公之政，务不烦其民"，而"化清事省"。亭记赞颂了宋公的执政才能。而新建的系列园亭，是在宋公离任后，由继任的太常刁君主持建造的。其建造因地制宜，依循场地条件。系列园亭具有游赏、休憩功能，另外，"爱思"之名体现了其对宋公功绩的追念，"隶武"之名体现了其对军队整治的理念，而所有建设工作都延续了宋公"务不烦其民"的理政原则——"力出于兵，材资于宫之饶，地瞵于公宫之隙"。总之，该亭记通过记叙、评论宋公之理政、刁君之所为，展现了扬州吏治的新气象，也表达了对国家兴旺的殷切期望。

54. 喜雨亭记②

苏轼

亭以雨名，志喜也。古者有喜，则以名物，示不忘也。周公得禾，以名其书，汉武得鼎，以名其年，叔孙胜狄，以名其子。其喜之大小不齐，其示不忘，一也。

余至扶风之明年，始治官舍，为亭于堂之北，而凿池其南，引流种树，以为休息之所。是岁之春，雨麦于岐山之阳，其占为有年。既而弥月不雨，民方以为忧。越三月乙卯，乃雨，甲子又雨，民以为未足，丁卯大雨，三日乃止。官吏相与庆于庭，商贾相与歌于市，农夫相与抃于野，忧者以乐，病者以愈，而吾亭适成。

于是举酒于亭上以属客，而告之曰："五日不雨，可乎？"曰："五日不雨，则无麦。""十日不雨，可乎？"曰："十日不雨，则无禾。""无麦无禾，岁且荐饥，狱讼繁兴，而盗贼滋炽，则吾与二三子，虽欲优游以乐于此亭，其可得耶？今天不遗斯民，始旱而赐之以雨，使吾与二三子得相与优游而乐于此亭者，皆雨之赐也，其又可忘耶？"既以名亭，又从而歌之，曰：

使天而雨珠，寒者不得以为襦。使天而雨玉，饥者不得以为粟。一雨三日，繄谁之力。民曰太守，太守不有。归之天子，天子曰不然。归之造物，造物不自以为功。归之太空，太空冥冥。不可得而名，吾以名吾亭。

题解

喜雨亭位于一座一米的高台上，是有十二根柱的歇山顶长方亭，原是宋代苏轼在陕西宝鸡做官时所建，建于凤翔县东的中心，亭中立了一块《喜雨亭记》的石碑。后来亭被移至苏轼修建的东湖内，今仍保存良好。

《喜雨亭记》主要交代了喜雨亭命名的缘由。

话说苏轼在凤翔府当签书判官时，在官府之北修建亭子。不巧此时恰逢天旱无雨，老百姓都在急迫求雨，苏轼也和太守同去向天公求雨。后来，天公果然连续三次下雨，大家转忧为喜，此时亭子也恰好建成，于是苏轼就将这座亭子命名为喜雨亭。

苏轼在这里说明了"古者有喜，则以名物，示不忘也"的道理，但喜雨亭功成名就，应归功于谁？太守乎？造物者乎？太空乎？都不好说。文章实则反映了儒家重农、重民的仁政思想。其句法灵活，笔触活泼、风趣，含蓄地表达了一种见解，给人以举重若轻的感觉。（朱钧珍）

55. 灵璧张氏园亭记[①]

苏轼

道京师而东，水浮浊流，陆走黄尘，陂田苍莽，行者倦厌。凡八百里，始得灵璧张氏之园于汴之阳。其外修竹森然以高，乔木蓊然以深。其中因汴之余浸，以为陂池，取山之怪石，以为岩阜。蒲苇莲芡，有江湖之思；椅桐桧柏，有山林之气；奇花美草，有京洛之态；华堂厦屋，有吴蜀之巧。其深可以隐，其富可以养。果蔬可以饱邻里，<u>鱼鳖笋茹</u>可以馈四方之宾客。余自彭城移守吴兴，由宋登舟，三宿而至其下。肩舆叩门，见张氏之子硕。硕求余文以记之。

维张氏世有显人，自其伯父殿中

① 苏轼. 灵璧张氏园亭记[M]//曾枣庄，刘琳. 全宋文：卷一九七四. 上海：上海辞书出版社；合肥：安徽教育出版社，2006：408-409.

①
苏轼. 书游垂虹亭[M]//曾枣庄, 刘琳. 全宋文: 卷一九七四. 上海: 上海辞书出版社; 合肥: 安徽教育出版社, 2006: 60-61.

君, 与其先人通判府君, 始家灵壁, 而为此园, 作兰皋之亭以养其亲。其后出仕于朝, 名闻一时, 推其馀力, 日增治之, 于今五十馀年矣。其木皆十围, 岸谷隐然。凡园之百物, 无一不可人意者, 信其用力之多且久也。

古之君子, 不必仕, 不必不仕。必仕则忘其身, 必不仕则忘其君。譬之饮食, 适于饥饱而已。然士罕能蹈其义、赴其节。处者安于故而难出, 出者狃于利而忘返。于是有违亲绝俗之讥, 怀禄苟安之弊。今张氏之先君, 所以为其子孙之计虑者远且周, 是故筑室艺园于汴、泗之间, 舟车冠盖之冲, 凡朝夕之奉, 燕游之乐, 不求而足。使其子孙开门而出仕, 则跬步市朝之上; 闭门而归隐, 则俯仰山林之下。于以养生治性, 行义求志, 无适而不可。故其子孙仕者皆有循吏良能之称, 处者皆有节士廉退之行, 盖其先君子之泽也。

余为彭城二年, 乐其土风。将去不忍, 而彭城之父老亦莫余厌也, 将买田于泗水之上而老焉。南望灵壁, 鸡犬之声相闻, 幅巾杖屦, 岁时往来于张氏之园, 以与其子孙游, 将必有日矣。

元丰二年三月二十七日记。

题解

《灵壁张氏园亭记》以生动的笔触状写了安徽灵璧县张氏园亭的绝好风景, 其山水合宜、竹木繁盛、花草华贵、屋宇精巧, 所生产的果蔬、鱼龟、笋菇还可供日常给养、款待宾客。因此, 文章交代该园亭不仅可提供回归自然的身心体验, 而且具有生活起居的物质功能。这为后文阐发"隐"与"仕"做了些许铺垫。此外, 该园亭的建造历时五十余年, 其中的一草一木都蕴含着自然、人文的持续积淀和传承。

作者借此引发了关于"隐"与"仕"的观点——"譬之饮食, 适于饥饱而已", 并盛赞张氏园亭"养生治性, 行义求志, 无适而不可"。其关键词都在于"适", 即"饥饱"之"虚实""养生""行义"之"隐""仕", 都在于随性自适、自量合宜。此外, 作者提到意欲效仿张氏于泗水营造园亭, 表达了力求探寻"隐"与"仕"、"出世"与"入世"之平衡的志趣。

56. 书游垂虹亭①

苏轼

吾昔自杭移高密, 与杨元素同舟, 而陈令举、张子野皆从吾过李公择于湖, 遂与刘孝叔俱至松江。夜半, 月出, 置酒垂虹亭上。子野年八十五, 以歌词闻于天下, 作《定风波令》, 其略云: "见说贤人聚吴分, 试问, 也应傍有老人星。"坐客欢甚, 有醉倒者。此乐未尝忘也。今七年耳。子野、孝叔、令举皆为异物, 而松江桥亭, 今岁七月九日, 海风驾潮，平地丈余，荡尽无复子遗矣。追思曩时，真一梦也。元丰四年十月二十日，黄州临皋亭夜坐书。

题解

《书游垂虹亭》是苏轼被贬谪黄州次年所作，追忆了七年前由杭州通判改任密州知州时，途中与友人在松江垂虹亭月夜饮酒对歌的欢乐情景；而笔后锋急转，述及七年之后，友人皆驾鹤西去，垂虹亭也已不存，不禁有追思往事、恍然如梦之叹，从而抒发了人世沧桑境况下的沉重怅然之情。苏轼被贬谪黄州后所作的《水调歌头·西江月》也表达了类似的情感："世事一场大梦，人生几度秋凉。夜来风叶已鸣廊，看取眉头鬓上。酒贱常愁客少，月明多被云妨。中秋谁与共孤光，把盏凄然北望。"[1] 将此诗与此文对照，不难看出，时过境迁，彼时的"月"与"酒"所蕴含的愉悦喜乐，已然化作人生悲凉。

57. 记游松风亭[2]

苏轼

予尝寓居惠州嘉祐寺，纵步松风亭下，足力疲乏，思欲就床止息。仰望亭宇，尚在木末，意谓如何得到。良久忽曰："此间有甚么歇不得处？"由是心若挂钩之鱼，忽得解脱。若人悟此，虽两阵相接，鼓声如雷霆，进则死敌，退则死法，当恁么

时，也不妨熟歇。

题解

松风亭在广东省惠阳县东，[宋]王象之在《舆地纪胜·惠州·松风亭》中有："在弥陀寺后山之巅，始名峻峰，植松二十馀株，清风徐来，因谓之松风亭。"[3] 苏轼于宋哲宗绍圣元年（1094年）十月间游松风亭，其时官贬英州，未到任再贬宁远军节度副使，惠州安置。然而，《记游松风亭》毫无贬谪境遇中的忧郁悲愤，反而表现了游览风景的轻快愉悦。其观览并未抵达松风亭，而就地止息，作者就此表达了随遇而安、随性淡然的豁达心态。该亭记从记游到明理，富有天然意趣和生活情趣。

58. 放鹤亭记[4]

苏轼

熙宁十年秋，彭城大水，云龙山人张君天骥之草堂，水及其半扉。明年春，水落，迁于故居之东，东山之麓。升高而望，得异境焉，作亭于其上。彭城之山，冈岭四合，隐然如大环，独缺其西一面，而山人之亭适当其缺。春夏之交，草木际天。秋冬雪月，千里一色。风雨晦明之间，俯仰百变。

山人有二鹤，甚驯而善飞。旦则望西山之缺而放焉，纵其所如，或立于陂田，或翔于云表，暮则傃东山而归，故名之曰放鹤亭。

① 苏轼. 水调歌头·西江月[M]//李之亮，笺注. 苏轼文集编年笺注. 成都：巴蜀书社，2011：11.

② 苏轼. 记游松风亭[M]//曾枣庄，刘琳. 全宋文：卷一九七六. 上海：上海辞书出版社；合肥：安徽教育出版社，2006：85-86.

③ 王象之. 舆地纪胜：卷九十九[M]. 北京：中华书局，1992：3084.

④ 苏轼. 放鹤亭记[M]//曾枣庄，刘琳. 全宋文：卷一九六八. 上海：上海辞书出版社；合肥：安徽教育出版社，2006：399-400.

①

苏轼. 墨妙亭记[M]//曾枣庄, 刘琳. 全宋文: 卷一九六七. 上海: 上海辞书出版社; 合肥: 安徽教育出版社, 2006:391-392.

郡守苏轼, 时从宾客僚吏往见山人, 饮酒于斯亭而乐之, 揖山人而告之, 曰:"子知隐居之乐乎? 虽南面之君, 未可与易也。《易》曰:'鸣鹤在阴, 其子和之。'《诗》曰:'鹤鸣于九皋, 声闻于天。'盖其为物, 清远闲放, 超然于尘垢之外。故《易》《诗》人以比贤人君子、隐德之士。狎而玩之, 宜若有益而无损者。然卫懿公好鹤则亡其国。周公作《酒诰》, 卫武公作《抑戒》, 以为荒惑败乱无若酒者, 而刘伶、阮籍之徒以此全其真而名后世。嗟夫, 南面之君, 虽清远闲放如鹤者犹不得好, 好之则亡其国。而山林遁世之士, 虽荒惑败乱如酒者犹不能为害, 而况于鹤乎? 由此观之, 其为乐未可以同日而语也。"

山人欣然而笑曰:"有是哉。"乃作放鹤招鹤之歌曰:"鹤飞去兮, 西山之缺。高翔而下览兮, 择所适。翻然敛翼, 婉将集兮, 忽何所见, 矫然而复击。独终日于涧谷之间兮, 啄苍苔而履白石。鹤归来兮, 东山之阴。其下有人兮, 黄冠草履葛衣而鼓琴。躬耕而食兮, 其馀以汝饱。归来归来兮, 西山不可以久留。"

元丰元年十一月初八日记。

题解

《放鹤亭记》是苏轼于1078年为其友人、隐居彭城云龙山（今属徐州市）的张天骥所作, 不是写杭州隐士林和靖的放鹤亭。

亭记首先描述亭的位置, 在彭城的山上有一块四周冈岭环合、仅留西部缺口的场地, 这里四季风景如画, 春夏草木茂盛, 秋冬千里雪月, 天气的阴晴明晦, 俯仰即变。张君在亭子里养了两只鹤鸟, 清晨登亭放鹤, 夜晚在亭招鹤。他在亭中见鹤在田野阡陌间飞舞, 在白云缭绕中翱翔, 所以将亭命名曰"放鹤", 不仅请作者为亭作记, 同时还写有放鹤、招鹤的诗歌。

亭记中引述了历史上的卫懿公因好玩鹤而亡国, 刘伶、阮籍这样的竹林七贤隐士也曾以纵酒沉醉来掩饰自己的真情, 却保全了性命名传后世等往事, 说明君王绝不可有玩鹤纵酒的爱好, 而一般的隐士则可以享受此种乐趣。

放鹤亭屡经改建。在亭之南有一口井, 名石佛井, 因临近放鹤亭, 后改为"饮鹤泉", 并随泉立有《饮鹤泉碑》一座。（朱钧珍）

59. 墨妙亭记①

苏轼

熙宁四年十一月, 高邮孙莘老自广德移守吴兴。其明年二月, 作墨妙亭于府第之北, 逍遥堂之东, 取凡境内自汉以来古文遗刻以实之。

吴兴自东晋为善地, 号为山水清远。其民足于鱼稻蒲莲之利, 寡求而不争。宾客非特有事于其地者不至焉。故凡守郡者，率以风流啸咏投壶饮酒为事。

自莘老之至，而岁适大水，上田皆不登，湖人大饥，将相率亡去。莘老大振廪劝分，躬自抚循劳来，出于至诚。富有余者，皆争出谷以佐官，所活至不可胜计。当是时，朝廷方更化立法，使者旁午，以为莘老当日夜治文书，赴期会，不能复雍容自得如故事。而莘老益喜宾客，赋诗饮酒为乐，又以其余暇，网罗遗逸，得前人赋咏数百篇，以为《吴兴新集》，其刻画尚存而僵仆断缺于荒陂野草之间者，又皆集于此亭。是岁十二月，余以事至湖，周览叹息，而莘老求文为记。

或以谓余，凡有物必归于尽，而恃形以为固者，尤不可长，虽金石之坚，俄而变坏，至于功名文章，其传世垂后，乃为差久，今乃以此托于彼，是久存者反求助于速坏。此既昔人之惑，而莘老又将深檐大屋以锢留之，推是意也，其无乃几于不知命也夫。余以为知命者，必尽人事，然后理足而无憾。物之有成必有坏，譬如人之有生必有死，而国之有兴必有亡也。虽知其然，而君子之养身也，凡可以久生而缓死者无不用其治国也，凡可以存存而救亡者无不为，至于不可奈何而后已。此之谓知命。是亭之作否，无足争者，而其理则不可以不辨。故具载其说，而列其名物于左云。

题解

墨妙亭系时任湖州知州的孙觉（字莘老）熙宁五年（1072年）二月所建，其中收藏着湖州境内自汉代以来的石刻，以求长存，这或为"墨妙"之名的由来。湖州自东晋以来即形成风流歌咏、饮酒作乐的风俗，这大概也是成就墨妙亭的人文背景。此外，《墨妙亭记》也反映了孙莘老的治政才能，治政之外仍有余暇经营、增益墨妙亭中的石刻藏品。

作者借此做出自己的评论，认为看似坚固、外形真切的物质实体其实难以经久，传诸后世的功名文章相比之下则好得多，从而指出莘老造亭以存遗墨的矛盾与悖论。作者进而由世间事物存亡的思辨，引出"知命"的命题：人有生死、国有兴亡，是为"天命"，但人不能听由天命而无所作为，"必尽人事，然后理足而无憾""至于不可奈何而后已"，即要尽最大的努力去做事，以至无可操控的结果，如此让自己没有遗憾，这才是"知命"。

该亭记的叙事成为后继论理的反证，其"知命"的理念有着积极、能动的理论与实践意义。

60. 遗爱亭记代巢元修[①]

苏轼

何武所至，无赫赫名，去而人思之，此之谓遗爱。夫君子循理而动，

① 苏轼. 遗爱亭记代巢元修[M]//曾枣庄，刘琳. 全宋文：卷一九七〇. 上海：上海辞书出版社；合肥：安徽教育出版社，2006:439.

①

苏轼. 于潜僧绿筠轩[M]//李永田. 唐宋诗鉴赏. 香港: 商务印书馆（香港）有限公司, 2010: 401.

②

苏辙. 黄州快哉亭记[M]//曾枣庄, 刘琳. 全宋文: 卷二〇九六. 上海: 上海辞书出版社; 合肥: 安徽教育出版社, 2006: 186-187.

理穷而止，应物而作，物去而复，夫何赫赫名之有哉！

东海徐公君猷，以朝散郎为黄州，未尝怒也，而民不犯，未尝察也，而吏不欺，终日无事，啸咏而已。每岁之春，与眉阳子瞻游于安国寺，饮酒于竹间亭，撷亭下之茶，烹而饮之。公既去郡，寺僧继连请名。子瞻名之曰遗爱。时谷自蜀来，客于子瞻，因子瞻以见公。公命谷记之。谷愚朴，羁旅人也，何足以知公。采道路之言，质之于子瞻，以为之记。

题解

《遗爱亭记代巢元修》开篇点题"遗爱"，阐明其义——为官没有赫赫功名，却为世人追怀、爱戴；同时解释了"无名"的原因——遵循事物运行的规律采取行动，将自己融于这个过程之中，因而不彰显、不显赫。作者在一定程度上肯定了"无为而治"的黄老思想。

亭记第二段点出所记叙的人物——在黄州为官的徐君猷，通过概要描述他施政的具体做法，呼应了开篇对于"遗爱"之内涵、外延的解说。作者随后自然引出"遗爱亭"——由作者命名，表达了对于徐公德政与施为的认同；处于竹林之间，反衬了徐公脱俗高雅的德操，一如作者苏轼本人在《于潜僧绿筠轩》中写道的"宁可食无肉，不可居无竹。无肉令人瘦，无竹令人俗。"①

总之，该亭记有对于中心人物徐公的刻画，也有对亭及其环境的描绘，还有对思想哲理的阐发，内容丰富，却寥寥数语、简洁自然。

61. 黄州快哉亭记②

苏辙

江出西陵，始得平地。其流奔放肆大，南合湘沅北合汉沔，其势益张。至于赤壁之下，波流浸灌，与海相若。清河张君梦得谪居齐安，即其庐之西南为亭，以览观江流之胜，而余兄子瞻名之曰快哉。

盖亭之所见，南北百里，东西一舍，涛澜汹涌，风云开阖。昼则舟楫出没于其前，夜则鱼龙悲啸于其下。变化倏忽，动心骇目，不可久视。今乃得玩之几席之上，举目而足。西望武昌诸山，冈陵起伏，草木行列，烟消日出，渔夫樵父之舍，皆可指数，此其所以为快哉者也。至于长洲之滨，故城之墟，曹孟德、孙仲谋之所睥睨，周瑜、陆逊之所驰骛。其流风遗迹，亦足以称快世俗。

昔楚襄王从宋玉、景差于兰台之宫，有风飒然至者，王披襟当之曰："快哉此风，寡人所与庶人共者耶？"宋玉曰："此独大王之雄风耳，庶人安得共之？"玉之言盖有讽焉。夫风无雌雄之异，而人有遇不遇之变。楚王之所以为乐，与庶人之所以为忧，此则人之变也，而风何兴焉？士生于世，使其中不自得，将何往而非病？使其中坦然，不以物伤性，将何适而非快？今张君不以谪为患，窃会计之余功，而自放山水之间，此其中宜有以过人者。将蓬户瓮牖无所不快，而况乎濯长江之清流，挹西山之白云，穷耳目之胜以自适也哉？不然，连山绝壑，长林古木，振之以清风，照之以明月，此皆骚人思士之所以悲伤憔悴而不能胜者，乌睹其为快也哉？

元丰六年十一月朔日，赵郡苏辙记。

题解

快哉亭位于江西筠州（今高安），早毁。《黄州快哉亭记》是宋文学家苏辙被贬谪筠州时所作。在这篇亭记中，他首先书写的是亭子的位置。它是建在长江浩荡奔腾、出西陵峡奔向平原的江边，这里有聚汇湘、沅、汉、沔诸水的壮阔气势，又是一望无际、烟波浩渺、风云变幻之地，欣赏如此水景，岂不快哉？因此，其兄苏轼为之取名为"快哉亭"。同时，在此地也可远望武昌的远山，回忆三国时，曹操、孙权常去巡视故城，以及周瑜、陆逊率兵驰骋疆场那一幕一幕历史情景，联想往事，岂不快哉？

然而以景生情，作者感叹的仍是人之情。何以为快？则以人的心境而异；一个人心情不快，则见到什么美景也不能驱散忧愁；一个人只有心情坦荡，才有可能视美景为快乐，即使是在穷困潦倒之时，也能因壮丽的自然美而激发出一种乐趣。

苏辙写的这篇亭记实际上是写壮阔的长江之景，用以自勉之作。他通过介绍取名的经过，阐述了快乐的人生哲理，而亭的位置与点题，又加强了这种情景交融的意境。

另外，与苏轼有关系的还有一个快哉亭。这座亭子位于江苏徐州，原来是徐州的知州李邦直所建，是他利用唐代徐州的节度使薛能所建的阳春亭旧址而建的。亭刚建好，苏轼就来接任李邦直为徐州的知州。每逢夏日，苏轼就率幕僚、友人在亭中赏景、避暑，盛夏时，他来到此亭就情不自禁地感叹起来："快哉！快哉！"并挥毫写了"贤者之乐，快哉此风……"[①]。于是，后来就有人将此亭也改称"快哉亭"。

看来，天下之快哉亭或还不止这两处，足见亭之于人，弥足予以"快乐之感"，是亭能赏心悦目之功效矣。（朱钧珍）

62．武昌九曲亭记[②]

苏辙

子瞻迁于齐安，庐于江上。齐安无名山，而江之南武昌诸山陂陁蔓延，涧谷深密，中有浮图精舍。西曰西山，东曰寒溪。依山临壑，隐蔽松枥，萧然绝俗，车马之迹不至。每风止日出，江水伏息，子瞻杖策载

①

苏轼. 快哉此风赋（并引）[M]//李之亮，笺注. 苏轼文集编年笺注. 成都：巴蜀书社，2011：105-106.

②

苏辙. 武昌九曲亭记[M]//曾枣庄，刘琳. 全宋文：卷二○九五. 上海：上海辞书出版社；合肥：安徽教育出版社，2006：182-183.

①

黄庭坚. 书幽芳亭[M]//曾枣庄，刘琳. 全宋文：卷二三二六. 上海：上海辞书出版社；合肥：安徽教育出版社，2006：219.

酒，乘渔舟乱流而南。山中有二三子好客而喜游，闻子瞻至，幅巾迎笑，相携徜徉而上，穷山之深，力极而息，扫叶席草，酌酒相劳，意适忘反，往往留宿于山上。以此居齐安三年，不知其久也。然将适西山，行于松柏之间，羊肠九曲而获少平，游者至此必息，倚怪石，荫茂木，俯视大江，仰瞻陵阜，旁瞩溪谷。风云变化，林麓向背，皆效于左右。有废亭焉，其遗址甚狭，不足以席众客。其旁古木数十，其大皆百围千尺，不可加以斤斧。子瞻每至其下，辄睥睨终日。一旦，大风雷雨拔去其一，斥其所据，亭得以广。子瞻与客入山，视之笑曰："兹欲以成吾亭耶？"遂相与营之。亭成而西山之胜始具，子瞻于是最乐。昔余少年从子瞻游，有山可登，有水可浮，子瞻未始不褰裳先之。有不得至，为之怅然移日。至其翻然独往，逍遥泉石之上，撷林卉，拾涧实，酌水而饮之，见者以为仙也。盖天下之乐无穷，而以适意为悦。方其得意，万物无以易之；及其既厌，未有不洒然自笑者也。譬之饮食杂陈于前，要之一饮而同委于臭腐。夫孰知得失之所在？惟其无愧于中，无责于外，而姑寓焉。此子瞻之所以有乐于是也。

题解

《武昌九曲亭记》是宋代文学家苏辙回忆其兄苏轼的一篇亭记，是一篇借景写人的佳作。

在武昌诸山中，西山、寒溪山……都是依山临壑，松柏掩蔽，肃然绝俗，远离城市的僻地。苏轼被贬到武昌附近的齐安时，常持杖携酒，与二三好友上山游乐，有时竟在山上留宿。这里松柏茂密，羊肠小径呈九曲穿行其间，有怪石荫木可供休息，既可仰望高大的山峰或陵阜，又可低垂观赏幽静的溪谷，更可远望脚下滔滔的大江，静观日月风云的变化，大得山川之胜，怪不得在这里早已有三国时孙权留下的一个废亭遗迹。

但是，原来这个亭址的周围没有任何空地，却有数十株古老的大树，似有"百围"之粗、"千尺"之高。后来，有一次忽遇大风雷雨，其中一株大树在临近亭址的地方被刮倒了，这正巧为修复废亭扩大了面积，于是苏轼就在废亭基上修建了这座亭子，名曰"九曲亭"。亭子建成，西山之胜皆具，苏轼极为高兴，正可尽情享受逍遥的泉石之乐了。（朱钧珍）

63. 书幽芳亭①

黄庭坚

士之才德盖一国则曰国士，女之色盖一国则曰国色，兰之香盖一国则曰国香。自古人知贵兰，不待楚之逐臣而后贵之也。兰盖甚似乎君子，生于深山薄丛之中，不为无人而不芳，雪霜凌厉而见杀，来岁不改其性也。

是所谓遁世无闷，不见是而无闷者也。兰虽含香体洁，平居萧艾不殊，清风过之，其香蔼然，在室满室，在堂满堂，是所谓含章以时发者也。

然兰蕙之才德不同，世罕能别之。予放浪江湖之日久，乃尽知其族姓。盖兰似君子，蕙似士，大概山林中十蕙而一兰也。《楚辞》曰："予既滋兰之九畹，又树蕙之百亩。"以是知不独今，楚人贱蕙而贵兰久矣。兰蕙丛生，初不殊也，至其发华，一干一华而香有余者兰，一干五七华而香不足者蕙。蕙虽不若兰，其视椒榝则远矣。世论以为国香矣，乃曰当门不得不锄，山林之士所以往而不返者耶！

题解

《书幽芳亭记》第一段盛情歌咏了兰花的高贵品质，用类比的手法，将兰花与君子的高尚德行联系起来：兰花生于深山薄丛之中，不因人迹罕至而不散发芬芳——君子在无人赏识的情况下，也自有品味；兰花在经历了寒冬雪霜的残酷摧残后，也不改变自己的本性——君子在屡遭打压的情况下，也不更改其操守；兰花虽然含香体洁，香气随风自然散发，但平时与艾蒿没什么两样——君子谦卑内敛，不重外在虚荣，而重内在修养，适时施展才能。

第二段作者通过比较兰、蕙、椒的不同，阐述了君子、士大夫、庸碌常人三种不同层次的人的品性和特征——君子含蓄而真实，庸人外露却浮华，进一步表达了文章的主旨。亭记最后指出当权者昏庸，不能认识兰（君子）的价值，而使后者远离当局，成为"往而不返"的"山林之士"。作者在此抒发了深沉的世道感叹。

这篇亭记写于黄庭坚被贬居戎州之时。戎州有山名兰山，上有野生兰花，他将兰花移植于宅院中，并在院中建小亭，名曰"幽芳亭"。但亭记通篇未见"亭"之物，却显"兰"之质。亭记与亭的联系仅在于"兰"之特质被概括、凝练为亭名"幽芳"二字。这是典型的"托物言志"的写作方式，或也表达了轻外物彰显、重内在精神的人生旨趣。

64. 松菊亭记[①]

黄庭坚

期于名者入朝，期于利者适市，期于道者何之哉？反诸身而已。钟鼓管弦以饰喜；鈇钺干戈以饰怒；山川松菊，所以饰燕闲者哉！贵者知轩冕之不可认而有，收其余日以就闲者矣；富者知金玉之不可守而有，收其余力以就闲者矣。蜀人韩渐正翁，有范蠡、计然之策，有白圭、猗顿之材，无所用于世，而用于其褚中，更三十年而富百倍，乃筑堂于山川之间，自名"松菊"。以书走京师，乞记于山谷道人。山谷逌然笑曰：韩

①
黄庭坚. 松菊亭记[M]//曾枣庄, 刘琳, 主编. 全宋文：卷二三二三. 上海：上海辞书出版社, 2006：181-182.

①
陶潜. 陶渊明集校笺[M]. 龚斌, 校笺. 修订本. 上海:
上海古籍出版社, 2011: 239.

②
汪藻. 永州玩鸥亭记[M]//曾枣庄, 刘琳. 全宋文: 卷
三三八六. 上海: 上海辞书出版社; 合肥: 安徽教育
出版社, 2006: 261-262.

子真知金玉之不可守，欲收其余力而就闲者。予今将问子，斯堂之作，将以歌舞乎，将以研桑乎？将以歌舞，则独歌舞而乐，不若与人乐之；与少歌舞而乐，不若与众乐之。夫歌舞者岂可以徒乐此哉！恤饥问寒以拊孤，折券弃责以拊贫，冠婚丧葬以拊宗，补耕助敛以拊客，如是则歌舞于堂，人皆粲然相视，曰：韩正翁而能乐之乎！此乐之情也。将以研桑，何时已哉！金玉之为好货，怨入而悖出，多藏厚亡。他日以遗子孙，贤则损其志，愚则益其过。韩子知及此空为之哉！虽然，歌舞就闲之日，以休研桑之心，反身以期于道，岂可以无孟献子之友哉！孟献子以百乘之家，有友五人，皆无献子之家者也。必得无献子之家者与之友，则仁者助施，义者助均，智者助谋，勇者助决，取诸左右而有余，使宴安而不毒，又使子弟日见所不见，闻所不闻，贤者以成德，愚者以寡怨。于以听隐居之松风，袁渊明之菊露，可以无愧矣。

题解

黄庭坚是宋代大诗人，他的《松菊亭记》是写四川一位友人韩子真（亦称"渐正翁"）所建松菊亭的由来及其立意。他从社会上人事的沉浮写到追求归隐之乐，颇具哲理韵味。

他认为追求名者做官，追求利者则做生意，而追求学问理念的人则多半赋闲在家，以怡情养性。而做官的人也知道总有一天要被轩冕（按：豁免），而赋闲在家以度余年。做生意的人，总也有一天守不住财富而要赋闲在家以度余年。只有韩渐正翁是一位既有智谋又有才华的人，他虽然怀才不遇，却能自沉于书画，经卅年的经营，集了点钱，选择了一块山水优美之地，建了个松菊亭子，终日享受山林之乐。他写信到京师请作者为他写一篇亭记。

作者知道他筑亭的本意是享受归隐之乐，或与友人歌舞于此，或为耕耘田园，引陶渊明诗句"裛露掇其英"①，取其以菊露沾湿衣裳、隐居以听松风之意，将亭子取名"松菊"，寓意名利皆空，最可贵的是结交若干仁义智勇之士，于亭中享受松风菊露的自然田园之趣。（朱钧珍）

65. 永州玩鸥亭记②

汪藻

余谪居零陵，得屋数椽潇水之上。既名为僇人，人罕与之游。又地承凋瘵之余，无可游者，故一年而病，二年而苏，三年而心乐之，四年而视我如人，视人如物，休休焉不知忧乐之所在。屋临大川，愚溪之水注焉。因结茅茨为亭，面愚溪之口，有群鸥日驯其下，名之曰"玩鸥"。客有过而问焉者，曰："玩鸥之说，闻之旧也。今子之鸥，信可玩乎？"余曰："我与物同见于天地之间者以

形，而我之知物、物之知我者，以心。使吾以心有以胜物，则李广之石可使吾为虎；使吾为物所胜，则乐令之弓亦能为蛇。是二者，无情之木石也，徒以人心之故，使之若出于有情如此。苟吾心反如木石而无所示焉，则鸥莫得而窥矣，何为而不可玩哉？"余少迂疏狷介，自知于世无一相宜者，颇欲全生养性于麋鹿之群，以终其天年，而遂吾平生独往之志。盖漫仕二十余年，虽三仕三已，而人不吾嫉也。无何，脱下泽之鞅，入承明之庐，佩会稽之章，则几微见于言面者多矣。故近者聚而尤之，远者趋而和之，一斥而置之三千里之外，此正群鸥舞而不下之时也。吾于是杜门息交，朝饭一盂，夕饮一尊，日取古今人书数卷读之，怠则枕书而睡，睡起而日出矣。幸无疾病，则复饭饮读书如初，此外无一毫入于胸中，颓然不知天地之大而环堵之隘也。庶几所谓心如木石者，则鸥之驯也固宜。然俯而喙，仰而四顾，物之常情也。今鸥忘其常情，而与吾相从于此，固乐矣。安知他日无欲取鸥而玩之者哉？幸鸥无忽。客笑曰："书之壁以告来者，可乎？"余唯唯。

绍兴丁卯正月，新安汪藻记。

题解

《玩鸥亭记》是作者汪藻官贬永州后所作。文章首先点明自己"谪居"的境遇，因有罪在身而鲜有交游，因环境凋败而无所可游。外无所求，对内修身，却反而渐渐让自己洒脱自如、怡然自得了。于是，他在宅居之前、两水交汇之处建亭，以寄托、表达自己的哲理情怀——亭为茅亭，体现了朴素简单、不求奢华的淡泊心态；亭名"玩鸥"，傍水而建，表明了与自然外物的某种联系。文章第二部分即叙述了作者"玩鸥"的身心体验，是一种心向自然、物我同一、人与天调的忘我、忘物、忘情的境界。文章第三部分自述刚直、不愿同流合污的个性，因而"谪居"。不"入世"，于是"出世"，在自然之中寻找乐趣，没有吃喝享乐的物质奢华，反映了作者超脱、清高的人生追求；起居节奏与四时、昼夜的运行相合，体现了作者与自然同在的生活理念。如此，"玩鸥"而自得，也自然而然了。总之，作者通过叙述自己的人生境遇，描述"玩鸥"的过程及理念，表达了身心追随自然之理，从而安身立命的生活哲学。

66. 玉霄亭柱记[1]

尤袤

台州南、西、北三面逼山，独东望诸峰差远，云烟空濛。外际溟海，蓬莱方丈，想见其处。

旧有小亭在子城之上，绍兴丁卯，南丰曾使君兹父创建，更名玉霄。距今三十年，摧败倾圮，岌岌欲

① 尤袤. 玉霄亭柱记[M]//曾枣庄，刘琳. 全宋文：卷五〇〇〇. 上海：上海辞书出版社；合肥：安徽教育出版社，2006：232-233.

①
苏轼.水龙吟·古来云海茫茫[M]//李之亮,笺注.苏轼文集编年笺注:诗词附.成都:巴蜀书社,2011:1.

②
张栻.双凤亭记[M]//曾枣庄,刘琳.全宋文:卷五七四二.上海:上海辞书出版社,2006:419.

压。其下昔有茂林修竹，今皆翦伐，错为民居，涸围罗列，污秽喧嚣，游者叹息。

余乃披剃蠲疏，载芟载除，四为缭墙以限外涂，下建石柱，上跨飞阁，出亭之外，又有六尺。凡楹栋榱桷之朽挠，叠瓴级甃之缺折，丹黄粉漆之侈剥，皆易而新之。方连周陆，可倚可眺，晨揖灏气，夕延素月，山川城郭，尽在几席之下。凭栏四望，叠嶂环绕，手挥丝桐，目送飞鸿，飘飘乎如乘云御风，身在物表。州之宴游，于是为胜。乃刻亭柱以纪岁月云。

题解

《玉霄亭柱记》主要记叙了玉霄亭创立、衰败、重建的经过。开篇描述了亭所在的台州城的环境特征：南、西、北三面环山，东面视野开阔，远及茫茫大海，令人联想到传说中的蓬莱、方丈仙山。曾弦父将台州子城上原有的小亭加以改建，名之"玉霄"，似乎意欲呼应面东临海、幻若仙境的环境特征。"玉霄"即指传说中天帝、神仙的居处，[宋]苏轼《水龙吟》曰："向玉霄东望，蓬莱晻霭，有云驾，骖风驭。"①

可惜玉霄亭创立三十年后，破败萧条、污秽杂陈。作者有感于此，而重建玉霄亭：清理垃圾，铲除杂草，疏通水道，四周立墙，亭子改以石柱、架以飞檐，更换朽木砖瓦，油漆粉饰一新。重建后的玉霄亭成为台州人游览的最佳去处，其中有山水远景之观，也可享弹琴奏乐之娱，"飘飘乎如乘云御风，身在表物"——作者在此再次呼应前文有若仙境的体验，首尾相照，使"玉霄亭"超凡脱俗的美妙景象跃然纸上。

67. 双凤亭记②

张栻

栻来零陵，与其乡之士游。其贤有才者盖不乏，而山川之奇，自唐以来记之矣。其地而长才秀民者益出，且将显□于时，与中州等，而独恨学省湫隘必漫，念非所以为劝奖之意。学之前，莽为荒墟，往往大石负土屹出，以为试芟斧之，遂有可观。

栻来零陵之三年，庐陵彭侯奉命守是州。其明年，政治休洽，民安乐之。始议新学省。首命治其前地，翦夷榛茅，群石献状于壤间，其上隐然成文，滁视之，若羽而骈飞者，盖凤云。彭侯以其为祥也，作亭以临之，使来者得览观焉，而属栻记之。

噫，是可以为之祥欤！夫物之在天下，其变怪恍惚出没，千态万状，至于不可胜穷，其天机之动，忽然而成，有非人力之所能及者，是可以谓之祥哉！然而处荒榛丛林之间，不知其几年，日之所炙，风雨霜雪之所剥蚀，又不知其几年矣，而其形独全。使其生于深山穷林，狐狸之所嗥，鹿豕之所游，则樵夫野人安得而知之？

而吾曹亦安得谓祥之哉？而独出城郭之间，又适学宫之前，其决不偶然也。向也湮没而无闻焉，始为彭侯出是祥也，无疑矣。

永于湖湘为名土，而彭侯又适新是学，而兹祥出焉。夫凤，文物也，则永之士其将以文鸣欤？虽然，古之所谓文者，非特言语之工、诵读之博而已也，盖将以治其身，使动率于礼，在内者粹然，而在外者彬彬焉。故其本不过于治身而已，而其极可施用于天下，此之谓至文。使永之士益知斯之为文而进焉，则将灿然如邹鲁之士，而无愧于古，斯其为祥也大矣，独非彭侯之赐欤？汉颖川守黄霸治有能名，而凤凰实为之来，亦安知其不为彭侯之祥也？上以至德治天下，仁心昭格，真可以致凤矣。噫嘻，是将为吾君之祥欤！

题解

双凤亭位于古零陵城内学宫前（今永州五中附近文庙前）。《双凤亭记》首先记叙了双凤亭的建造过程：它起因于彭侯守零陵、修学宫；修学宫过程中发现了学宫前乱石上的天然凤云图，此图被视为吉祥的象征，于是建亭以观瞻这一景观。

作者张栻随后阐述了对吉祥物的见解：一是大自然的天然造化和鬼斧神工，可为"吉祥"；二是与德政和修学相联系——凤云图的发现即源于政通人和之彭侯德政，凤云图位于学宫之前则绝非偶然，是所谓"人杰地灵"。亭记最后一段进一步明确指出所谓"吉祥"，在于兴学培养更多"修身治国平天下"的人才。

通观全文，作者借自然造化之物，一方面描绘了零陵"天时、地利、人和"的图景，另一方面则表达了对"诗书礼乐"文化精神的推崇和赞颂。

68. 多稼亭记[①]

张栻

岁辛卯之八月，予过毗陵。甲寅，郡守嵩山晁伯疆置酒郡斋，薄暮登城。城有故亭塞，下瞰阡陌，方秋稻熟，黄云蔽野，相与裴徊纵观。已而月光皎然，景气清净，伯疆举觞属予曰："斯亭者，人以'多稼'名，某假守于此，岁事适登，君侯寻临，得以纵容一杯，实天幸也。将因而茸之，愿为某记。"明日将行，又以请，且寄声相趣者三四。

予惟念《春秋》书法，喜雨者有志乎民者也，亭名"多稼"，岂无意哉！吏于斯者，以暇时登临，观稼穑之勤劳，而念民生之不易，其时之不可以夺，其力之不可以不裕，而又谨视其苗之肥瘠，时夫雨阳之节，以察吾政事之若否。幸而一稔，则又不敢以为己之能，而益思勉其不可以怠者，闵闵然，皇皇然，无须臾而宁于心，其庶矣乎！吁，是《春秋》之意

①
张栻. 多稼亭记[M]//曾枣庄，刘琳. 全宋文：卷五七四二. 上海：上海辞书出版社；合肥：安徽教育出版社，2006：415-416.

①
张栻. 风雩亭词[M]//曾枣庄, 刘琳. 全宋文: 卷五七二一 上海: 上海辞书出版社; 合肥: 安徽教育出版社, 2006: 2-3.

也。然则伯疆之复斯亭, 岂为游观者哉！因书以寄。

甲寅之集, 通判州事吴兴葛谦问与焉。伯疆名子健, 谦问名郯。

题解

晁伯疆郡守毗陵（今常州）时, 于多稼亭故址重建多稼亭, 并嘱张栻作《多稼亭记》。文章首先描绘了多稼亭的环境特征: 位于高处, 下有田野, 登临有风景, 饮酒属天幸。第二段解析了多稼亭所蕴含的社会意义。作者认为亭命名为"多稼", 实有深意。"稼"意为种植谷物, 泛指农业劳动, 和江山社稷相联。文章写道郡守"观稼穑之勤劳, 而念民生之不易", 这直接点出郡守心系民生的仁政。郡守在五谷丰登之际, 不居功自傲, 却谨慎秉持忧思不安、毫不懈怠的责任心, 宛然北宋范仲淹"先天下之忧而忧, 后天下之乐而乐"之胸襟的再现。因此, 重建的多稼亭不仅是游赏玩乐的场所, 而且是郡守高尚人格的一种体现。

总体而言, 该亭记先写亭之风景表象, 再写亭之社会、人文内涵, 层次简明, 观点鲜明, 也表现了以农为本的社会生活及文化特征。

69. 风雩亭词①

张栻

岳麓书院之南有层丘焉, 于登览为旷。建安刘公命作亭其上, 以为青衿游息之地, 广汉张某名以"风雩", 又系以词:

眷麓山之面隩, 有弦诵之一宫。
郁青林兮对起, 背绝壁之穹窿。
独樵牧之往来, 委榛莽其蒙茸。
试芟夷而却视, 翕众景之来宗。
擢连娟之修竹, 森偃寒之乔松。
山靡靡以旁围, 谷窈窈而潜通。
翩两翼兮前张, 拥千麾兮后从。
带湘江之浮渌, 矗远岫兮横空。
何地灵之久閟, 昉经始乎今公。
恍栋宇之宏开, 列阑楯之周重。
抚胜概以独出, 信兹山之有逢。
予揆名而谂义, 爰远取于舞雩之风。

昔洙泗之诸子, 侍函丈以从容。
因圣师之有问, 各踖陈其所衷。
独点也之操志, 与二三子兮不同。
方舍瑟而铿然, 谅其乐之素充。
味所陈之纡余, 夫何有于事功。
盖不忘而不助, 示何始而何终。
于鸢飞而鱼跃, 实天理之中庸。
觉唐虞之遗烈, 俨洋洋乎目中。
惟夫子之所与, 岂虚言之是崇。
嗟学子兮念此, 遡千载以希踪。
希踪兮奈何, 盍务勉乎敬恭。
审操舍兮斯须, 凛戒惧兮冥濛。
防物变之外诱, 遏气羽之内讧。
浸私意之脱落, 自本心之昭融。
斯昔人之妙旨, 可实得于予躬。
循点也之所造, 极颜氏之深工。
登斯亭而有感, 期用力于无穷。

题解

《风雩亭词》共29句，以六言为主，根据叙述内容，间或有八字（第十二句下半句）、七字（第十五句下半句）、五字（第二十三句上半句）的语句，这形成语气、节奏的变化。亭词文笔简练，押韵对仗，读来朗朗上口，令人称快。

亭词前九句描绘风雩亭所处的人文及山水环境：开篇即提到坐落于岳麓山幽深之处的岳麓书院，也就是作者本人传道授业的场所，点染了人文氛围；而后转而描绘风景——山体郁郁葱葱，有茂林修竹，有峻伟青松，山势绵延、山谷幽深，湘江清澈婉转，与远山合一；接着作者感叹如此美景，潜藏多年，始为今人发现，表现了某种超凡脱俗的愉悦心境。

第十至十二句，共三句，描绘亭的建筑特征——空间敞阔、重檐架构，不仅是观景的场所，也成为山水风景的一部分。作者将亭取名"风雩亭"，取自"舞雩"的典故，即《论语》卷六先进第十一中，孔子弟子曾点（即曾皙）所表达的志向——"莫春者，春服既成，冠者五六人，童子六七人，浴乎沂，风乎舞雩，咏而归。"[①]这表现出作者作为南宋理学家对于儒家经典的推崇，也呼应了亭词开篇提到的岳麓书院，及其传道授业之实质。

第十三至十六句，共四句，紧接上文，以简练的文字叙述了"舞雩"的典故，即"子路、曾皙、冉有、公西华侍坐"的故事，而孔子叹曰："吾与点也。"[②]

第十七至二十句，共四句，借"舞雩"的典故抒发了作者自己的感想和见解：曾点所言毫无功利之心，追求天道运行之理。作者借此也表露出自己的理学思想。而文章言及尧舜遗风，则说明了作者与朱熹之间的密切学术交流，朱熹即在《四书集注》中引程子曰："孔子与（曾）点，盖与圣人之志同，便是尧舜气象也。"[③]

第二十一至二十九句，共九句，主要表达了作者对于先贤的恭敬之情，也进一步阐发了作者自己的理学思想，即追求"本心之昭融"。作者登亭有感，最后表述了致力于精进学术和不断探求心性体认的志向。

亭词从写景到论理，从回溯先贤经典到阐发自己的理论思想，环环相扣，层次分明。读者从中也不难体味风雩亭浓厚的历史与人文气息，并与岳麓书院的人文环境和岳麓山的山水环境水乳交融。

70. 爱山亭记[④]

黄度

家君甫六句，尽弃人间事，筑室于孟塘山之阴而居之，终日徜徉于群山之中。既乃作亭北冈，回眺周览，万象偃伏，据登临之要。度尝侍侧，家君曰："何以名斯亭？"度对曰："请名爱山。"家君曰："试言其意。"度对

①
论语[M]. 朱熹，集注. 上海：上海古籍出版社，2007：109.

②
论语[M]. 朱熹，集注. 上海：上海古籍出版社，2007：109.

③
四书集注[M]. 朱熹，注. 王浩，整理. 南京：凤凰出版社，2005：140.

④
黄度. 爱山亭记[M]//曾枣庄，刘琳. 全宋文：卷六——四. 上海：上海辞书出版社，2006：387.

曰："市朝山林，出处之趣异也；纷华淡泊，躁止之机不同也。而各求其志，各乐其乐，盖有终其身不相为也。今夫往者如赴，还者如拒，委者如逊，突者如怒，方夭矫以龙骞，忽轩昂而鹤举。此山之布列曼衍，相为面势者也。朝暾升而凝紫，夕霭合而浮碧，暝欲雨而深黝，晃初霁而浓鲜，此山之变化倏忽，异姿而同妍者也。春秋耕获，旦暮薪刍，林空而弋，水落而渔，牲牲乎麋鹿之群友，交交乎禽鸟之鸣呼，此山间之人物错杂，耳目接之而为娱者也。故自夫出而动者观之，则诚空虚寂寞，何足爱者？自夫入而止者观之，则山与人尝莫逆也，意消神融，则亦不知其然而然也。此爱山之意。"家君辗然笑曰："汝知其外，而不知其内；知其为可爱，而不知吾之所以为爱也。泰、华、嵩、衡，名其高也；涂、室、阳、荆，名其险也。若夫箕、首、商、蒙、岘、皖、庐、桐，其高可阶，其险可通也，而其名闻于天下者，以其人也。思其人而爱其木，而况于山乎！汝试凭高而望之，直东，危峰中立，俄然如侧弁者，帛山也，岂非道深法师之所居乎？方其师友万乘，奔走公卿，而能等朱门衡茅为一致，卒归老于空山，故吾爱其洁。少南，平冈隐阜，交互经纬者，沃洲也，岂非支道之所栖止乎？虽为浮屠氏之学，而有当世之望，一时名士出处不同，尽从之游，片言只语，皆足以垂世，故吾爱其达。北出，坂陇支轶，有如倚剑塞其衡者，

金庭也，岂非王逸少之所出入乎？识鉴精微，有经世实用，而不肯降志辱身，故吾爱其坚。又北出，秀嶂端整，如桓圭出于众山之表者，四明也，岂非谢安石之所游息乎？苍生喁喁，以其出处为安危，而高卧空谷，若将终身焉，故吾爱其远。界乎东南之间，层峤叠壁，如连云、如阵马者，天姥也，岂非李太白所尝登蹑者乎？当其文章名海内，人主一见倾属之，而飘然清兴，形乎梦寐，故吾爱其逸。环吾之庐左右一舍，而山之名闻者五。建霞标于苍巅，凛清风于千载，虽蕙帐其已空，想謦咳之犹在。小子其能知吾之心乎？"度对曰："度不敏，诚不足以知此。"家君曰："为吾志之。"度再拜曰："唯唯。"退而书之，为《爱山亭记》。

题解

《爱山亭记》主要通过记叙作者黄度与其父的对话，表现了两人对于山水风景的不同理解，揭示了爱山亭的人文内涵。

作者父亲在时年六十之际退隐山林，于孟塘山（今浙江新昌县城北）北面山头建亭，作者名之"爱山"。对话即由命名缘由展开。作者赞叹孟塘山的美妙风景：山体绵延，山形多变；日出、日落、雨前、雨后色泽繁丽，各具风采，气象万千；鸟、鱼、鹿嬉戏其间，体察其中人迹往来亦为快事。作者也强调如此山林盛景，融身心于其中，方能得自然而然之妙，

这就是"爱山"。

作者的父亲虽默认"爱山亭"之名，却未认同作者对命名的解释，认为风景奇观、身心体验仍未触及其意蕴的内在核心。他首先指出某物之得名，实在于与之相关的人，正如"山不在高，有仙则名"[①]。接着他从不同的地理方位点明"山"与"人"的关联：正东之山"危峰中立，俄然侧弁"，为东晋高僧竺道潜终老之山，其一生四海为家、坚毅弘法、风骨坚挺，可谓"高洁"；稍南，沃洲"平岗隐阜，交互经纬"，是东晋高僧支道林栖居之所，其虽专于佛法，但声名遍布，并为各方名士认同，可谓"洞达"；北面，金庭"坂陇支凑，有山如倚，剑塞其冲"，为书圣王羲之归隐之处，其识见精微、志存高远，可谓"坚毅"；再往北，四明山"秀嶂端正，如桓圭出于众山之表"，是东晋名相谢安游息之所，其心系苍生，而致力于营造世外桃源，可谓"悠远"；东南方天姥山"层峰叠壁，如连云，如阵马"，是诗仙李白梦想登临的地方，其诗文名动海内、意境飘然，如至梦幻之境，可谓"超逸"。有周遭如此名山五座，而建亭于孟塘山巅，似乎都可以与古人对话了，这正是"爱山"之由。

亭记通过对比两种对于"爱山"之名的阐释，表达了其父归隐之后的人生旨趣，即不仅"出世"于山林，且仍存有丰富的"入世"情怀。

71. 醉乐亭记[②]

叶适

因城郭之近，必有临望之美，为其人燕纡往来之地，所以合众纪时，消烦娱忧，岂天固设之哉？

永嘉多大山，在州西者独细而秀，十数步内，辄自为拱揖，高不孤耸，下亦凝止，阴阳附从，向背以情。水至城西南阔千尺，自峙岩私盐港，绿野新桥，陂荡纵横，舟艇各出荄莲中，棹歌相应和，已而皆会于思远楼下。土人以山水所到，斯吉祥也，益深其崦，百金一藏，赇匠施僧，阡垅交植。岁将寒食，丈夫洁巾袜，女子新簪珥，扫冢而祭，相与为遨嬉，城内外无居人焉，故西山之游为最著。

虽然，地狭而专，民多而贫，外有靓袚都雅之形，其实无名园杰榭，尤花异木，遨者虽心竞不相下，然或举债移质为毕事而已，固不能斗珍丽，穷水陆也。守长不察，曰："噫！侈富甚矣！"贪胥所窥，暴令绳之，必逻捕以酒，夺其笑语，械缚挞击，破产纳钱，不如是，权利不数倍。嗟夫！以窭从奢，求一日之乐而诒终年之忧，不变者何也？

朝议大夫直龙图阁、宣城孙公为郡之初，访民俗之所安而知其故，至清明节，始罢榷弛禁，纵民自饮。又明年，宅西山之中，作新亭以休遨者，名曰醉乐，取昔人"醉能同其

① 刘禹锡. 陋室铭[M]//《刘禹锡集》整理组，点校. 刘禹锡集. 北京：中华书局，1990：628.

② 叶适. 醉乐亭记[M]//曾枣庄，刘琳. 全宋文：卷田水六四九二. 上海：上海辞书出版社；合肥：安徽教育出版社，2006：76-77.

① 徐琰. 萃美亭记[M]//张成德. 中国游记散文大系：山东卷. 上海：书海出版社，2002：16.

乐"之义。孙公性不喜饮，其政不专为宽，盖通民之愿而务得其情如此，亭成而民歌乐之。当是时，四邻水旱不常，而永嘉独屡熟，殆天亦以其人之和者应之欤！

古之善政者，能防民之佚游，使从其教；节民之醉饱，使归于德。何者？上无所利以病民也。及其后也，因民之自游而为之御，招民以极醉而尽其利。民犹有不得游且醉，则其赖于生者日已薄，而人之类可哀也已！故余记公之事，既以贤于今之所谓病民者，而推公之志，又将进于古之所谓治民者也。绍熙五年五月。

题解

《醉乐亭记》通过交代醉乐亭建造的前因后果，谴责了压榨百姓的"病民者"，赞颂了造福百姓的"治民者"，阐述了仁政的积极意义。

作者叶适由写景入手，描绘了永嘉之地，尤其是西山秀丽优美的山水风景；再而写人，展现了百姓于寒食之际穿戴一新，祭扫、遨嬉，并斥重金与僧匠以求吉祥的有序生活场景。然而，这些华美闲雅只是表象，实际上"地狭而专，民多而贫"，寒食礼俗多以"举债移质"为代价。太守却知其一、不知其二，其下贪官污吏更借机勒索百姓、胡作非为。及至宣城孙公到任，始能体察民情、革除旧弊，并充分尊重百姓意愿为政。孙公更在

即任第二年，于西山建造醉乐亭，"纵民自饮"。其名取自欧阳修《醉翁亭记》之"醉能同其乐"一语，表达了孙公"与民同乐"的情怀。而文章言及"四邻水旱不常，而永嘉独屡熟"，则从另一侧面反映了孙公的仁政效益。这正是"天时、地利、人和"的写照，暗示了人与自然的微妙关联。文章最后评论并总结了"古之善政者"所应有的作为。

总体而言，该亭记由风景、民生调和之"善"，到昏庸、暴戾官吏之"恶"，再及仁爱、通民郡守之"善"，跌宕起伏、论点鲜明，较好地表达了歌咏仁政的主旨。

72. 萃美亭记①

徐琰

天下名山巍然而大，岩然而尊者，泰山而已。泰山胜境窈然而深，蔚然而秀者，西溪而已。

溪居岱宗之右麓，延袤数十里，树林阴翳，蹬道崎岖，清泉奇石，瑰玮万状。行愈远，而山愈奇，境愈胜。极溪之所穷，巅崖百丈，悬流下掷，望之如垂练，天绅泉也。天绅之西，有巨壑焉，一水自天胜岩落，为盘石所散，漫泻于壑之上，檐若建瓴然，水帘洞也。而又芙蓉、悬刀、飞鸦、狮子诸峰，削翠其上；黑蚨、白龙、神潭水府，潜珍其下。云烟吐吞，晦明变灭，跳珠溅沫，轰雷掣

电，顾接有所不暇，真山水之窟宅，天壤之奥区也。

金大定间，泰安太守姚公，面水帘而瞰天绅，创构一亭。樽俎不移，而诸景咸会，因榜之曰："萃美。"坡诗有云："江山虽有余，亭榭着难稳。登临不得要，万象各偃蹇。"吾不知世间得登临之要，有如此亭者乎？

题解

徐琰的《萃美亭记》描写了泰山西溪萃美亭的环境之美，并以之与泰山的雄伟相衬托，认为是一处蔚然而深秀的佳景。

亭子的位置在岱宗庙山麓之东，这里有数十里的丛林蹬道，走得越远，则风景愈胜，一直走到西溪最后的山顶，就出现一条高悬百丈的垂帘，这里叫做天绅泉。在天绅泉的西边，又有一片很大的沟壑，瀑布落在沟壑中的盘石上，这里叫水帘洞。水帘洞之旁，又有一片美丽如翠的山峰，峰下还有一个藏有"黑蜺白龙"的神潭水府，在这一片空间里，明暗变化莫测，跳珠溅水如帘，日夜不停地流淌，真是一处最幽深的仙境。因此，泰安的县太爷就在这里建了一个亭子，认为它能集此处风景的精华，所以取名"萃美亭"。苏东坡也曾有诗为赞，作者由此感叹真不知道世间的登山之亭还有胜过此亭的没有。

（朱钧珍）

73. 秀亭记[①]

方回

桐江之水至清也，山至奇也。山水之间，其林壑至幽而深也。冶歙浦，溯浙涛，上下泳游，镠沙玉石，星灿弈布，虾须鱼鬓，黛曳锦摇。绀苔之发，翠藻之缕，可俯舷仰视而细数。至其遇迅滩，扼湍濑，雷吼雪喷，旋涡跳沫，牵者偻，篙者呼，足蹈墙如飞猱，寸攀尺进，一失手蹉撞矶触，老鼋馋蛟相贺于渊沋矣。夹以穹岸，束以峭壁，危峰怪岫，障日瀺雾，试尝扪萝危陟，穿榛曲步，高挂青霄，下入异谷，种橡艺葵之土，无一席之平，而枯椿断崖，隔径绝蹊，横如修蛇，偃如寝虎，间与斫畬掘芩者值，有木客毛人奔麕霓急鹿之意，互骇而交愕乃者，偃武节，荡兵氛，疑袡子焚场，羽流隐洞，必有阴专环而私擅胜者，究求探讨，无修廊巨阙、金飞碧耀之观，无燠房凉廡、茗树药窝、谈禅问道、憩愈涤霾之所。非颓丘败冢之惨怆，即芜社荒祠之圮落。顾问芜夫纺妪，亦有腴赀大姓、朱户华轩、退官寓公、名园珍墅，可寓目者乎？率瞠然不答。

夫如是，余虽为太守七年，于兹境与心违，事随影瘵，未尝有一日之乐也。侨寓之北，子垣之东，峻阜孤圆，夷址中削，烦疴之暇，独盘礴临眺其上，脑鼻芬馨，齿舌津液，耳纳佳韵，目眩殊彩，臂指便轻，发毛

①
方回. 秀亭记[M]//李修生. 全元文：卷二二〇.南京：江苏古籍出版社，1999：291-293.

飒爽。更谯治寺之丹垩，市楼里闬之黑白。墙仞塔级，酤帘思旌。绚竹树而飞烟霞，经水云而纬坂隰。风帆沙鸟之去来，旅鞍征帽之出没。台钓爵弋，饷榼樵镵。葩卉竞而阳春媚，电霓驾而时雨作。

气肃景朗，绮织绣组。黄稻栗而丹柏枫，素冰霜而缟雪月。尘销雨霁，瑶镂瑜雕。尽去鸿于无壁之天，煜疏灯于欲暝之野。角遥吹其如怨，笛孤起而忘归。余于是叹而笑曰："异哉！此亦足以忘忧矣"。而太守不知，乃延宾客，致父老，而征其故，曰："此所谓秀亭者，三植三废，今二百余年矣。""亭之兴复，尝有记乎？"曰："无之。"

嘻！是邦也，水至清也而激，山至奇也而刻，林壑至幽深也，而阒寂惟斯亭也。挹清敛奇，撮幽拔深，无激刻阒寂之病，而有千幻万化、不可名之秀。民何独不然，龃龉于险阻之域，杌陧于冥昧之区，茹凄酸，搅凉瘴，忧丛而乐溃，秀安在哉？据之要会而通其塞，纳之宏敞而明其晦，生意妍好，嘉气娟净，冶思泽态，腾菁发华，乐至而忧遗，秀者出矣。

无位之士，忧乐惟己，忧人之忧、乐人之乐者，太守责也。余曰："与同志觞咏于斯，或能登邦人于乐而脱其忧，如斯亭之足以颖脱群秀否乎？抑昔人有亭而无记，撼其秀，不衷其实。余也荫茂木以代亭，绘太空而作记，物易朽而文难磨，盖不以奢

橼错楹秀，其秀于一时，而将以精钩神索，实其秀于无穷也。"

至元十八年辛巳三月望　方回记。

题解

《秀亭记》开篇描绘了桐江山水虽有奇异瑰丽之象、巍峨险绝之处，但不免失于荒莽，没有什么特别经营、让人愉悦身心的场所；进而陈述了作为该地太守"七年于兹，境与心违"的苦闷；而某日以疲惫瘠病之躯，登眺住所近旁小山，竟体验到不同凡响的风景，五感为之振奋，而后才知曾有秀亭建于此地，其名与风景相调，却屡建屡废。作者因之对桐江山水有了新的认识，继而用几乎相同的语句复述了第一段的相关内容，前后呼应、反衬，表现了不同心境之下对同一景物的不同感知，也表达了自己意欲从浑噩中振作，体恤、改善民生的情怀。

对于心系大众而言，亭记表达了三层意思：第一，作者将秀亭拟人化，将秀亭脱颖于自然美景之势，比拟为太守引领大众福祉之责；第二，秀亭历来无亭记记之，而无碍于美景亭胜，作者从中体会到物象存在的短暂性、精气神韵的永续性，进而表达了不重一时政绩而持续造福大众的意志与信念；第三，正是由于这种偏重精神意蕴的理念，作者最后点明并没有重建秀亭，而以茂林代之。"林"与"亭"的相互关系，暗示了建造材

料与建造实物的关系、自然与人为的关系、生长发展过程性与静态结果目标性的关系，因而以"林"代"亭"是重"自然之道"。于是反观亭记，则不难理解其通篇以描述风景、抒发体验为主的写作方式，即作者所言"绘太空而作记"。

亭记在行文方面，辞藻华丽，点染了五彩缤纷的美景，如"虾须鱼髭，黛曳锦摇"，又如"更谯治寺之丹垩，市楼里闬之黑白"，等等；语言简练，或四字一句，或三字一句，或四字三字组合成句，与内容相应，考究而精心；另外，其结构严整，层层递进，清晰地表达了文章主旨。

74. 海角亭记[①]

伯颜

古合浦，汉名郡也。地属南海，乃百粤之分。诏广以西，朱崖以东，水万折而归之，故以海角名，其涯涘未易量也。唐改郡为廉州，何哉？盖谓汉有孟尝，守政善革弊，珠徙复还，因易廉名以取律贪之义焉。自是，牧是邦者多京师人物，或以名节著，或以德行称。其为政之最者，有七贤守，孟居其先。邦人爱慕，立祠岁祀，到今不忘。宋改州治于海门镇，复为廉州，领廉州合浦军事，为中州，隶广南西路。夫如是，概不可以僻远论。考之图志：廉之境土称善，民俗称淳。询人才，当时则有

水部侍郎、王宫教授，继而掇巍科，陟上庠者，代不乏人。采土物，则有盐生于潮，可以充国用之须；珠产于池，可以广土贡之入。至若有城壁为之藩屏，有官府为之纪纲，虽邻而交趾，交人俯首不敢窥，濒而大海，海寇垂尾不敢犯。其为海角也，假曰："去天万里，孰得而眇之欤！"昔人以是名亭于城之西南隅。陶弼有诗云："骑马客来惊路断，泛舟民去喜帆轻。虽然地远今无益，争奈珠还古有名。"诵其诗则知名存而不没者系乎人，势穷而有通者系乎地。惜乎亭址芜而铭石缺矣。谁其兴之，谁其废之，有以作之，无以述之，悲夫！逮至元朝启运，四海混一，别广西暨海之六州三军，析而隶海北南道，改本州为路，总管府亦属焉，而廉之名如故。向匪天相地灵，何以流芳于千百余载之下而不坠耶？延祐丁巳秋，本道分宪按治，访郡耆老，讲求还珠故事，佥曰："海角有亭，为此设也，今废也。"久乃勉之，仍旧贯。亭成，请志，以俟来者。延祐七年庚申夏，予钦承宣命，来从京师，任居牧长。莅事之始，稽古因革，询民利病，见可兴除者，次第举行。一日公暇，临斯亭，览风土，慨然激思古伤今之叹。视亭虽兴，□陋弗称，非所以光前显后也。或□□□亭之北，疏导州江，绿云水绕。亭之西南，旧有金波桥，岁远亦废，民每病涉。于是谋诸僚属，相协经理，与亭并增广

①
伯颜. 海角亭记[M]//李修生. 全元文: 卷一四六四.
南京: 凤凰出版社，2004: 13-14.

亭引 PAVILION PRELIMINARIES

①
戴表元. 寒光亭记[M]//李修生. 全元文: 卷四二四.
南京: 江苏古籍出版社, 1999: 196-197.

之。乃率先捐己用，不费官工，不妨农口。毕成功千里之奇观□夫亭以地胜□□□取其水光月色，上下辉映，足以临流赋诗，对月把酒，一时之乐耳。仕宦而家于万里之外，宅千里之寄，不思为国计，不思为民忧，而希一时之乐？兴尽悲来，曾无感乎？噫！汉一孟守，奚为而得名声于南粤之间哉？后之登斯亭者，有能剔垢磨光，扬清激浊，宁忠心以报国，毋顾身以忘民，胡功不成，胡名不立，岂俾有邦专美孟尝，予于是乎记。时至治壬戌孟秋吉日，奉议大夫、廉州路总管府达鲁花赤兼管内劝农事伯颜重建。

题解

《海角亭记》的作者伯颜系元代著名的政治家、军事家，曾官拜中书左丞相。伯颜虽是蒙古人，一生戎马倥偬，但长期在江南征战，深受汉文化影响，并喜好吟咏，因而创作了不少独具特色的汉文作品。该亭记正是海角亭竣工之年，伯颜受命廉州路总管之时登亭抒怀而作。

文章开篇介绍了合浦的地理位置，并引出"廉州"地名的来历，即"律贪"。故此，当地人皆以良好的德行操守著称，其中最负盛名的孟尝，"邦人爱慕，立祠岁祀，到今不忘"。文章继而描述了廉州不因地处偏僻而萧条，反而民风淳朴、人才辈出、物产丰富，且城墙坚如壁垒，官府纲纪有序，所以虽然地处边界，但

人民安居乐业。文章接着介绍了合浦距离中原有万里之远，濒临大海，而廉州又在其中的转角处，所以被称为"海角"，这也是曾建于城郊西南的"海角亭"之命名由来。宋代诗人陶弼还曾赋诗赞颂此亭，皆因廉州人杰地灵。

延祐四年（1317年），作者入主廉州，目睹海角亭的破败，深感无以"光前显后"，于是与同僚商议重建。重建后的海角亭可供观览胜景，但更勉励人们"剔垢磨光，扬清激浊，宁忠心以报国，毋顾身以忘民"，发扬孟尝精神，致力于家国事业。因此，伯颜借重建海角亭，并为之作记，表达了维护国家大局、励精图治、体恤百姓的爱国忧民之心。
（陈茹）

75. 寒光亭记①

戴表元

寒光亭，在溧阳州西五十里梁城湖上。亭之下为寺，曰"白龙"。岁月浸漫，不知兴创之所由始。宋元丰间重修塔记，称父老相传，已七百载，则沿而至今，可知其久也。

东闽、浙西、淮裹，宦客游人之所必至，至必有歌诗咏叹，以发寒光之美，无虚览者。张安国、赵南仲、吴毅父雄词健墨，最为人所推重。而栋宇垂废，不足以相映发。州有进士汤君，以文辞为之徽，施于江湖之往

144

来，值一二名公卿喜之，亭得改立。如此十年又废。大德辛丑春，进士君之诸孙实来相游寻。顾瞻徘徊，则昔之华榱画槛，惟荒榛存焉。喟然曰："兹亭之兴，吾祖固有力，今安得隳其勤。"倾资庀工，亭又加筑。既又捐田"白龙"，以为修葺之助。功完事具，寺僧乃为进士君置祠，而来征记于余。人尝言江南佳山川，造物者勒畀于人，而惟僧佛者可以得而居之。是盖不然。人之获如此意者，孰加于王侯将相。彼其占形胜，营园池，斥台榭，徒欲乐于其身；有馀，丐及于宾游童伎。僧佛之乐，常愿与人同之，故人之从之，材者不吝于言，仁者不吝于财，无怪也。此非惟有数，而用心之公私广狭，吾徒有愧焉者多矣，岂止于系一亭之兴废而已哉！

进士君诸孙曰德裕，曰佑孙；寺僧曰祖慧。余，剡源戴表元。十年丙午季秋二十六日记。

题解

《寒光亭记》依次从写物、述史、评论三个方面记叙了与寒光亭相关的人和事。

文章首先"写物"，勾勒了寒光亭的形貌——依湖而建，历史悠久，文人墨客多有诗词咏叹，称之有"寒光之美"，可推知该亭高洁、淡雅的特征；其次"述史"，追溯了寒光亭盛衰兴废的过程，对于其中致力于营造的人士，则反映了他们的人文情怀

和勤勉之心；再次"评论"，也许此亭记是出于白龙寺僧之托，作者特别写到一般人认为风景佳处常被僧佛者用以营造居游之所，但他们与王侯将相"徒欲乐于其身"不同，而"常愿与人同之"；作者最后从亭之兴废的表象，引申到"用心之公私广狭"的为人处世的哲理。

总体而言，该亭记以简练的笔触，表达了"与民同乐"的理念。

76. 乔木亭记[1]

戴表元

乔木亭，在清河张君燕居之东。张君望清河，籍西秦。其先世忠烈王，尝以功开国于循而邸于杭。子孙五世，而所居邸之坊，至今称清河焉。余儿童游杭，见清河之张方盛。往来轩从，骖盖填拥，岁时会合，鸣钟鼍鼓，笙丝磬筑，相谌乐。飞楼叠榭，东西跨构，累累然无闲壤。岂惟清河，虽它贵族，盖莫不然。

如此不数十年重来杭，睹宫室衣冠，皆非旧物，他族亦皆湮微，播徙殆尽。而惟清河之张犹存。余尝登所谓"乔木亭"而喜之。风烟蔽遮，林樾清凑，美乎哉！其可以庶几古之故国乔木者乎。主人对余而叹曰：

"嗟乎！吾乔木乎！是亭者，几不为吾有，吾幸而复得之。吾生于忠烈之家，自吾之先，未尝无尺寸之禄。当其时，出而逸游，入而恬

①
戴表元. 乔木亭记[M]//李修生. 全元文：卷四二四.
南京：江苏古籍出版社，1999：299-300.

①
虞集. 小孤山新修一柱峰亭记[M]//李修生. 全元文:
卷八四七. 南京: 江苏古籍出版社, 1999: 578-
579.

居，耳目之于靡曼妖冶，心体之于芬华安燕，固未尝知有乔木之乐也。自吾食贫，不免于寒暑饥渴之患。吾之处世不待倦而休，涉事不待困而悔，日夜谋所以居吾躬者百方，欲复畴昔之仿佛不可得。时时无以寄吾足，骋吾心，则瞰好风景佳时，取古圣贤之遗言，就乔木之傍而讽之。其初不过物与意会，久而觉其境之可以舒吾忧也。为之徘徊，为之偃息，为之留连，不忍舍去。故倦则倚乔木而憩，闷则扣乔木而歌，沐则晞发于乔木之风，卧则曲肱于乔木之阴。行止坐卧，起居动静，无一事不与乔木相尔汝。盖吾昔也无求于乔木，而今者知乔木之不可一日与吾疏也。吾是以必复而有之。”

余闻其言益惊喜。昔人有欲存谢公宅者，云爱召公者爱其甘棠，有文靖之德，而不能庇数亩之宅。李卫公爱平泉草木，至自作记戒子孙。夫勋名世禄之家，自不能保其存，而使子孙存之；子孙又不能存，而使他人存之。今清河忠烈王诸孙，乃自能以力学好修存其先业。至于皆仆而独完，几弃而复振，不惟无愧于后，而反若有光于前，真美乎哉！于是张君止叹而作，洗酌而谢曰：“非君吾亦不自知吾美之至此也。盍书其词于吾亭以自劝，且亦劝后之人。”

题解

《乔木亭记》对比了作者戴表元儿时游亭与数十年后再游的不同心境：之前由于家境富足、生活安逸，悦目赏心之事多，甚而未尝察觉游赏乔木亭之乐；而在离乱之后，常常衣食堪忧、居无定所，再会乔木亭时，其竟成为自己阅卷神游之处，借之触景生情，甚至可以消解烦忧，成为作者不可或缺、形影不离的伴侣。作者在朴实清雅的字里行间，流露出淡淡的感伤之情与故国之思。

77. 小孤山新修一柱峰亭记①

虞集

延祐五年，集以圣天子之命，召吴伯清先生于临川。七月二十八日，舟次彭泽。明日，登小孤山，观其雄特险壮，浩然兴怀。想夫豪杰旷逸名胜之士，与凡积幽愤而怀感慨者之登兹山也，未有不廓然乐其高明远大而无所留滞者矣。

旧有亭，在山半，足以纳百川于足下，览万里于一瞬，泰然安坐而受之，可以终日。石级盘旋以上，甃结坚缜，阑护完固，登者忘其险焉。盖故宋江州守臣厉文翁之所筑也。距今六十三年，而守者弗虔，日就圮毁，聚足以涉，颠覆是惧。

至牧羊亭上，芜秽充斥，曾不可少徙倚焉。是时，彭泽邑令咸在，亦为赧然愧，艴然怒，奋然将除而治之。问守者，则曰：“非彭泽所治境也。”乃相与怃然而去。明日，过安庆府判李侯维肃，某故人也，因以告之。曰："此吾土也。吾为子新其亭，而更题曰'一柱'，可乎？夫所谓一柱者，将以卓然独立无所偏倚，而震凌冲激，八面交至，终不为之动摇。使排天沃日之势，虽极天下之骄悍，皆将靡然委顺，听令其下而去，非兹峰，其孰足以当之也邪！新亭峥嵘，在吾目中矣，子当为我记之。至池阳，求通守周侯南翁为吾书之以来也。"

李侯真定人，仕朝廷数十年，历为郎官，谓之旧人。文雅有高材，以直道刚气自持，颇为时辈所忌。久之起佐郡，人或愤其不足，侯不屑也。观其命亭之意，亦足以少见其为人矣。且一亭之微，于郡政非有大损益也。到郡未旬日，一知其当为，即以为己任。推而知其当为之大于此者，必能有为无疑矣。

题解

《小孤山新修一柱峰亭记》记叙了一柱峰亭由盛而衰、由衰而兴的过程与原委。作者通过对这一曲折过程的叙述和评论，赞扬了当时的安庆府判李维肃果敢办实事的气魄和为社会谋福利的德政。

亭子所在的小孤山是今江西彭泽县内、长江中的一处胜景。一柱峰亭始建于宋代，本是观览山色水景的绝佳处所，然而至元代失于维护，濒于毁坏，污秽不堪；李维肃知晓情况之后，立即翻修一新，表现出当作当

为的精神。而相较于守亭人之玩忽职守、恬不为意、言语傲慢等情状，李侯面对社会积习表现出敢作敢为、雷厉风行的为政操守。亭记于此一方面含蓄地针砭时弊，一方面则微妙地呼吁要重视才德之士以兴邦。

文章第二段大部分是李维肃自己口头陈述的原文，作者通过这样的"纪实"真切地反映了李侯本人的思想情怀，其中详解了"一柱"的内涵，其命名切合小孤山屹立长江、中流砥柱的意象，也有"众人皆醉我独醒"之意蕴。

78. 海角亭记[1]

范梈

钦、廉、雷，在百粤，距中国万里而远郡南皆岸大洋，而廉又居其折，故曰海角也。有亭在城西南隅，昔人以是名之。岁远代易，废亦久矣。延祐三年秋，余使过郡，访其趾，得于荒芜乱水之间，欲复之，未能也。属之郡吏，曰："诺"。明年来告成，请记之。

夫土木之靡，工人之用，虽未获谂。至于云霞之映带，坞渚之出没，梦寐所历，犹见其处，亦殊方之胜概也。

然廉为侯邦，亭有地胜，居是者，虽拥高爵厚禄，亦往往有悲愤无聊之感者，何哉？盖尝因是而亿之，地辟远，加瘴疠，自古以来，非谪徙流离之士鲜至焉。以吾无为而得之，宜其人之戚介也。

①
范梈. 海角亭记[M]// 李修生. 全元文: 卷八一三. 南京: 江苏古籍出版社, 2001: 596-597.

①
揭傒斯. 陟亭记[M]//李修生. 全元文: 卷九二五. 南京: 江苏古籍出版社, 1999: 431.

抑尝推昔朝廷之于士大夫，苟非甚过极恶，未尝不欲曲受而优容之。万不得已，则又非深放远屏，无以启其摧痛自反之忠。古之人臣思尧君而心魏阙者，每惓惓于畎亩之间、江海之上。彼萧墙之内，固有负不扶不持之忧者多矣。然则甚疏之者，乃所以甚亲之也。于此，见圣王忠厚之至也，而居者徒未思也，思而或未之求也。

登斯亭者，有能驱去流俗之悲，涵养孤忠之气，把酒赋诗，凭高瞰远，反而求之，何往而不得所适哉？又岂独夸结构之华，从临眺之乐而已。于是记之，俾刻亭上，后之览者，其不参有所感发矣乎！

前翰林国史院编修官，今授将仕佐郎海南道肃政廉访司管勾承发架阁库兼照磨高平范椁文。

题解

范椁的《海角亭记》由海角亭地理位置的偏远入笔，记叙了海角亭由废而兴的经过，其人力物力投入多，屋宇华丽，风景曼妙。作者在此点出了有关海角亭的正反两面：一是海角亭得到了很好的建设，是由于廉州作为侯邦，拥有高爵厚禄，物质富足；二是廉州地处荒僻，通常是被贬之吏、迁徙之众、逃难之人的落脚点，因而不免让人感到"悲愤无聊"。作者进而由"偏远"阐发了"谪贬"的内涵：一方面是朝廷圣王之忠厚，"谪贬"被理解为"善待"的一种方式；另一方面，谪贬之人实则也是心向朝廷、忧国忧民之士，只不过"谪贬"的失落或许让他难以理解圣王之"苦心"。然而，海角亭之美景恰能化解"悲愤无聊"，荡涤流俗，重振为国为民的志向，而绝非仅仅是一处赏景、悠游的场所而已。

通观全文，该亭记由物及人，由表及里，化"消极"为"积极"，立意高远，表现了开阔的胸襟。

79. 陟亭记①

揭傒斯

泰定四年夏六月，余自清江镇买舟溯流而上。未至庐陵二十里，有巨石如夏屋嵌立江右，渔舟贾舶，胶葛其下，前扼二洲，人烟鸡犬，出没诞谩。又挐舟前行数百步，有小溪出谷中，仰见层峦耸拥，云木森悦，遂舍舟循溪而入。越五里，划然开朗。左右环合，风气蓄密，有巨冢隆然在山半。由冢之左，又入小谷，有屋数间，题曰"陟亭"。

乃坐亭上，召守冢者而问曰："地为何？"曰："为书堂原。""葬为谁？"曰："为阮氏。""何字？"曰："民望。"曰："吾知其为人矣。是尝以年十三风雪徒步求书福建宪使出其父于狱者。是尝佐其父连山簿尉摄兵马钤辖抚洞獠有方者。是尝拔俘虏之子于军中以还其友，赎俘虏之母于邑大夫以还淮僧，责名家之女于歌筵以还其夫，且给其家，使改过易行者。是尝为郡曹，又为县都曹，宽海艘之役，罢坑冶之害者。是尝受知滕国李武愍公恒及其子平章公世安、楚国程文宪公钜夫、南台薛中丞居敬、孙御史世贤者。是尝为翰林潘侍读昂霄为监察御史时举为江西宪掾不果用，广东帅答剌海朝京时，湖广燕右丞公楠为司农时，欲举为掾不就者。"

遂升高而望，青原、夫容、天王诸锋如剑如戟，如屏如帷，如卓笔者，陈乎其前。东山、墨潭、蛇山之属，如骞如倚，如据如伏，如黝如绀者，缭乎其后。飘然如匹素，渺然如白蛇，自天南下千里不息而横截乎党滩者，赣江也。朝晖夕景，长云广雾，明灭变化，不可殚纪。宜乎孝子慈孙于此兴"屺岵"之悲而无穷也。

于是怆然而下，复坐亭上，拊髀而歌曰："山川信美兮心孔悲，往者不可作兮来不可期。"左右皆欷歔不自禁。乃就舟，至郡，以其状告知往来者，曰："然，是其仲子清江教谕浩尝庐墓其中，且将葬其父于山之左腋，他日为投老之地者也。"居数日，浩来见，戚乎其容，恳乎其言，与语陟亭事，泫然流涕曰："先子之藏也。"再阅月，乃请记。

夫父子者，人之大伦也。生死者，人之大故也。子虽甚爱其亲，不能使其亲之长存。父虽甚爱其子，不能使其子之皆孝。又夫登高丘，临墟墓，睹其亲之所藏，未有不悄然伤怀、彷徨踟蹰者，人之至情也。况浩兄弟之孝，临其亲之所藏乎！然孝于亲莫大于敬其身，敬其身莫大于励其行。虽歌管盈耳，献酬交错，常如"陟屺陟岵"之时，庶毋负兹亭之所以名也。

呜呼！当至元风虎云龙之世，使民望少自损，何所不至，而宁为乡善人以终？抚其山川，天固将启其后之人矣。民望讳霖，号石峰居士，好学而尚义，晚尤嗜佛、老之书。娶吴氏，有四子，曰均、浩、铎、焕，女四，嫁士族，孙男七人。

是岁九月记。

题解

《陟亭记》由写景入笔，由远及近，描绘了作者抵达陟亭的沿路风景，其间有大江巨石、渔舟商船、人烟鸡犬、山谷小溪、云木层峦，最后引出位于一个"巨冢"左侧小谷中的"陟亭"，此为开篇点题。

但第二段关注的对象由"亭"返及"冢"，又由"冢"述及"人"，即记述"巨冢"埋葬之人——阮民望其人其事，几乎与陟亭无关。作者对于阮氏事迹了如指掌，并从事迹的陈述中反映阮氏的人格、人品：一是大无畏精神——十三岁时，在风雪中徒步跋涉，解救生父；二是治政的才能才干——曾辅佐生父，安抚化外山民，展现谋略；三是于亲情、人伦的大爱之心——曾从军中拯救友人之子还与友人，从邑大夫处赎买淮僧之母

①
诗经·魏风·陟岵[M]//周振甫，译注. 诗经译注. 北京：中华书局，2002：152.

②
邵博. 清音亭记[M]//曾枣庄，刘琳. 全宋文：卷四○五六. 上海：上海辞书出版社，2006：410.

送归淮僧，从歌舞筵席上责成名家之女与夫君重聚，并供给资财使其改邪从良；四是可圈可点的治政实绩——曾任郡曹，县、都曹，减轻海舶供赋，解除矿冶祸害；五是其才德的社会认可——曾得到滕国武愍公李恒、平章公李世安、楚国文宪公程钜夫、南台中丞薛居敬、御史孙世贤等人的赏识；六是宋元易代之际的政治操守与执着——被两次举荐担任掾属一类的佐官，但终未就任。

第三段又由近及远，描绘了登高所见的优美风景，以"宜乎孝子慈孙于此屺岵之悲而无穷也"，即秉持孝道的子孙应该在这山水之间抒发对于父母无限的感怀之情收束。其中"屺岵"语出《诗经·魏风·陟岵》："陟彼岵兮，瞻望父兮。陟彼屺兮，瞻望母兮。"①这正是一首征人望乡、怀念父母的诗。因而此段含蓄地传达了传统孝道的观念，也解说了"陟亭"命名的由来和含义。

第四段指出"陟亭"即阮民望次子、任清江教谕的阮浩为父守孝而建，并作为自己将来的老死之地。与上文含蓄的笔法不同，作者在此直接陈述了其孝的作为，也交代了作记的缘由。

第五段基于上文写景、叙事，展开关于孝道的议论，认为"孝于亲莫大于敬其身，敬其身莫大于厉其行"，即对于亲人最好的孝敬莫过于自己谨慎修身，最好的修身莫过于砥砺自己的品行。这体现了将追怀亲人的某种低落、消极情愫，转化为个人勉力进取的积极意义，也进一步阐发了"陟亭"之名的另一层内涵。

第六段回到文章所关注的主要人物，一方面抒发了对于阮民望这样的贤士未能尽其才的感叹，一方面对于其后人的积极作为做出了美好期许。

总之，该亭记借景抒情、借物托人，以传统孝道为核心，论述了孝道的不同层次的含义，表达了对于个人修为甚至国家兴旺的深沉期盼。

80．清音亭记②

邵博

天下山水之观在蜀，蜀之胜曰嘉州，州之胜曰凌云寺。寺南山，又其最胜者也。嘉佑中，东坡先生字其亭曰清音，则又南山之胜也。近岁有所谓廉访者，辄曰："亭虽佳，其名字于吾意不可。"自书为"横山堂"易之。余旧闻寺有东坡遗迹，过而访焉，照禅师告余以故。嗟夫！此孔子习礼之树所以不免于宋人也。虽然，东坡前日之不幸何独此哉，而小人之无忌惮则不复有加矣。旧榜尚存，复置于额而并刻之石，且记其事，以为往来士大夫一笑。

题解

《清音亭记》以描写"天下山水"开篇，通过颇具气势的四句"顶真"之语，层层递进，突出了东坡先生"清音"亭名手迹的无上地位和价值。文章其后叙述某"廉访者"自书、更易匾额之事，并引"孔子习礼之树"的典故，讽刺了一时权势恣意妄为、辱没先贤的不耻行径，"以为往来士大夫一笑"，其中也反映出作者对先贤遗风的尊崇之情。总之，该亭记不在于写"亭"，而重在明"理"，且仍具有深刻的现实意义。

81. 环翠亭记①

宋濂

临川郡城之南，有五峰巍然耸起，如青芙蕖，鲜靓可爱。其青云第一峰，雉堞实绕乎峰上，旁支曼衍，蛇幡磬折。沿城直趋而西，如渴骥欲奔泉者，是为罗家之山。大姓许氏，世居其下。其居之后，有地数亩余。承平之时，有字仲孚者，尝承尊公之命，植竹万竿，而构亭其中。当积雨初霁，晨光熹微，空明掩映，若青琉璃然。浮光闪彩，晶荧连娟，扑人衣袂，皆成碧色。冲瀜于北南，洋溢乎西东。莫不绀联绿涵，无有亏欠。仲孚啸歌亭上，俨若经翠水之阳，而待笙凤之临也。虞文靖公闻而乐之，曰："此足以抗清寥而冥尘襟。"乃以环翠题其额。

至正壬辰之乱，烽火相连，非惟亭且毁，而万竹亦剪伐无余。过者为之弹指咏嘅。及逢真人龙飞，六合载清，仲孚挈妻挈自山中归。既完其阖庐，复构亭以还旧贯。而竹之萌蘖，亦丛丛然生，三年而成林。州之寿陵与其有连者，咸诣夫仲孚，举觞次第为寿。且啻曰："江右多名宗右族，昔时甲第相望，而亭榭在在有之。占幽胜而挹爽垲，非不美也。兵兴以来，有一偾而不复者矣；有困心衡虑，仅脱于震凌者矣；有爬梳不暇，迁徙无宁居者矣。况所谓游观之所哉？是亭虽微，可以卜许氏之有后。足以克负先志，前承后引，盖未有涯也。"酒同酬，相与歌曰："五山拔起兮青蓁蓁，六千君子兮何师师。凤毛襦裼兮啄其腴，秋风吹翠兮实累累。邈千载兮动遐思。"歌已而退。

寿陵中有陈闻先生者，谓不可无以示后人，乃同仲孚来词林，请予为之记。

呜呼！昔人有题名园记者，言亭榭之兴废，可以占时之盛衰。余初甚疑之。今征于仲孚，其言似不诬也。向者仲孚出入于兵车蹂践之间，朝兢暮惕，虽躯命不能自全。今得以安乎耕凿，崇乎书诗，而于暇日，怡情景物之表，岂无其故哉？盖帝力如天，拨乱而反之正，四海致太平，已十有余年矣。观仲孚熙熙以乐其生，则江右诸郡可知。江右诸郡如斯，则天下之广又从可知矣。是则斯亭之重构，非特为仲孚善继而喜，实可以卜世道之向治。三代之盛诚可期也。予虽不文，故乐为天下道之，非止记一事而已。仲孚名仲丽，嗜学而好修，士大夫翕然称之。

①
宋濂. 环翠亭记[M]//王筱云，韦风娟. 中国古典文学名著分类集成：散文卷（6）. 天津：百花文艺出版社，1994：151-153.

①
刘基. 饮泉亭记[M]//林家骊, 点校. 刘基集. 杭州: 浙江古籍出版社, 1992: 103-104.

题解

《环翠亭记》通过记叙环翠亭由兴而废、由废再兴的过程，反映了政局动荡而招致的灾难，以及国泰民安所带来的社会福祉，同时阐发了"家国"一体两面的关联：在"家"的层面，许氏一族悉心经营万竿竹林及其中的环翠亭，亭废后，于政通人和之际又使其复归昔日盛况，以承传先人之志，亭记于此反映了许氏积极的生活情怀；在"国"之层面，作者将环翠亭盛衰起伏的曲折历程，与国家的兴盛、沉沦联系在一起，歌颂了明朝开国皇帝"致太平"的丰功伟绩，也对国家的繁荣昌盛寄予了深切的期望。

此外，亭记也详述了"环翠"之名的由来，是出于"植竹万竿"之"晶荧连娟""绀联绿涵"，人在亭中有超脱尘世之仙意。亭记将此绝佳风景，与兴废过程中因战乱而导致的败落形成鲜明对比，首尾呼应，更表现出作者对于昌明盛世之持续发展的期待与信心。

82. 饮泉亭记①

刘基

昔司马氏有廉臣焉，曰吴君隐之。出刺广州，过贪泉而饮之，赋诗曰："古人云此水，一歃怀千金。试使夷齐饮，终当不易心。"其后隐之卒以廉终其身，而后世之称廉者，亦必曰吴刺史焉。有元宪副吴君为广西时，名其亭曰"饮泉"，慕刺史也。而宪副之廉，卒与刺史相先后。至正十四年，宪副之孙以时以故征士京兆杜君伯原所书"饮泉亭"三字征予言。

予旧见昔人论刺史饮泉事，或病其为矫，心甚不以为然。夫君子以身立教，有可以植正道、遏邪说、正人心、扬公论，皆当见而为之，又何可病而讥之哉？人命之修短系乎天，不可以力争也，而行事之否臧由乎己。人心之贪与廉，自我作之，岂外物所能易哉！向使有泉焉，曰饮之者死，我乃奋其不畏之气，冒而饮之。死非我能夺也，而容有死之理而强饮焉，是矫也，是无益而沽名也，则君子病而不为之矣。大丈夫之心，仁以充之，礼以立之。驱之以刀剑，而不为不义屈；临之以汤火，而不为不义动。夫岂一勺之水所能幻而移哉？

人之好利与好名，皆蛊于物者也。有一焉，则其守不固而物得以移之矣。若刺史，吾知其决非矫以沽名者也。惟其知道明而自信笃也，故饮之以示人，使人知贪廉之由乎内而不假乎外，使外好名而内贪浊者，不得以藉口而分其罪。夫是之谓植正道、遏邪说、正人心、扬公论，真足以启愚而立懦，其功不在伯夷、叔齐下矣。番禺在岭峤外，去天子最远，故吏于其地者，得以逞其贪。贪相承，习为故，民无所归咎，而以泉当之，怨而激者之云也。刺史此行，非惟峤外之民始获沾天子之惠，而泉亦得以雪其冤。夫民，天民也；泉，天物也。一刺史得其人，而民与物皆受其赐。呜呼伟哉！以时尚气节，敢直言，见贪夫疾之如仇，故凡有禄位者，多不与相得。予甚敬其有祖风也，是为记。

题解

《饮泉亭记》属议论文。文章第一段叙述了"饮泉亭"的由来：东晋廉吏吴隐之出刺广州，饮贪泉之水并赋诗："古人云此水，一歃怀千金。试使夷、齐饮，终当不易心。"诗中提到贪泉之水的金贵，并由此引出商末抱节守志的伯夷、叔齐，再现了先人之志，赞颂了屏绝物质利诱的高尚情操。"饮泉亭"在元代于原址复建，其名则出自宪副吴君之手，大概因钦慕吴刺史的廉洁而名之，这是文章关于"亭"仅有的叙述。

文章继而引出关于"廉"与"贪"的说理和评论："廉""贪"与否，在于个人自身的品质——"人心之贪与廉，自我作之，岂外物所能易哉？"作者接着进一步指出"外物"即"利"与"名"，贪图其一，便无操守——"人之好利与好名，皆蛊于物者也，有一焉，则其守不固，而物得以移之矣"。作者在此鲜明表达了所谓"廉"，在于内心的自我修行的论点。作者也同时回应了某些人对于吴刺史之廉洁的质疑：吴饮贪泉，而盛赞先人，说明他清楚地知道

"外物"与"内心"的关系："泉"之"外物"是客观存在，如何对待才是关键；而"廉"之本质在于由"内心"自然生发的正气。由此观之，"贪泉"之名也颇有意味，更反衬了吴刺史的廉洁。

亭记最后一段，略叙了吴隐之出刺广州、整治贪腐风气的事迹，从而使文章首尾呼应，完整地表达了颂"廉"嫉"贪"的主旨。

83. 尚节亭记[①]

刘基

古人植卉木而有取义焉者，岂徒为玩好而已。故兰取其芳，谖草取其忘忧，莲取其出污而不染。不特卉木也，佩以玉，环以象，坐右之器以欹；或以之比德而自励，或以之惩志而自警，进德修业，于是乎有裨焉。

会稽黄中立，好植竹，取其节也，故为亭竹间，而名之曰"尚节之亭"，以为读书游艺之所，澹乎无营乎外之心也。予观而喜之。夫竹之为物，柔体而虚中，婉婉焉而不为风雨摧折者，以其有节也。至于涉寒暑，蒙霜雪，而柯不改，叶不易，色苍苍而不变，有似乎临大节而不可夺之君子。信乎，有诸中，形于外，为能践其形也。然则以节言竹，复何以尚之哉！世衰道微，能以节立身者鲜矣。中立抱材未用，而早以节立志，是诚有大过人者，吾又安得不喜之哉！

①
刘基. 尚节亭记[M]//林家骊，点校. 刘基集. 杭州：浙江古籍出版社，1999：116.

① 礼记[M]. 鲁同群，注评. 南京：凤凰出版社，2011：203.

② 欧阳玄. 圆通寺夜话亭序[M]//吴宗慈. 庐山志（下）. 南昌：江西人民出版社，1996：57.

③ 陶安. 重修蛾眉亭记[M]//纪晓岚. 钦定四库全书·1225册. 陶学士集17卷. 上海：上海古籍出版社，1987：774-775.

夫节之时义，大易备矣；无庸外而求也。草木之节，实枝叶之所生，气之所聚，筋脉所凑。故得其中和，则畅茂条达，而为美植；反之，则为瞒为液，为瘿肿，为樛屈，而以害其生矣。是故春夏秋冬之分至，谓之节；节者，阴阳寒暑转移之机也。人道有变，其节乃见；节也者，人之所难处也，于是乎有中焉。故让国，大节也，在泰伯则是，在季子则非；守死，大节也，在子思则宜，在曾子则过。必有义焉，不可胶也。择之不精，处之不当，则不为畅茂条达，而为瞒液、瘿肿、樛屈矣，不亦远哉？

传曰："行前定则不困。"平居而讲之，他日处之裕如也。然则中立之取诸竹以名其亭，而又与吾徒游，岂苟然哉？

题解

作者刘基在《尚节亭记》中从古人栽培植物、摆设器物，挖掘其对于生活的意义、内涵入手，引出会稽黄中立植竹取义、构亭其间，取名"尚节之亭"一事，并引发相关议论。文章首先由竹在形象层面的"竹节"，引申至君子之精神品格层面的"气节"。作者随之在草木、天时、人伦三个层面阐发了"节"的内涵：于草木，是筋脉生气的枢纽；于天时，是节气转换的契机；于人伦，是中庸平衡的把握。文章最后转引《礼记·中庸》之"行前定则不困"①，阐发了处事为人的道理，即平日需有所思量、思考，从而在遇事时能有礼有节、把持分寸。全文由叙事到论理，层层递进，脉络清晰，明确表述、抒发了作者自己的观点和情怀。

84. 圆通寺夜话亭序②

欧阳玄

圆通梵刹，乃海内祇园；夜话山亭，实匡庐名迹。窗牖玲珑，日霭紫烟之瑞；栏杆屈曲多留瀑月之情。宝网云台簇簇，摩尼幢盖重重。色相同天上楼台，钟声接云间管龠。迥绝纤瑕，日少白丁之往；光含万象，时多朱履之游。

题解

《圆通寺夜话亭序》仅就庐山的某山亭作了一番日夜景观的描绘，并说白天来游者市侩市井之徒甚少。此文或于夜晚所作，故曰"夜话"，并以之为序。（朱钧珍）

85. 重修蛾眉亭记③

陶安

出大江而山，曰采石，昔人因其山川雄丽，亭绝壁上，以尽登览之美。前直东西二梁山，夹江对峙，修妩靓好，宛宛如蛾眉。遂以名亭，亦东南之奇观也。岁久弗治，栋宇垣塘，日就于敝。经历伊苏君来赞理太平郡府，暇日临视，叹曰："不葺美称"？遂请于太守凫山贾公，慨然发己资，倡谋修营，应者翕从。未几，焕焉。华饰翚飞丽空，视昔有加。

夫采石为地当南北之冲，风帆浪楫，缤纷朝夕。使客之往来，贾货之繁萃，又有文儒韵士遨游题咏。观其波涛渺弥，吐吞乎吴楚。烟云杳霭，出没乎淮甸。一视千里，洞无所翳。虽穷峦刹洞，僻在退隐，莫不贡灵输秀于轩楹之下。况前贤于此游观俯仰，高风隽烈，有关世道之兴废。炳炳遗迹，昭著古今，令人兴怀而不能已。君能留意于此，非特尽登览之美，亦不泯前贤之迹也。

君字明之，官承事郎，刚直明爽，才志有为。尝议于长贰，均徭役，审刑名，兴学校之教，划仓库之弊，公田佃者或至贫乏，不征其逋，人甚便之。治工斯亭，特馀事耳。两蛾有知，宁不展舒其颦，溢欢颜于江云之表也。余相知有素，因众之请，纪文于石，并书其善以劝来者。

题解

《重修蛾眉亭记》首先概述了苏君明之力倡重修蛾眉亭的经过，描绘了蛾眉亭据山川形胜的奇观，尤其是"夹江对峙"的东西梁山，"修妩靓好，宛宛如蛾眉"，这是"蛾眉亭"亭名的由来，同时言及蛾眉亭之重建是由苏君自己出资，反映了苏君大公无私的高尚品德。

第二段承接上文，由状写风景到抒写人文，指出蛾眉亭所在之地为南北要冲，容纳了使客往来、贾货繁萃、雅士题咏等丰富的社会内容，一派繁华之象。因而作者认为蛾眉亭的重修，不仅在于观览美景，而且"有关世道之兴废"，体现了浓厚的人文与社会关怀。

第三段转而写"人"，通过列举苏君的种种德政，指出重修蛾眉亭不过"馀事"而已，因而作者在此特意突出了苏君的德政广布。这和第一段苏君"倡谋修营，应者翕从"遥相呼应，进一步说明了苏君德政的良好社会影响。总之，亭记借由记叙重修蛾眉亭之事，赞颂了苏君的品德和才能，说明了其中积极的社会意义和人文内涵。

86. 观德亭记①

王守仁

君子之于射也，内志正，外体直，持弓矢审固，而后可以言中。故古者射以观德。

德也者，得之于其心也。君子之学，求以得之于其心，故君子之于射，以存其心也。是故慄于其心者其动妄，荡于其心者其视浮，歉于其心者其气馁，忽于其心者其貌惰，傲于其心者其色矜，五者，心之不存也。不存也者，不学也。君子之学于射，

①
王守仁. 观德亭记[M]//吴光, 钱明, 董平, 编校. 王阳明全集（上）: 卷七. 上海: 上海古籍出版社, 2015: 207—208.

①
王守仁. 远俗亭记[M]//吴光, 钱明, 董平, 编校. 王阳明全集(中): 卷二十三. 上海: 上海古籍出版社, 2015: 736–737.

以存其心也。是故心端则体正，心敬则容肃，心平则气舒，心专则视审，心通故时而理，心纯故让而恪，心宏故胜而不张、负而不驰。七者备而君子之德成。君子无所不用其学也，于射见之矣。故曰："为人君者，以为君鹄；为人臣者，以为臣鹄；为人父者，以为父鹄；为人子者，以为子鹄。"射也者，射己之鹄也。鹄也者，心也，各射己之心也，各得其心而已。故曰：可以观德矣。作《观德亭记》。

题解

《观德亭记》重在阐述何以"观德"，而未写"亭"，或为作者观亭有感而抒发的评论。作者开篇从"观德"入手，总领全文，引出作者的观点，即君子射箭的时候，内心态度端正，外表身体立直，手握弓箭瞄准，这样才可以射中靶子。文章继而引出作者的论点"射以观德"。

第二段开篇由"德也者，得之于其心也"起头，论述了作者的观点：德，是由内心体现出来的，所以"学射"的过程，其实是"以存其心"的过程，只有做到心"端""敬""平""专""通""纯""宏"，才能具备"德"，进而把握治学之道，治学之道于"学射"的过程中则可窥见端倪。本段最后引用了《礼记·射义》，抒发了作者的观点，即箭靶不在外部，而在每个人心里，强调"学射"

应与道德修养和品格意志的锻炼相结合，这是作者写这篇亭记的原因。

最后一段，再次点题，将体育与德育相联系，强调射箭可以观德，说明"以德为本"是"学射"的出发点。王守仁作为明代大儒、"心学"的代表人物，继承了儒家的教育思想，一生主张"知行合一"的辩证观点。这篇亭记中，他对于"学射"的观点，也充分反映了他的教育思想。（陈茹）

87. 远俗亭记①

王守仁

宪副毛公应奎，名其退食之所曰"远俗"。阳明子为之记曰：

俗习与古道为消长。尘嚣溷浊之既远，则必高明清旷之是宅矣，此"远俗"之所由名也。然公以提学为职，又兼理夫狱讼军赋，则彼举业辞章，俗儒之学也；簿书期会，俗吏之务也；二者皆公不免焉。舍所事而曰"吾以远俗"，俗未远而旷官之责近矣。君子之行也，不远于微近纤曲，而盛德存焉，广业著焉。是故诵其诗，读其书，求古圣贤之心，以蓄其德而达诸用，则不远于举业辞章，而可以得古人之学，是远俗也已。公以处之，明以决之，宽以居之，恕以行之，则不远于簿书期会，而可以得古人之政，是远俗也已。苟其心之凡鄙猥琐，而待闲散疏放之是托，以为"远俗"，其如远俗何哉！昔人有言："事之无害于义者，从俗可也。"君子岂轻于绝俗哉？然必曰无害于义，则其从之也，为不苟矣。是故苟同于俗以为通者，固非君子之行；必远于俗以求异者，尤非君子之心。

题解

远俗亭是毛公应奎的"退食之所"，名为"远俗"是为表达远离"尘嚣溷浊"，以至"高明清旷"之意。然而作者在《远俗亭记》中论述"远俗"的真正内涵并非不近凡俗。

毛公掌管州县学政，又兼狱讼军赋，一般认为前者是"俗儒之学"，后者是"俗吏之务"。作者指出倘若远离这些"俗"事，难说是否得以"远俗"，为官倒近乎不称职了。作者进而引出"君子"为人为事之理，即不刻意避讳做日常本分之事，只要这些事情"无害于义"，即不违背公正合宜的道理或情理即可，这隐含了对于事物运转的自然规律的尊重；相反，若其心"凡鄙猥琐"，行事流于"闲散疏放"，看似"远俗"，实则差矣！

作者最后得出"君子"为人为事的结论：不加分辨的认同、跟从凡俗，非"君子"的作为；而刻意规避凡俗，以求卓然不群，更非"君子"的心志；因此，"君子"可在"从俗"的同时"存德"。作者在《别诸生》一诗中的"不离日用常行内，直

造先天未画前"①一句，正是对这种观点的绝好注解。

88. 君子亭记②

王守仁

阳明子既为何陋轩，复因轩之前营，驾楹为亭，环植以竹，而名之曰"君子"。曰："竹有君子之道四焉：中虚而静，通而有间，有君子之德；外坚而直，贯四时而柯叶无所改，有君子之操；应蛰而出，遇伏而隐，雨雪晦明，无所不宜，有君子之时；清风时至，玉声珊然，中采齐而协肆夏，揖逊俯仰，若洙泗群贤之交集，风止籁静，挺然特立，不挠不屈，若虞廷群后，端冕正笏而列于堂陛之侧，有君子之容。竹有是四者，而以'君子'名，不愧于其名；吾亭有竹焉，而因以竹名名，不愧于吾亭。"

门人曰："夫子盖自道也。吾见夫子之居是亭也，持敬以直内，静虚而若愚，非君子之德乎？遇屯而不慑，处困而能亨，非君子之操乎？昔也行于朝，今也行于夷，顺应物而能当，虽守方而弗拘，非君子之时乎？其交翼翼，其处雍雍，意适而匪懈，气和而能恭，非君子之容乎？夫子盖谦于自名也，而假之竹。虽然，亦有所不容隐也。夫子之名其轩曰'何陋'，则固以自居矣。"

阳明子曰："嘻！小子之言过矣，而又弗及。夫是四者何有于我

①
王守仁. 王阳明全集[M]. 吴光，钱明，董平，编校. 上海：上海古籍出版社，2015：654.

②
王守仁. 君子亭记[M]//吴光，钱明，董平，编校. 王阳明全集（中）：卷二十三.上海：上海古籍出版社，2015：735-736.

①
张应福. 君子亭记[M]//中国人民政治协商会议河南省长葛县委员会文史资料研究委员会. 长葛文史资料：第2辑. 上海：上海古籍出版社, 1987：8-9.

哉？抑学而未能,则可云尔耳。昔者夫子不云乎，'汝为君子儒，无为小人儒'，吾之名亭也，则以竹也。人而嫌以君子自名也，将为小人之归矣，而可乎？小子识之！"

题解

《君子亭记》通过记叙作者阳明子与门人的对话，阐释了"君子亭"命名的缘由，从而体现了阳明子自己关于"君子"之内涵的见解和思想理念。

作者首先陈述阳明子名亭为"君子"的原因，是因为亭四围种竹。阳明子将竹拟人化，指出竹体现了"君子"四个方面的特征：虚怀若谷，宁静致远，通达包容而有分寸，有君子之德行；坚强刚直，历经时境变迁而不改本色，有君子之节操；萌发生长，暂止停歇，因时而宜，即君子之识时务；风起时，摇曳优雅，如儒门诸子雅集；风止时，挺拔肃立，如端列于殿堂两侧的群臣，因之有君子之仪表。如此，竹被比作君子是当之无愧的，而竹的环列也使亭名为"君子"当之无愧了。

文章接着实录门人的言说，认为阳明子所说的君子之道正是在说自己：其作"君子亭"，持守恭敬，内心正直，静虚平和，大智若愚，是君子之德行；艰难之时无所畏惧，困顿之中可以通达，是君子之节操；无论在朝在野，都顺势而为，无所不宜，坚持正道，又无所拘泥，是君子之识

时务；交游持重，处世从容，适意而不懈怠，态度和蔼而谦逊，是君子之仪表。另外，门人还以其轩名曰"何陋"，进一步说明这些命名都是在说阳明子自己的志向。

门人的言说似有应和之嫌，阳明子则认为过犹不及，并指出命名缘由确实就是竹本身，而真正的君子怎么会自己标榜自己呢？这反而是小人所为。

总之，该亭记通过记叙对谈，抒发了作者自己所崇尚和孜孜以求的德行、节操、睿智和仪表，寄托了自己之于"君子"的情怀。

89. 君子亭记①

张应福

凤翔郡城外，巽方有湖，苏子八观诗载之。迄今已数百年，兴废湮筑，不知其几矣。顷余来巡察关西，因慕苏子文学政事，得考究其往迹。沧海桑田，惟是湖尚在。规模湫隘，无复尔时风物之胜。湖南闲田数十亩，中有基丈余，殆前人所欲为而未竟者。予因建亭其上。北面是湖，湖有莲盈二三亩。余三方植竹万竿，翠盖红芳，摇金戛玉。岸渚交映，良足怡怀。亭既成，客有携酒而落之者，遂请其名，予曰："君子哉！"客曰："何为其君子也？"予曰："夫莲花之君子，周濂溪尝言之，刘岩夫《植竹记》亦以刚柔忠义数德比于君子。斯亭上下四方，罔非君子，

独不可以君子名乎？虽然，莲之为君子也，夏秋之交，亭亭之节，不染之操盛矣，美矣。又夫秋老，霜严草枯叶脱，盛美者不可复见。惟是竹也，方赫曦而著荫，遇怒风而不折，历霜雪而常青，小之可以备笙簧，唱和于庙堂之间；大之可以为简策，永存于图书之府。莲固不得以拟之。于戏，莲花乘时效用之君子也。竹则始终全节之君子也。君子之处世，因时以有为，久暂而一致，斯无愧于二物焉耳。孔子尝谓，圣人吾不得见之矣，得见君子者斯可矣。予亦谓人之君子吾不得见之矣，得见物之君子者斯可矣。夫物之为君子，尚为人之所愿见，况人之为君子乎？"客肃然而退，遂以名吾亭，而镌之石，用垂不朽云。

题解

《君子亭记》作者是明代的一位文官，名叫张应福。他来到关西巡视，他由于一向仰慕苏东坡，于是就来到苏东坡在城东修建的东湖参观。他考察以后，深深地慨叹东湖经历了数百年的变迁，已失去了当年凤翔的名胜，所幸湖还在，湖的南面还保存了十来亩荒田，田中央有一块约丈余的建筑遗址。

于是，他就想到要在这个遗址上盖一个亭子，亭的北面是湖，湖中栽种莲藕二三亩，其余的陆地全部种竹子，这样就产生一种"翠盖红芳，摇金戛玉，岸渚交映，良足怡怀"的美景。

待亭子建成，他便携酒来庆祝。首先就是要为亭子取名，他就说叫"君子亭"吧！为什么？因为宋代文人周濂溪曾将莲花比作君子，出污泥而不染，文人刘岩夫在《植竹记》中，也是以竹子的刚柔忠义之德比喻君子，现在亭的周围种了莲花和竹子，所以亭名就应为"君子亭"。

接着他进一步谈到莲花与竹子虽然都被比喻为君子，但二者各有不同：莲花盛开于夏秋之交，亭亭而立，到了秋后，严霜却使它枝枯叶落而凋谢；而竹子则不同，遇疾风而不折，历霜雪而常青，小竹可以做吹笛，大竹可以做书简，永存于书库，这些都不是莲花所能比拟的，所以，莲花是有时效的君子，而竹子则是永全的君子。所以君子的为人处世，既要能一时为君子，又要任何时候都是君子，这样才能符合莲花与竹子二物的个性。孔子曾说过，我没有看见过圣人，但看见过君子也就行了。作者就说，如果看不见人间的君子，而能看到物中的君子（莲与竹）也就可以了。因此，他就以"君子"来命名亭子，用以镌石以永久纪念。

现在的君子亭是一座攒尖八角亭，亭联曰："两岸回环先生柳，一湖荡漾君子花。"可惜亭边的翠竹万竿已不复存在，而君子之意境似也少了一层，也可能是后人修亭未尝考证之故。（朱钧珍）

①
归有光. 悠然亭记[M]//周本淳，校点. 震川先生集
（上）. 上海：上海古籍出版社，2007：385-386.

②
陶潜. 陶渊明集校笺[M]. 龚斌，校笺. 修订本. 上海：
上海古籍出版社，2011：234.

90. 悠然亭记①

归有光

余外家世居吴淞江南千墩浦上。表兄淀山公，自田野登朝，宦游二十馀年，归始僦居县城。嘉靖三十年，定卜于马鞍山之阳、娄水之阴。

忆余少时尝在外家，盖去县三十里，遥望山颓然如积灰，而烟云杳霭，在有无之间。今公于此山日亲，高楼曲槛，几席户牖常见之。又于屋后构小园，作亭其中，取靖节"悠然见南山"之语以为名。靖节之诗，类非晋、宋雕绘者之所为。而悠然之意，每见于言外，不独一时之所适。而中无留滞，见天壤间物，何往而不自得？余尝以为悠然者实与道俱。谓靖节不知道，不可也。

公负杰特有为之才，所至官，多著声绩，而为妒媚者所不容。然至今朝廷论人才有用者，必推公。公殆未能以忘于世，而公之所以自忘者如此。

靖节世远，吾无从而问也。吾将从公问所以悠然者。夫"山气日夕佳，飞鸟相与还，此中有真意，欲辨已忘言"，靖节不得而言之，公乌得而言之哉？公行天下，尝登泰山，览邹峄，历嵩、少间，涉两海，入闽、越之隩阻，兹山何啻泰山之礨石？顾所以悠然者，特寄于此！庄子云："旧国旧都，望之畅然。虽使丘陵草木之缗入之者十九，犹之畅然。况见见闻闻者也？"予获侍斯亭，而僭为之记。

题解

《悠然亭记》所记叙的悠然亭是作者归有光的表兄周公大礼（别号淀山）罢官之后，定居马鞍山以南，于屋后小园中建造的。其名取自陶渊明《饮酒二十首》之五"采菊东篱下，悠然见南山"②。众所周知，该诗接着写到"山气日夕佳，飞鸟相与还。此中有真意，欲辨已忘言"，表现了"得意忘言"的空灵之境。周公借"悠然"之名表达了回归自然的"出世"情怀。

周公为官，才能出众、声名远扬、功绩卓著，为妒忌者所不容。周公罢官后，终于得以超脱回归，忘却尘世间事，但世人却不忘周公。作者通过对比，突出了周公从积极"入世"到恬淡"出世"的生活状态。

对于悠然亭之名为"悠然"，作者给出了自己的解释：周公此前遍览世间风景，而定居马鞍山后怡然自得，察此马鞍山实无异于东岳泰山矣！周公这种不囿于"外物"的心态，呼应了作者前文所说的"悠然者实与道俱"，也即悠然自得的人委实与天道合一，并援引《庄子·则阳》中的话加以印证。

通观亭记全文，其叙事、说理娓娓道来，其文笔平实，字里行间自然流露出一种淡泊的心境，文章的行文风格与主旨丝丝入扣，读来确有"悠然"之意。

91. 思子亭记①

归有光

震泽之水，蜿蜒东流，为吴淞江，二百六十里入海。嘉靖壬寅，余始携吾儿来居江上，二百六十里水道之中也。江至此欲涸，萧然旷野，无辋川之景物，阳羡之山水。独自有屋数十楹，中颇弘邃，山池亦胜，足以避世。予性懒出，双扉昼闭，绿草满庭，最爱吾儿与诸弟游戏，穿走于长廊之间。儿来时九岁，今十六矣。诸弟少者三岁、六、九岁。此余平生之乐事也。

十二月己酉，携家西去，余岁不过三四月居城中，儿从行绝少，至是去而不返。每念初八之日，相随出门，不意足迹随屦而没，悲痛之极，以为大怪，无此事也！盖吾儿居此，七阅寒暑，山池草木，门阶户席之间，无处不见吾儿也。

葬在县之东南门，守家人俞老，薄暮见儿衣绿衣，在享堂中。吾儿其不死耶？因作思子之亭，徘徊四望，长天寥阔，极目于云烟杳霭之间，当必有一日见吾儿翩然来归者！于是刻石亭中，其词曰：

天地运化，与世而迁。生气日漓，曷如古先？浑敦梼杌，天以为贤。媸陋瘿瘻，天以为妍。跖年必永，回寿必悭。噫嘻吾儿！敢觊其全？今世有之，死固宜焉！闻昔郗超，殁于贼间。遗书在箧，其父舍旃。胡为吾儿，愈思愈妍？爱其贫士，居海之边。重跰

来哭，涕泪潺湲。王公大人，死则无传。吾儿孱弱，何以致然？人自胞胎，至于百年，何时不死？死者万千。如彼死者，亦奚足言？有如吾儿，真为可怜！我庭我庐，我简我编，髧彼两髦，翠眉朱颜，宛其绿衣，在我之前。朝朝暮暮，岁岁年年。似耶非耶？悠悠苍天！腊月之初，儿坐阁子，我倚栏杆，池水弥弥。日出山亭，万鸦来止。竹树交满，枝垂叶披。如是三日，予以为祉。岂知斯祥，兆儿之死！儿果为神，信不死矣。是时亭前，有两山茶，影在石池，绿叶朱花。儿行山径，循水之涯，从容笑言，手撷双葩。花容照映，烂然云霞。山花尚开，儿已辞家！一朝化去，果不死耶？汉有太子，死后八日，周行万里，苏而自述。倚尼渠余，白璧可质。大风疾雷，俞老战栗。奔走来告，人棺已失。儿今起矣，宛其在室。吾朝以望，及日之映，吾夕以望，及日之出。西望五湖之清泌，东望大海之荡潏。寥寥长天，阴云四密。俞老不来，悲风萧瑟。宇宙之变，日新日苗。岂曰无之？吾匪怪谲。父子重欢，兹生已毕。于乎天乎！鉴此诚壹。

题解

《思子亭记》作者归有光生于明正德元年（1507年），卒于隆庆五年（1571年），跨越了正德、嘉靖、隆庆三朝。这期间正值明朝由盛而衰之际，归有光即在这种社会大环境下展开了他异常艰难的生活。幼年丧母，

①
归有光. 思子亭记[M]//曾涤生, 选本. 中国文学精华: 归震川文. 上海: 中华书局, 1936: 37-39.

①
林纾. 林纾选评古文辞类纂[M]. 慕容真, 点校. 杭州: 浙江古籍出版社, 1986: 288.

②
归有光. 畏垒亭记[M]//周本淳, 校点. 震川先生集（上）. 上海: 上海古籍出版社, 2007: 427.

青年丧妻，中年继室又卒，老年子女连丧的人生悲苦，更形成了归有光婉转吞声、感物伤人的凄然心态。嘉靖二十七年（1548年），归有光和他的长子归子孝去外氏奔丧，子孝突染重病而逝，终年十六，葬于江苏昆山金潼港。作者哀痛至极，作亡儿圹志，继而造思子亭，并作此亭记。

文章第一段首先描写了太湖水，蜿蜒东流至吴淞江，后汇入东海。嘉靖二十一年，作者带着儿子来此地居住，"萧然旷野，无辋川之景物，阳羡之山水。独自有屋数十楹，中颇弘邃，山池亦胜，足以避世"，一派悠闲怡然之景。儿子来时九岁，现在已经十六岁了。作者平日不常出门，总是闭了门扉，手不释卷，而最享受的就是看着儿子与弟弟们在廊子里追逐嬉戏，是"予生平之乐事也"。开篇看似平实，描写琐碎家常的生活场景，实则反衬后文丧子之痛更甚。

第二段记述了儿子因跟随自己进城吊丧染病身亡。"悲痛之极，以为大怪，无此事也"的长叹，把哀悼丧子的悲伤升华为被命运捉弄的痛苦。"盖吾儿居此，七阅寒暑，山池草木，门阶户席之间，无处不见吾儿也。"因作者携儿居住此地七年，这里的山山水水，一草一木，都留下了儿子活泼的身影。现在却人亡物在，睹物思人，其伤心痛楚，难以言喻，更产生了"无处不见吾儿"的幻想。

第三段主要记述了守墓老人的见闻，"守冢人俞老，薄暮见儿衣绿衣，在享堂中。吾儿其不死耶？"以"当必有一日见吾儿翩然来归者"的幻想自慰，期望儿子能复生，抒发了作者对亡儿极度思念的骨肉深情。这正如林纾对归有光的评价"文之善于言情，可去精挚而独步"①。

最后一段为思子亭内的碑记内容。作者沉醉地回忆着子孝生前的一举一动，"是时亭前，有两山茶，影在石池，绿叶朱花。儿行山径，循水之涯。从容笑言，手撷双葩。花容照映，烂然云霞"。然而"山花尚开，儿已辞家"，儿子在山茶花中依山循水，笑容灿然的每一个细节都历历在目。作者在儿子身上倾注了无限的期望，把他看作亡妻的化身。而儿子的死，使他很自然想起了亡母、亡妻对他的关心和嘱托，他把丧母、丧妻的悲痛汇集于丧子的悲伤中。所以，他虽有"吾儿翩然来归"的幻想，但"寥寥长天，阴云四密。俞老不来，悲风萧瑟"。守墓人俞老不再来报知看到穿绿衣的长子了，父子重欢的一天，今生不会再有了。碑记全文仿佛字字带泪，表现了作者内心无尽的孤寂与惨然，情真意切，震撼人心。

（陈茹）

92. 畏垒亭记②

归有光

自崑山城水行七十里，曰安亭，

在吴淞江之旁。盖图志有安亭江，今不可见矣。土薄而俗浇，县人争弃之。

予妻之家在焉，予独爱其宅中闲靓，壬寅之岁，读书于此。宅西有清池古木，垒石为山；山有亭，登之，隐隐见吴淞江环绕而东，风帆时过于荒墟树杪之间；华亭九峰，青龙镇古刹、浮屠，皆直其前。亭旧无名，予始名之曰"畏垒"。

《庄子》称庚桑楚得老聃之道，居畏垒之山。其臣之画然智者去之，其妾之絜然仁者远之。拥肿之与居，鞅掌之为使。三年，畏垒大熟。畏垒之民，尸而祝之，社而稷之。

而予居于此，竟日闭户。二三子或有自远而至者，相与讴吟于荆棘之中。予妻治田四十亩，值岁大旱，用牛挽车，昼夜灌水，颇以得谷。酿酒数石，寒风惨栗，木叶黄落；呼儿酌酒，登亭而啸，忻忻然。谁为远我而去我者乎？谁与吾居而吾使者乎？谁欲尸祝而社稷我者乎？作《畏垒亭记》。

题解

《畏垒亭记》开篇交代了离崑山七十里水路的安亭土地贫瘠、民风不淳，崑山县里有身份的人都争着搬离安亭。继而行文一转，道出自己"予独爱其宅中闲靓"，不仅因为此地闲静，便于读书，而且还有"清池古木，垒石为山"，山上有一无名亭，登亭"隐隐见吴淞江环绕而东""华

亭九峰，青龙镇古刹、浮屠"等众多美景。第三段承接上文阐释"畏垒亭"之名的出处，即《庄子》中庚桑楚的故事，为下文表达自己留居安亭自得其乐的心境作铺垫。第四段运用排比，强烈地表达了丰收后的快意和满足，以及对志同道合者的召唤。"谁为远我而去我者乎？谁与吾居而吾使者乎？谁欲尸祝而社稷我者乎？"呼应了前段庚桑楚的故事，其中抑郁不平、怀才不遇的激愤之情溢于言表。

总而言之，该亭记通过写景、状物，以及典雅的文辞、恰当的用典，免于琐碎、平淡，并真切地表达了作者的感怀与忧伤之情，也表明了愤世嫉俗的为人处世态度。（陈茹）

93. 沧浪亭记[①]

归有光

浮屠文瑛，居大云庵，环水，即苏子美沧浪亭之地也。亟求余作沧浪亭记曰："昔子美之记，记亭之胜也，请子记吾所以为亭者。"

余曰："昔吴越有国时，广陵王镇吴中，治南园于子城之西南，其外戚孙承佑，亦治园于其偏。迨淮海纳土，此园不废，苏子美始建沧浪亭，最后，禅者居之。此沧浪亭为大云庵也。有庵以来，二百年，文瑛寻古遗事，复子美之构，于荒残灭没之余。此大云庵为沧浪亭也。夫古今之变，

①
归有光. 沧浪亭记[M]//胡怀琛，注. 归有光文. 上海：商务印书馆，1928：22-23.

①
陶望龄. 也足亭记[M]//张志江. 中国古代题记名篇选读. 北京：中国社会出版社，2010：171-171.

朝市改易，尝登姑苏之台，望五湖之渺茫，群山之苍翠，太伯、虞仲之所建，阖闾、夫差之所争，子胥、种、蠡之所经营，今皆无有矣。庵与亭何为者哉！虽然，钱镠因乱攘窃，保有吴、越，国富兵强，垂及四世，诸子姻戚，乘时奢僭，宫馆苑囿，极一时之盛；而子美之亭，乃为释子所钦重如此，可以见士之欲垂名于千载之后，不与其澌然而俱尽者，则有在矣。"

文瑛读书，喜诗，与吾徒游，呼之为沧浪僧云。

题解

沧浪亭最先由宋代诗人苏舜钦（字子美）所建，后佛僧在它的遗址上修建了大云庵。明代的文瑛和尚追溯前人遗韵，又在此重建沧浪亭。

继苏舜钦作《沧浪亭记》后，明代文学家归有光受文瑛和尚之托，在五百年后再作《沧浪亭记》。归有光的《沧浪亭记》主要写数百年来亭的变迁，阐述重建沧浪亭的缘由。但是作者并没有直说个中原因，而是将其与吴越时期此地诸多宫馆苑囿的兴衰沉浮作对比，这些大多是由于政治角力、权利纷争或强取豪夺而来的荣华富贵，却都难免湮没于历史长河的命运。相较而言，沧浪亭能在物质泯灭后，仍被追怀并得以重建，从中则不难领会其原因，即在大千世界的不断流转变化之中，始终如一的文化精神。沧浪亭先后与士大夫、佛僧有关，从中不难窥见其中的文化内涵。此外，与昔日某些权贵们园林的兴衰相比，独有这个苏子美的沧浪亭被这位大云庵的文瑛和尚如此重视，几经修葺、保护，并由人作记。正是苏子美这位宋代诗人人格的感召，使沧浪亭得以名垂千载。

现在的沧浪亭是清代康熙年间大修的，其实，沧浪亭的发展已逐步地由一个亭子发展成为一组园林（约16亩地）。由于其地三面有一泓清水环绕，游人至此，未入园已隔河看景，复廊透迤，波光临影，首先展现的是入园的水趣，但进入园门即见山。在这林木葱茏、竹径幽篁的一片山林中，屹立于山顶的就是这座古朴、庄重的沧浪亭，其成为园林的主景。
（朱钧珍，赵纪军）

94. 也足亭记①

陶望龄

吾越多崇山，环溪多植美竹，每与山为峭衍，上下蒙密延袤，恣目未已。大溪潢然，时罅篱而出，余时常乐观焉。其他罗生门巷藩囿间者，虽畦畹连络，以为窄迫不足游也。然樵客牧叟，嬉玩于山溪者，目饱其荫，亦犹以为门巷间物，或闻赏誉，辄更诧笑。而余北来涉淮，问其人，遂绝不知有竹。又二千里而抵京师，则诸名园争珍植之，数干靡靡而已。

朱晋甫斋后，有两丛特盛，余数饮其下，辄徘徊不能去。因自嗟物以希见贵。竹不宝于越而宝于燕，固然。而余与晋甫皆越产，夫亦好其为燕之竹耶？越之人固亦有知好竹如吾二人者乎？然余向之所欲，意必深箐广林，纵广其苞山怀溪之胜而后厌。今晋甫有数百竿而已据其最胜，吾从之快然焉。然则物之丰约，与情之侈啬，其何常之有？

居无何，晋甫即隙地亭之，即宋人语颜之曰"也足"。语余曰："吾日左右于此君也，展膝袒坐，身足其荫；阗而听之，籁籁然风，足于吾耳；良月月流，疏影交砌，反著壁上，层层如画，足于吾目。耳清目开，脱然忘身，趣足于心，口不得喻。客能来者，觥筹时设，嗒然相对，与我皆足。予尝登茅山、穷天姥而观于竹者，信侈矣。当其所得，亦奚以加于我？且吾子之有好于是也，必为我记之。"

余曰："子之言甚近于道，知道者有所适无所系，足乎己也，殆将焉往不足哉！"今夫川岩之奇，林薄之幽，是逸者所适以傲夫朝市者也。耽耽焉奇是崇，而唯虑川岩之勿深；幽是嗜，而唯忧林薄之勿邃，斯未免乎系矣。凡系此者，不能适彼，必此之逃而彼是傲，是系于适也。以适为系者，其不能适也乃等。晋甫释乎世俗秾丽之好，而放情乎诗书，处朝市之嚣杂而有林皋之趣，其于竹宜有契

者。至夫轶尚超绝而又解其胶固，寄于物而不系焉，视彼数竿，富若渭川之千亩而有以自足，此吾所谓近于道者也。某之有意于斯道久矣。把臂入林，晋甫其尚教之。

题解

《也足亭记》从"竹"入手，阐发了挚友朱晋甫虚静无为、不慕物欲的道家精神。

亭记首先对比了南北方竹子的种植和生长情况：南方的竹子与山水结合，茂盛繁丽；北方的竹子稀少，景象萧条，甚至没有人听说过有竹子。文章转而描写朱晋甫宅园之竹，虽然只有两丛，但盛况可人，似乎集中再现了山间广阔竹林的精华，足以令人心旷神怡。另外，"竹"也隐含了传统士大夫的清高品质，正如苏轼曾说"可使食无肉，不可居无竹；无肉令人瘦，无竹令人俗"[1]。于是，物质数量的多少、思想情感的深浅，在此并非关注的重点，重点是由适当的景致所生发的相应心境。朱晋甫将宅园空地上建造的亭子命名为"也足"，正体现了这一点："足"，是在有限的物质空间中的"知足"，也是通过这种"有限"，达成"无限"身心愉悦的"满足"。他说，亭子给人以遮荫庇护，适于身体的某种触觉；竹丛随风作响，适于耳朵的听觉；在夜晚皎洁的月光下，竹丛的影子映在墙上，展现出一幅层层叠叠的长卷，适

① 苏轼. 于潜僧绿筼轩[M]//李永田. 唐宋诗鉴赏：宋诗名篇. 香港：商务印书馆有限公司，2010：401.

①
白居易. 与梦得沽酒闲饮且约后期[M]//严杰. 白居易集. 南京: 凤凰出版社, 2014: 240.

②
庄子[M]//方勇, 译注. 北京: 中华书局, 2010: 550.

③
袁宏道. 园亭纪略[M]//刘大杰, 校编. 袁中郎全集: 游记. 南京: 中国图书馆出版部, 1935: 11-12.

于眼睛的视觉；各种感官形成一种综合的体验，与自然融为一体，其中的旨趣心领神会，却不可言说；若以酒会友，更有"与君一醉一陶然"[①]之境。作者对此做出评论，"子之言甚近于道，知道者有所适无所系"，认为朱晋甫几乎达到"道"的境界，身心与外物相联，但与之调和，不为之繁累，一如《庄子·列御寇》中"疏食而遨游，泛若不系之舟"[②]的境界。作者进而举出反例衬托文章主旨：一方面是隐逸之士，他们居山川之奇，享林木之幽，相比居于朝市者，心生优越之感；另一方面是居于朝市者，他们羡艳隐逸处所的环境，但唯恐山川还不够深远、林木还不够深邃：这两种人都没有超脱物质层面的比较，因而总无法释怀。朱晋甫依托一定的物质条件，却不为之所限，"寄于物而不系焉"，因而几丛竹便似千亩林海，此为精神升华之境界，也是作者所推崇的"道"之精义。

95. 园亭纪略[③]

袁宏道

吴中园亭，旧日知名者，有钱氏南园，苏子美沧浪亭，朱长文乐圃，范成大石湖旧隐，今皆荒废。所谓崇冈清池，幽峦翠筱者，已为牧儿樵竖斩草拾砾之场矣。近日城中，唯葑门内徐参议园最盛。画壁攒青，飞流界练，水行石中，人穿洞底，巧逾生成，幻若鬼工，千溪万壑，游者几迷出入，殆与王元美小祇园争胜。祇园轩豁爽垲，一花一石，俱有林下风味，徐园微伤巧丽耳。王文恪园，在阊、胥两门之间，旁枕夏驾湖，水石亦美，稍有倾圮处，葺之则佳。徐同卿园在阊门外下塘，宏丽轩举，前楼后厅，皆可醉客。石屏为周生时臣所堆，高三丈，阔可二十丈，玲珑峭削，如一幅山水横披画，了无断续痕迹，真妙手也。堂侧有土垅甚高，多古木，垅上有太湖石一座，名"瑞云峰"，高三丈余，妍巧甲于江南，相传为朱勔所凿。才移舟中，石盘忽沉湖底，觅之不得，遂未果行。后为乌程董氏购去，载至中流，船亦覆没，董氏乃破资募善没者取之，须臾忽得，其盘石亦浮水而出，今遂为徐氏有。范长白又为余言，此石每夜有光烛空，然则石亦神物矣哉？拙政园在齐门内，余未及观，陶周望甚称之。乔木茂林，澄川翠干，周迴里许，方诸名园，为最古矣。

题解

袁宏道的《园亭纪略》主要是记述江苏吴县一带的私园概况，这些园林多为达官、名人，如五代越国广陵王元璙及文人苏舜钦、朱长文、范成大等的小园子，以及其他比较著名的文人园林，如沧浪亭、拙政园、徐参议园、小祇园等。但文章对这些记载

都不详，只是潦潦数言，唯独对徐勯所凿的石盘和范长白的夜光石描述较多，并誉之为神物。（朱钧珍）

96．抱瓮亭记[①]

袁宏道

伯修寓近西长安门，有小亭曰抱瓮，伯修所自名也。亭外多花木，正西有大柏六株，五六月时，凉荫满阶，暑气不得入。每夕阳佳月，透光如水，风枝摇曳，有若浪纹，衣裳床几之类皆动。梨花二株甚繁盛，开时香雪满一庭。隙地皆种蔬，瓜棚藤架，菇路韭畦，宛似村庄。小奴青泉负瓮，白石注水，日夜浇灌不休，面貌若铁。稍暇，则相与宴息树下，观其意，殊乐之，无所苦。凡客之至斯亭者，睹夫枝叶之葱郁，乳雀之哺子，野蛾之变化，胥蝶之遗粉，未尝不以为真老圃也。

而是时伯修方在讲筵，先鸡而入，每下直之时，眼中芒生。稍一假寐，而中书催讲者又已在门。头胶枕上，欲起不得，儿童以热水拭面，乃得醒，看书如在雾中，尝自笑以为不若青泉、白石之能有此圃也。宏初入亭甚适，既见兄劳顿，心窃苦，已而愀然曰："此余师焦先生之旧居也。当余初第时，摄衣屏息，伛偻门屏下，与诸弟子问业于此者，不知其几。屐齿之迹，犹在门限。卷硃未燥，而先生已为迁客。羊肠路险，

吾未如何？"盖宏返覆于此，而知伯修之寄意深、词旨远也。伯修殆将归矣。

题解

《抱瓮亭记》分两段。第一段主要描写抱瓮亭所在宅园的景象。"抱瓮亭"之名由作者友人伯修所取，应源自"抱瓮灌园"的典故，暗示着对于简约、朴素生活的追求。园内花木繁茂，有提供阴凉的柏树，还有白花惊艳的梨树；空地被辟为果园、菜园，虽处京城，却宛若村庄；有奴仆以瓮注水，浇灌田园，但毫无乏累倦意，而甚为喜乐；园中还有鸟雀、野蛾、蝴蝶，这些也是平易朴素之象。

第二段写作者好友伯修担任皇长子的经筵讲官，工作劳苦，不堪重负，自认为反而没有奴仆的劳作惬意自在。作者继而回忆他与伯修的老师焦先生曾在此传道授业，而今焦先生已遭谪贬迁逐，命运未卜。徘徊于抱瓮亭中，作者终于明白伯修赋亭名、营园圃的深意，也许伯修也意欲归隐了吧！

该亭记前后两段在内容上对比鲜明，具体地则通过对造园要素（亭、花木、菜圃等）的描写、对园主人和奴仆生活内容的记叙，以及对此地往事的追忆，在字里行间自然流露出园主人的生活旨趣。

①
袁宏道. 抱瓮亭记[M]//李鸣，选注. 中国古代十大散文名家精品全集：袁宏道. 大连：大连出版社，1998：117-118.

①
袁中道. 楮亭记[M]//孙旭升. 晚明小品名篇译注. 南京: 凤凰出版社, 2012: 68-69.

②
苏轼. 宥老楮[M]//李之亮, 笺注. 苏轼文集编年笺注: 诗词附 (11). 成都: 巴蜀书社, 2011: 443.

③
楚辞[M]. 林家骊, 译注. 北京: 中华书局, 2010: 182.

④
王思任. 游丰乐醉翁亭记[M]//杜晓勤, 陈瑜. 千古传世美文: 元明卷. 北京: 九洲图书出版社, 1999: 336-338.

97. 楮亭记①

袁中道

金粟园后,有莲池二十余亩,临水有园,楮树丛生焉。予欲置一亭纳凉,或劝予:"此不材木也,宜伐之,而种松柏。"予曰:"松柏成荫最迟,予安能待?"或曰:"种桃李。"予曰:"桃李成荫,亦须四五年,道人之迹如游云,安可枳之一处?予期目前可作庇荫者耳。楮虽不材,不同商丘之木,臭之狂醒三日不已者,盖亦界于材与不材之间者也。以为材,则不中梁栋杅栌之用;以为不材,则皮可为纸,子可为药,可以染绘,可以颒面,其用亦甚夥。昔子瞻作《宥老楮》诗,盖亦有取于此。"

今年夏,酷暑,前堂如炙,至此地则水风泠泠袭人,而楮叶皆如掌大,其荫甚浓,遮樾一台。植竹为亭,盖以箬,即曦色不至,并可避雨。日西,骄阳隐蔽层林,啼鸟沸叶中,沉郁有若深山。数日以来,此树遂如饮食衣服不可暂废,有当予心。自念设有他树,犹当改植此,而况已森森如是,岂惟宥之哉?且将九锡之矣,遂取以名吾亭。

题解

万历三十八年(1610年),袁中道寄居江陵沙市,其间修建了楮亭。《楮亭记》论述了楮树之"材"与"不材"的关系,以及楮亭的由来。

第一段借苏轼的《宥老楮》一诗指涉了楮树之用,诗曰:"静言求其用,略数得五六。肤为蔡侯纸,子入桐君录。黄缯练成素,黝面颊作玉。灌洒渌生菌,腐余光吐烛。"②更为重要的是,作者在此表明了所谓"不材之物",在特定的情境下,也必然有其功用,暗含了"尺有所短,寸有所长"③的哲理。

第二段描叙了楮亭的营造过程及其沁人心脾的幽静、清凉环境。楮亭并非出于大兴土木,而是植竹为亭、覆以箬叶,此为自然之态,这大概缘于上文所述"道人之迹如游云,安可枳之一处?"即所谓"道"不在于固定、恒久的所在,而在于与自然的运转相合。此外,作者不认同某人言及楮树"不材","宜伐之,而种松柏"的说法,却念及"楮树丛生""已森森如是",而加以保留,暗含了遵循自然规律、尊重自然形态、保护自然环境的朴素意识。

98. 游丰乐醉翁亭记④

王思任

一入青流关,人家有竹,树有青,食有鱼,鸣有鸲鹆,江南之意可掬也。是时辛丑觐还,以为两亭馆我而宇之矣。有檄,趣令视事,风流一阻。癸卯入觐,必游之,突骑而上丰乐亭,门生孙孝廉养冲氏亟觞之。看东坡书记,道峻耸洁可爱。登保丰堂，谒五贤祠，然不如门额之谺。南下而探紫微泉，坐柏子潭上，高皇帝戎衣时以三矢祈雨而得之者也。王言赫赫，神物在渊，其泉星如，其石标如，此玄泽也。上醒心亭，读曾子固记，望去古木层槎，有邃可讨，而予之意，不欲傍及，乃步过薛老桥，上酿泉之槛，酌酿泉。寻入欧门，上醉翁亭，又游意在亭，经见梅亭，阅玻璃亭，而止于老梅亭，梅是东坡手植。予意两亭既胜，此外断不可亭，一官一亭，一亭一匾，然则何时而已？欲与欧公斗力耶？而或又作一解醒亭，以效翻驳之局，腐鄙可厌。还访智仙庵，欲进开化寺，放于琅琊，从者暮之，遂去。

予语养冲曰：山川之须眉，人朗之也，其姓字，人贵之，运命，人通之也。滁阳诸山，视吾家岩壑，不啻数坡坨耳，有欧苏二老足目其间，遂与海内争千古，岂非人哉！读永叔亭记，白发太守与老稚辈欢游，几有灵台华胥之意，是必有所以乐之而后能乐之也。先生谪茶陵时，索《史记》，不得读，深恨谳辞之非。则其所以守滁者，必不在陶然兀然之内也。一进士左官定以为邃舍，其贤者诗酒于烟云水石之前，然叫骂怨咨耳热之后，终当介介。先生以馆阁暂麾，淡然忘所处，若制其家圃然者，此其得失物我之际，襟度何似耶？且夫誉其民以丰乐，是见任官自立碑也。州太守往来一秃，是左道也。醉

翁可亭乎？匦墨初干，而浮躁至矣。先生岂不能正名方号，而顾乐之不嫌、醉之不忌也。其所为亭者，非盖非敛，故其所命亭者，不嫌不忌耳。而崔文敏犹议及之，以为不教民蒔种，而导之饮。嗟呼！先生有知，岂不笑脱颐也哉！子瞻得其解，特书大书，明已为先生门下士，不可辞。书座主门生，古心远矣。予与君其憬然存斯游也。

题解

《游丰乐醉翁亭记》从记游出发，点评风景之优劣，议论人文之臧否，表达了自己对于欧阳修和苏东坡的景仰之情。

第一段铺叙了其游丰乐、醉翁亭的经过，其中他游览的还包括保丰堂、五贤祠、紫微泉、柏子潭、醒心亭、薛老桥、酿泉、意在亭、见梅亭、玻璃亭、老梅亭等，而作者独钟丰乐、醉翁二亭，认为有此足以，其余繁琐无聊，甚至粗鄙可厌，略表对于欧、苏二人的尊崇。

第二段转而写"人"，重点阐述了欧阳修的为官与为人。言及欧阳修读《史记》，非常怨恨其中议罪之辞的荒唐，因而作者认为欧阳修在滁州为政，也绝不会但求闲适享乐或昏然处事，虽然对于升迁、谪贬之事总有所感触而不能忘怀，但治理滁州就像管护自己的家园一样，这种忘怀得失、不分物我的情怀，表现了欧公胸襟之开阔；而欧阳修命名醉翁亭、

亭引 PAVILION PRELIMINARIES

①
梁云构. 颉珠亭记[M]//刘大杰. 明人小品集. 北京:
北新书局, 1934: 131-132.

建造丰乐亭，"非盖非敛"——既不是为了超越他人，也不是为了敛集声名，"是见任官自立碑也"，因而无所避讳，表现了欧公胸襟之坦荡。总之，作者分析事理，有感而发，表达了特定的尚古心迹。

99. 颉珠亭记①

梁云构

予于客岁孤处于此，且三阅月。明发在念，蓼莪生愁。景会偶触，不觉泣数行下。而形且尫然，而影且茕然，而兴且索然，更何心于吟啸哉！今予之与宗泗来也，而予之沉疴已洗矣。乃洒耕云堂，复除书画。其东辟地阔丈许，筑土为台，其前叠石为山，其左曲砖为槛，名其台曰"啸云"，山曰"玉龙"，余与宗泗凭槛而观焉，自谓藐姑射不如也。堂之西，鸠匠为曲房以通内寝，其中又小构一室，大如斗许，题之曰"爱庐"，实古籍其中。青萍绿绮，悬之壁上，轩窗窈窕，几上有石一拳，甚耸秀，礧硊有若千仞。旁有博山炉，热龙涎其内，篆烟袅袅，有若在云雾中。余兴少至，按徽一拨，不问其韵不韵也；披剑一舞，不问其术不术也。再西，旧有一孔道，稍除治之，亦僻亦静。其尽处欲结一茆，榜有"别有天地"，而今尚未也。荆扉双开，有一乐地。松苍柏古，苔厚草深，中有一亭，故张氏之遗也。颉垣

蜗篆，肖然林莽中。几经风雨，不能残破。己酉予茸茅覆其上，再阔其制，为幽栏曲径。命童子艺花种蔬，阶前之草不除也。其南又筑一台，狭而长，可迁步而望薰蓑焉。上有危石一片，目之曰"小飞来峰"，亦时可寓目者。台之东，治隙地一区，将以构"凤树馆"焉，而今尚未也。予与宗泗偶读倦，辄抛卷而来，唱喁唱喁，形踪两忘。或饮浊酒数瓯，或歌唐音数章，以放浪身世之外。醉则倚颉珠之亭，相顾而笑。问其所以笑，二生不知也，旁人亦不解也。每于此际，觉吟兴勃勃，染翰一挥，仅以自鸣其天籁，初非有意为诗也。随所污之纸，投之瓢中，不数日满矣。予曰："古人书蕉之事，千载以为美谭。既无蕉叶，敢质之褚先生。"先生曰："诺，我其为尔记之。"

题解

《颉珠亭记》介绍了作者颓老独处、悼念亡亲、感怀人生不常之心境下的造园实践及身心体验。文题为"颉珠亭记"，但作者并未直写颉珠亭，而先以较多篇幅描写了以居所之耕云堂为中心的景致：堂东有名为"玉龙"的叠山，作者自认为仙山"藐姑射不如也"；堂西有藏书的"爱庐"，案几上的耸秀小石则有若千仞之山。这些都体现了作者不囿于物象本身的超脱情怀。在其中弹琴、舞剑也不在意是否合乎规矩与法度，

此为作者之随性。

作者继而描写颉珠亭所在的更为偏僻的堂西一隅。因而对于颉珠亭，实际上也未可一目了然。其行文正是以朴实的笔法呈现日常生活。颉珠亭原为遗构，重建之时覆以茅、阔其制，施以园艺，但"阶前之草不除"，似存以古意。该僻静处，多有欲为而未果之建筑，如"别有天地"、凤树馆等，这也从一个侧面反映了作者的随性或顺其自然的心态。作者与好友宗泗唱和、饮酒其中，"相顾而笑"，却不问何以为笑，则足见其洒脱。其兴起作诗也并非有意为之，所弃之草稿亦多矣。作者在此将"纸张"拟人化，通过其与"楮先生"的对话，巧妙地表现了又一层面的身心与外物的对话。

总之，该亭记以朴实的笔法，介绍了作者基于宅居的造园活动及其身心体验，其落脚点是颉珠亭，但几乎在文末才点出其亭名，这反衬了作者对于该亭的特殊情感，也使读者从中体会作者人生境遇下的或超然或洒脱的心境。

100. 北海亭记①

茅元仪

有亭岿然在江村草堂之后，而知止居之旁。覆以茨，涂以垩。栋柱榱楹以及薄栌禁庯弥不曲弱不中程。橇插以为垣，仅仅蔽风雨。而长江大河之南北，靡不仰而颂曰：此北海亭也！

于是茅子记之曰：兹亭也，创于侍御公，以之诲伯顺。伯顺寒暑燥湿于是者三十年。成进士去。伯顺又以诲其子石卿。石卿寒暑燥湿于是者又几二十年。举天启辛酉畿内第一人。当吾乡魏子孔时为行人时，尝策蹇访伯顺于江村。馆于是，时有倡和吟咏传于时。是时石卿尤为诸生，伯顺亦郎民部。及石卿膺乡荐，伯顺同余参高阳公军事。石卿往来于辽亭。遂宦无人，而行人为给事中数年矣。逮于珰，其子子敬行乞过伯顺，伯顺之太公复馆之于是。子敬日夜号，太公为不食也。而所逮左中丞之弟若子，亦继馆焉。明年伯顺抗时归，周吏部之客朱生以吏部逮，过谋于伯顺，亦馆焉。当是时，珰有最匿竖，后雄以殉者曰李朝钦。钦家亭之左，不数百武。而司调事，凡诸君子之逮，皆有力焉。恶其庇之者，屡欲以中伯顺，而天竟弗与也。使党祸尤未解，无论张俭之壁，终破北海覆巢。岂待孟德哉？余幸不死于珰而为颂。珰者所厄复，偃仰于其中者三载。尝为《范阳烈士咏》有曰："奋腕招义徒，倾家竞相从。张俭徒壁藏，箕踞笑孔融。辒车未出门，累囚已及宫。张俭徒一人，孔融易为功"。天下之颂，北海亭者其歌之。

题解

《北海亭记》开门见山，描绘

①
茅元仪. 北海亭记[M]// 茅元仪石民四十集（十）：卷二十四. 上海：上海古籍出版社，1996：17-20.

①
施闰章. 就亭记[M]//张志江. 中国古代题记名篇选读. 北京: 中国社会出版社, 2010: 189-190.

了北海亭的建造特点——茅草覆盖、白土粉饰、间架坚实，介绍了其为人们广泛称道，为下文阐述北海亭的人文内涵做了铺垫。作者接着以平实的笔触，大致以时间为序，记叙了与北海亭相关的人与事：北海亭由侍御公（左光先）所创，其人以骁勇闻名，而北海亭是其教诲伯顺之所；其后则是伯顺教诲其子石卿之地；再后又成为庇护宫廷斗争中落难之人的场所，这反映了伯顺一族的胆识和勇气；然而伯顺及其施予关照的人士更有性情——"时有唱和吟咏传于时"、也有才德——甚至"过谋于伯顺"。作者通过对往事的追记，表达了对诸多殉难者人格、才能的赞颂，也流露出对于己方势单力薄的痛惜和劫后余生对志同道合者的缅怀。

101. 就亭记①

施闰章

地有乐乎游观，事不烦乎人力，二者常难兼之；取之官舍，又在左右，则尤难。临江地故硗薄，官署坏陋，无陂台亭观之美。予至则构数楹为阁山草堂，言近乎阁皂也。而登望无所，意常怏怏。一日，积雪初霁，得轩侧高阜，引领南望，山青雪白，粲然可喜。遂治其芜秽，作竹亭其上，列植花木，又视其屋角之障吾目者去之，命曰就亭，谓就其地而不劳也。

古之士大夫出官于外，类得引山水自娱。然或逼处都会，讼狱烦嚣，舟车旁午，内外酬应不给。虽仆仆于陂台亭观之间，日餍酒食，进丝竹，而胸中之丘壑盖已寡矣。何者？形怠意烦，而神为之累也。临之为郡，越在江曲，阒焉若穷山荒野。予方愍其凋敝，而其民亦安予之拙，相与休息。俗俭讼简，宾客罕至，吏散则闭门，解衣槃礴移日，山水之意，未尝不落落焉在予胸中也。

顷岁军兴，征求络绎，去阁皂四十里，未能舍职事一往游。聊试登斯亭焉，悠然户庭，凭陵雉堞，厥位东南，日月先至。碧嶂清流，江帆汀鸟，烟雨之出没，橘柚之青葱，莫不变气象、穷妍巧，戞胸拂睫，辐辏于栏槛之内，盖若江山云物有悦我而昵就者。夫君子居则有宴息之所，游必有高明之具，将以宣气节情，进于广大疏通之域，非独游观云尔也。予窃有志，未之逮，姑与客把酒咏歌，陶然以就醉焉。

题解

"就亭"是施闰章以江西参议驻临江（今江西樟树）时所建。《就亭记》开篇论及"游观"美景之收获，以及人力投入之宽免，这两者往往不可得兼。而"就亭"所在之临江，土地贫瘠、官署破败，谈不上什么景致——"登望无所，意常怏怏"。雪后之景成为"就亭"营造的契机："就亭"为一竹亭，旁侧有花木列植，似乎也并无过多的巧思经营。其命名意为"就其地而不劳也",体现了作者因地制宜、无所多求的淡然心态。

第二段以对比的手法,阐述了身心之于自然的不同体验:如若官事繁忙、舟车劳顿,即使有陂台亭观之胜,也难有"胸中丘壑";临江衰败落后、事务无多,虽无风景的赐予,却也能收获"山水之意"。作者在此流露出些许不囿于自然外物的情怀。

第三段以华丽的辞藻描绘了登亭所见之景致,其赏心悦目与瑰丽奇巧,或为作者怡然心境下的体察——"盖若江山云物有悦我而眠就者"。作者进而借景抒情,升华出更为宽阔的胸怀和境界——"将以宣气节情,进于广大疏通之域,非独游观云尔也",表达了随遇而安、知足常乐、超脱物象的心态与志趣。

102. 磨崖碑亭记[①]

黄溥

闻溪居剑阳上游,去溪南不一里,有山曰东山。蜿蜒磅礴,凭陵霄汉。峰峦之美,争奇献秀,冠绝远迩。中有巨石,宛如壁崚屏张,磨刻唐《中兴颂》于上。其文乃水部元公结所撰,上柱国颜鲁公真卿所书。自始建迄今,八百余年,繁[②]榛棘、俚樵牧,而郡之人士,未尝一投足举目于其间。噫!岂去古远,而好德尚文者鲜欤?

景泰壬申春,予安部剑南,公暇获一登览。命从者去其湮塞,剥苔剔藓,读之至再。其中字刻间有磨灭者若干字,乃风雨溜剥之所致,是以不能无感慨者系之焉。既归,进州守王君玘语之曰:"是碑刻于崖久矣,非屋之则日就磨灭。屋之又恐妄作厉民,子盍以义处之乎?"玘遂欣诺,退而谋诸判官蔡玉、吏目龚灌,各捐己俸,命诸生郑恺、母建中辈掌之,购材鸠工,为屋二楹。石其柱,木其梁,瓦其上,通敞其四旁。题曰:"磨崖碑亭。"请言为之记。

呜呼!亭以碑而立,碑以颂而建。欲记其亭之胜,可不推本其颂之文与字言之乎?夫颂之文,体异而正,词简而备。其歌颂有唐功业,必首及夫奸逆之臣、忠良之佐者,岂无谓哉?盖以当时治之衰者,由夫奸逆以召祸;衰而复兴者,本乎忠良之任功。然奸逆者死生可耻,忠良者则流芳未艾。正欲使读者愤懑感发,而知其惩劝。亦三百篇存其善以为劝,存其恶以为戒之遗意与?或者,疑其词婉含讥,非美盛德、告成功之体,遂诋之为一罪案,不亦过乎?

若乃碑之字,笔力遒劲,法度森严。若有云舒雾卷,龙跃凤翔;又如老柏疏梅,牙槎于霜雪之余,消散于风月之下,是岂无所自哉?盖鲁公之为人,英风劲气,轩昂物表,孤忠雅操,贯彻金石。是其字画,亦类其为人。百世之下,观其字可以想其风

①
黄溥. 磨崖碑亭记[M]//罗应涛. 巴蜀古文选解. 成都: 四川大学出版社, 2002: 144-146.

②
疑为翳。

①
李骏. 合浦还珠亭记[M]//杜海军. 广西石刻总集辑校（上）. 北京：社会科学文献出版社，2014：236-237.

采。故先正评朱子之书，谓其道义精华之气，浑浑浩浩，自理窟中流出；愚亦谓鲁公之书，刚直英锐之气，凛凛烈烈，自忠肝义胆中流出。宜其去世愈远，而人愈加爱慕者焉。且颂之文成于上元庚子，越十又一年，至大历辛未，始得公书，刻之以为称。而往往见于儒先之所题品，故宋文潜诗云："水部胸中星斗文，太师笔下龙蛇字"者是也。

虽然，是碑之见重于世，固在文与字之始绝也。而吾后进之士，拳拳欲作亭以覆护之者，则又非独慕乎此也。夫二公之事功行义，礴硠宇宙，彪炳汗青，人人之所愿学而不能者也。文与字，特其余事见于精神心画者耳。凡仰其事功行义，则慕其为人。慕其为人，则思其所以保全其精神心画于不忘，此亭之所由作也。诗云："高山仰止，景行行止。"其此之谓与？后之君子，能继而茸之、嗣而守之，使斯亭常新、碑长固，则二公之精神心画著于斯邦着，亦常存不朽。夫然非特为二公之荣，虽闻水、东山，亦因之永增重于天地间矣。

按：《中兴颂》磨崖碑，在湖广祁阳县浯溪口，故云"湘江东西，中直浯溪"。今剑州亦有刻者，岂以明皇幸蜀曾此驻扎，而颜鲁公又尝宦于蓬州，地之相去甚近，当时人心有感于斯，求书而刻之耶？然此记，遂以闻溪为浯溪，则误矣，今悉正之。

题解

磨崖碑亭，顾名思义，碑镌刻于山崖巨石之上。亭则与碑相关，位于今四川剑阁县鹤鸣山上。碑文《中兴颂》为唐代元结所撰、颜真卿所书。《磨崖碑亭记》记叙了磨崖碑亭的建造过程与原因，并高度评价了元结、颜真卿的功绩与人格。

建碑亭缘于作者痛惜该碑几乎淹没于山中，无人问津。而元结之"文"、真卿之"字"都有其特殊的意义：《中兴颂》"体异而正，词简而备"，内容涉及有唐功业由衰而兴的过程，其中"奸逆者死生可耻，忠良者则流芳未艾"，有"惩劝"之功；颜字"笔力遒劲，法度森严"，字如其人，有"刚直英锐之气"，引"爱慕"之情；再者，元结、颜真卿二人"事功行义"所展现出来的"精神心画"，值得"常存不朽"，这也是建碑亭更为重要的原因。从中不难见出深厚的人文精神和经久的审美价值。

103. 合浦还珠亭记①

李骏

合浦，古郡也，今为县隶廉州府。旧有亭曰还珠，盖以表孟尝之异政也。亭在今府治东北还珠岭下，屡经兵火，漫不可识。景泰五年，郡守江右李君逊，构地于稍南而作新之。既建亭其中，又产祠其后，工力费用皆措置有方，民悉欣然从事，无有怨咨。经始于是岁之冬，落成于明年之夏，适予按部斯郡，遂以记请。

予惟州郡守吏，秩不贵于诸侯，而势等尔。诸侯始封，其地大者不过五百里，小者仅百里而已。今郡地至于千里，州犹不下数百里，俗之登耗，政之巨细，金谷之出纳，教化之张弛，皆悬于长吏之贤否，以故择吏者慎之。方汉室既东，政尚督责，当时这为郡者，率皆蚓于货宝，专务诛求，由是含胎孕珠之蚌，亦皆苦之而徙于他境。为政之弊，一至于此，尚何望其有所建明哉！独孟君之来也，去其害而兴其利，通其政而和其民，礼乐教化之具毕修，愆伏凌苦之灾不降。由是人无瘰剠，物无疵疠，虽池中产珠之蚌，尝徙于他境者，亦皆感之而复还。夫以无知之微物且然，矧民吾同胞者，在当时宜无不被其惠爱矣。民无不被其惠爱，凡政之悬于郡长者，在当时亦无不建明矣。若孟君者，诚可为东汉守吏之最，而足为师表百世者也。今去孟君几千百年，而人之思孟君者同于一日，则知善政之感于人心，殆千载一时而未尝有间也。今李君能因民心之所同，而复新斯亭以示劝，因表其义以励俗，则其为政亦未尝不取法于孟君焉。

题解

《合浦还珠亭记》由合浦郡守李逊重建还珠亭之筹划井然、民众合应出发，赞颂了郡守的德政与贤能，以及政通人和的社会气象。其中用较多的篇幅叙述了"合浦还珠"的故事，即东汉合浦太守孟尝革除前任贪官污吏之暴政，珠蚌终而重返合浦、百姓复得安居乐业的千年佳话。因此，还珠亭的重建不仅是对于孟尝的追念，而且具有积极的劝诫、勉励意义。

104. 窦圌山超然亭记[①]

戴仁

余少读《吕氏春秋》，考天下九山，心窃慕之。长而逐坐车马，足迹所至，得蹑九山之概，然皆富于宫阙楼观，且在名都巨邑，为名公贤士所品题而其迹始昭显。若夫奇伟秀绝、本于大块之生成者，不过王屋、太华、太行、孟门四山而已。始知古今胜地，多不符所载，以山之得名在人也。

江油虽蜀西僻壤，治北有窦圌山，山之高，著于绵、剑。双峰峭拔，巍然如阙。路盘绕而上，穷右峰之顶有东狱祠。左峰梯径不通，祠前横铁索以渡。香火之盛，甲于一方，而古碑无可稽，惟飞天藏钟磬有宋元年号。

铁索桥之设，俗传子明所创，无乃以踪迹怪异，神其说以其人耳！故登临者至望仙台见险，至石门见奇。迫夫蹑巉岩、距虎豹，攀附而升、元览众概、握兹山之上游者，在岱宇之

①

戴仁. 窦圌山超然亭记[M]//罗应涛. 巴蜀古文选解. 成都: 四川大学出版社, 2002: 100-101.

南，索桥之西焉。客至靡不徜徉眺望，而无亭舍止息以抒不穷之趣，未免阙然于中。

乙酉孟冬，龙安司理朱公奉檄晬邑，至旬月为窦圌之游。税驾履颠，爽瞻而叹曰："山乎！山乎！山不负人而人可负山乎？"乃度地势谋为宇，顾私心计之，而未告人也。再逾月，仍往一观，筹其费，捐俸金若干，市木午溪，授匠作亭。亭之高翼然独耸。四望群山，如在杯案。外夹栏栅，俯临千仞。又于三峰，甃砌严整，东西三祠，一时并葺。工始于腊初，落成于是岁七月。公不忍以官役夺民，且欲匠工缓图自善，故不务欲速。如此，工竣之日，公具奠白神，集乡大夫、属吏宴于亭，名其亭曰"超然"，问记于余。余惟山之来无亭，而亭成于今日，无论榛薆薄汉，丹臒连云，即长泓带卷，万山屏列，娑罗倒悬，虹梁偃卧，远树笼烟，平川幂翠，景物映发，依依在目。于斯时也，揽山川之清晖，慕仙人之遐举，则天籁清，尘想绝，浩浩乎直欲御风乘气以游于无穷，而物我形骸不在胸襟之内矣！

公之为是亭也，岂特赋诗吊古，酾酒放歌已哉？公文章有藻誉，为治宽平，议狱惟缓。莅任以来，急公恤隐，远迩颂德。暇日绎《左》、《国》、杜诗，洒洒自适。然则超然之趣，盖得诸心而托诸亭也！他日好奇之士列窦圌于九山，不以公重耶？

公江右安福人，弱冠举于乡，讳仲廉，字中甫，察吾其别号云。

题解

《窦圌山超然亭记》开篇通过介绍"天下九山"，即九州名山概况，引出"山之得名在人"的论断，为后文记叙超然亭建设经过、称赞主持建设的朱（仲廉）公之品行德操做出铺垫。文章继而描绘窦圌山的高峻险拔，及其山间奇景。而登顶无亭舍驻足歇息、穷山川奥妙，实乃缺憾，这成为朱公建亭的原因——"山不负人而人可负山乎？"超然亭建于山之高处，俯瞰群山如同几案，上接云天如入仙境。登之，世俗念想荡然无存，身心与外物不分彼此，此为亭之命名"超然"的原因之一；朱公建亭不借官位强取民力，谋求速成，而令匠工在慢慢推敲中累积成效、完善建构，体现了朱公心系社稷、关爱民生的道德情操，此为亭之命名"超然"的原因之二。文章最后进一步点明了朱公建亭背后的德政基础，及其本人钟爱诗文的恬淡品质，这与超然亭的自然风景相得益彰。因此，该亭记有写景，有记事，有评论，有抒情，层层推进，首尾呼应，浑然一体。

概言之，超然亭及其建设过程一方面体现了自然情趣，另一方面蕴含着人文情怀，同时恰如其分地反映了中国传统园林文化中人与自然对话、交融的永恒主题。

105．日迟亭记[①]

徐可求

柯山石梁所从来矣，繇晋王质而始名。至明瞿维西公而始亭。亭成于万历之戊午，则公守衢之明年也。

山川四映，风日宜人，可以息劳，可以揽胜，可以传觞，可以忘归。山如故也，址如故也，前岂无人不作此举？而公始创之，事如有待，则山灵之徼幸于人，有甚于人之呵护山灵矣。余不慧，时作喧寂之想。去山不数里，先子之宅在焉。故取涂于山，未尝不登眺；登眺未尝不穷日。日穷而促归，未尝不怅憗于不满志。私心焉于此诛茅作室，便可与王子传问弈谱，如积薪当年故事，而公为之矣。

筑基伊始，将作官程昆约余略商高下，踌躇良久，神怳先告，风雨欲来，徘徊未去，谓程子曰："人若心中无事，何必作牛马走。生活即此静坐，直一日当两日矣。"程曰："公解办此，何必非王子后身？"余曰："固然。不有瞿公，谁为发宇宙之清旷，遗俗子以宽闲。我辈食此未有报耳！"则程子百稽首曰："敢报之以不苟，简于首事，图永奠于方来。"徐共言别，日尚衔山。

载阅月而工成。公忘余之不慧，属为名而记。余且忆断碑之章曰："洞天春远日行迟，几点星残仙子棋。

樵斧烂柯人换世，碧桃花影未曾移。"逸而雅，婉而多风，不必侈言仙去，恍已若在羲皇之上者。公所不

委琐于世局，自公之暇，一再涉此，会心不远，日御且迟，已因颜之曰"日迟亭"。公讳溥，别号维西，四川达州人。成万历丁未进士。

万历戊午岁孟夏上浣之吉。明吏部文选清吏司郎中、治人徐可求顿首拜撰，邑后学徐日炅书石。

题解

《日迟亭记》开篇点明日迟亭由衢州太守瞿溥即任后始建，历时一年；位于衢州"柯山石梁"，即烂柯山，又名石室山。作者由此提及晋代樵夫王质"烂柯"的典故，铺垫了些许超凡脱俗的气息。随后第二至第五自然段围绕"日迟"写景、评论。

第二段描写美妙山色，如此佳境，自瞿公始而发掘，不禁令人意会"江山如有待，花柳自无私"[②]之句，而每每登眺，总令人依依不舍——"日穷而促归"。

第三段叙写作者与将作官程昆在亭子修建过程中的对话，再次指涉了"烂柯"典故——"直一日当两日矣"，且有宁静致远之意，并表达了对瞿公开创山亭的敬意，而相互告别之时，已然接近日头落山之时——"日尚衔山"。

第四段援引七言诗句"洞天春远日行迟，几点星残仙子棋；樵斧烂柯人换世，碧桃花影未曾移"[③]，进一步强调了日迟亭与"烂柯"典故的关联。

第五段状写亭之优雅飘逸，称赞

①
徐可求. 日迟亭记[M]//郑永禧. 衢县志·卷十七·碑碣志二·名山. 台湾：成文出版社，1984：1736-1738.

②
杜甫. 后游[M]//张忠纲，选注. 杜甫诗选. 北京：中华书局，2005：162.

③
杨明. 洞天春游[M]//烂柯山志编纂领导小组. 烂柯山志. 杭州：浙江人民出版社，1998：30.

①
戴名世. 数峰亭记[M]//张成德. 中国游记散文大系:
江西卷. 上海: 书海出版社, 2002: 230.

②
陶渊明. 饮酒（其五）[M]//吴泽顺. 陶渊明集. 长
沙: 岳麓书社, 1996: 18.

③
王奕清. 重修太白碑亭记[M]//桐梓县地方志. 桐梓
历代文库. 贵阳: 贵阳佳美印务有限公司, 2004:
106-107.

瞿公不囿于世俗的情怀，这大概正是瞿公得以发现此处山色美景的个人品性内因，并最终点出"日迟"之名的由来——"会心不远日御且迟"。

通观全文，"日迟"之意或隐或现于字里行间，时而写景，时而写意，时而描述现世，时而拟绘仙境，读之有兴味，更有余味。

106. 数峰亭记①

戴名世

余性好山水，而吾桐山水奇秀，甲于他县。吾卜居于南山，距县治二十余里，前后左右皆平岗，逶迤回合，层叠无穷，而独无大山；水则仅陂堰池塘而已，亦无大流。至于远山之环绕者，或在十里外，或在二三十里外，浮岚飞翠，叠立云表。吾尝以为看远山更佳，则此地虽无大山，而亦未尝不可乐也。

出大门，循墙而东，有平岗，尽处土隆然而高。盖屋面西南，而此地面西北，于是西北诸峰，尽效于襟袖之间。其上有古松数十株，皆如虬龙，他杂树亦颇多有。且有隙地，稍低，余欲凿池蓄鱼种莲，植垂柳数十株于池畔。池之东北，仍有隙地，可以种竹千个。

松之下筑一亭，而远山如屏，列于其前，于是名亭曰"数峰"，盖此亭原为西北数峰而筑也。计凿池构亭种竹之费，不下数十金，而余力不能也，姑预名之，以待诸异日。

题解

《数峰亭记》的作者劳碌大半生，近五十岁终于在家乡购置一处小产业，名"砚庄"（故址位于今安徽桐城孔城镇清水村），得以在一方小天地中尽享山林之乐。亭记以大量笔墨描绘了新居周围的山水风光：地势平坦，远山隐绰，层叠无穷，虽无巨构之大山，却足以怡情；水则陂塘小池，亦无河湖大流，一派精致可人的景象；另有枝干遒劲的古松数十株，及其他杂树。作者继而对如何经营新居展开了丰富的构想：低处凿池，养鱼种莲；东北隙地，植竹千竿；松下筑亭。该亭因景致远借西北远山，取名"数峰"。但由于作者财力不济、无力为之，这些只能是美好的遐想，具体实施则从长计议。

因此，该亭记虽名曰"亭记"，却由于该亭实际上并未建成，因而不在于写亭之"实"，而重在写景之"虚"。该亭记通过描绘作者心目中关于数峰亭的营造理想，及其所在的风景空间，自然流露出作者在新居环境中油然而生的怡然自洽心境，或有"此中有真意，欲辨已忘言"②的情怀。

107. 重修太白碑亭记③

王奕清

唐供奉翰林太白李先生，曾以至德中谪居夜郎，故其地多公遗迹。

夜郎为黔南诸郡县。余往岁出典黔闱，所至搜访公遗迹，流连凭吊之不能忘。复奉命来视蜀学，之播州，州古夜郎地。其属桐梓县者有夜郎驿，驿东北三十里为新站，有公遗碑，镌公留夜郎诸诗。相传碑系公手迹，后为土人无识者毁去，兹乃以旧搨重摹立石者。碑覆以亭，前令张君皇辅所建，岁久倾圮。今岁三月，余按试播州，过其地，乃捐俸嘱令金君为加修整。因念唐时称诗莫盛于李、杜，李公既蜀人，而杜公亦留滞于蜀久。故二公遗迹流传于蜀为多。然杜公草堂在浣花者，即当省会之地；而东屯瀼西，亦皆近入峡孔道，蜀中游宦之人，类能识之。而李公之彰明旧宅，匡山半心读书台，虽其遗址并在，后人亦皆有碑镌诗文以识其处，而限地稍僻，非比杜公浣花之居近在省会，为往来冠盖之所必经。故好事者虽企慕之，或不尽至其地，而余亦为巡历之所未及也。新站之在蜀，尤为偏远。今适以播州行过此，得以拂拭公之后尘，而想企公之风流，觉去今千百年，犹爽然如见公于残碑断句间，亦藉以补彰明、匡山未至之缺略也。余归成都，将举杜公浣花草堂之旧而增修之。惜新站地荒隘，无能稍为恢拓，姑仍其规模而葺其颓废，俾遗碑无为风雨所剥蚀，使后之过斯土者，咸得藉是以景仰公之芳躅于不没云。公谪以永王璘事。论世者皆能为公别其冤。兹不复及也。

题解

《重修太白碑亭记》记述了作者至夜郎（文中指今贵州桐梓）时，对与诗人李白有关的遗碑碑亭进行修缮的事情，表达了对前人的爱戴。

李白曾谪居夜郎诸地，因而在此留有诸多遗迹。太白亭便是为保护一块遗碑碑文所修建的。亭位于桐梓县夜郎驿东北三十里的新驿站，那里遗有李白亲笔所书的"夜郎诸诗"石碑，后来石碑被不识字的当地人毁坏了，现存的是从原有的石碑上拓下来重新摹刻的新石碑。前任县令为了保护石碑，使其有所遮蔽而修建了亭子，但亭子年久失修，已经坍圮了。作者对比了唐代两位著名诗人李白和杜甫，他们均"留滞于蜀久"，所以"遗迹流传于蜀为多"。作者从遗迹所在地理位置来看：杜之草堂等遗迹皆在省会或要道之处，游者甚多；而李之旧宅、读书台等遗迹，因"限地稍僻"，所以倾慕者虽多，但有的人"不尽至其地"。而此处碑亭"尤为偏远"，作者亦从"残碑断句间"感受到了李白诗文字里行间的风流。正如王安石在《游褒禅山记》中所说"夫夷以近，则游者众；险以远，则至者少"[①]，作者表达出为李之遗迹不为众人所至的惋惜。在对亭的修缮中，作者限于"新站地荒隘"的客观原因，只能稍稍对其进行修复，而其规模无法扩大。但为碑文提供遮蔽之所的建亭初衷得以延续下去，使得这一遗迹能继续为后人所瞻仰纪念。（宋霖）

① 王安石.游褒禅山记[M]//王兆鹏，黄崇浩.王安石集.南京：凤凰出版社，2014：196-197.

①
孔尚基. 重修梅花亭记[M]//韩新民. 邢台文史资料:
第13辑. 石家庄: 河北人民出版社, 1990: 93.

②
全祖望. 水云亭记[M]//陈从周, 蒋启霆. 园综. 上
海: 同济大学出版社, 2004: 385-386.

108. 重修梅花亭记①

孔尚基

昔人谓宋广平忠肝义胆铁骨石肠, 而梅花一赋艳丽如许, 岂独以文词云尔乎? 如仅以文词而已, 则高唐洛神、上林子虚, 艳丽莫加焉, 有道君子不丞称而乐道之何哉? 然则《梅花赋》非重其文, 重其人也; 非贵其词, 贵其品也。当其折二张之角而绝逆萌, 直元忠之枉而激义气, 孤立群邪之间抗往不回, 犯天后之颜行而起其敬, 惮则不待裹, 开元之盛治而已知, 为有唐第一流人品矣。至其艳而不靡, 丽而不佻, 生平之鲠直, 相业皆可以搦管时决之。

沙河有宋广平墓, 其傍旧有梅花亭, 岁久圮败, 无遗址。余猥莅兹土, 捐俸新之, 落成聊志数言, 匪以表一时词赋之宗, 亦以作千古忠直之倡尔。

题解

《重修梅花亭记》基于唐代名相宋璟(字广平)的《梅花赋》展开论述, 盛赞一代贤臣"铁骨石肠"、忠心为国的高贵品格。

文章首先以前人对宋璟其人"忠肝义胆铁骨石肠"的评价起笔, 又以其文《梅花赋》"艳丽如许"与其人形成对比和转折, 发出"岂独以文词云尔乎"的疑问, 引人深思; 又以"艳丽莫加"的"高唐洛神"、"上林子虚"与之类比, 阐述作者写此

亭记的真正目的——"非贵其词, 贵其品也"。文章接着记述了宋璟为相时的事迹: 弹劾宠臣张昌宗、张易之兄弟; 保全被冤枉的魏元忠; 虽奸臣当道而刚正不阿, 敢于向武则天直言进谏, 以至能襄助唐至开元盛世的繁荣局面。作者更借此来称赞宋璟的贤能和忠良。梅花亭位于宋璟故里——沙河, 建在其墓穴的旁边。因年久失修, 原亭已坍圮, 无迹可寻。作者与其他人共同出资新建了一座亭, 沿用"梅花"二字, 一是典出宋璟所著《梅花赋》, 二也借此彪炳一代先贤寒梅傲骨般的高尚情操。(宋霖)

109. 水云亭记②

全祖望

鄞西湖之柳汀, 当宋嘉祐中, 钱集贤公辅始建"众乐亭"于中央, 左右夹以长廊三十间。南渡后, 莫尚书将又建"逸老堂"于亭南; 未几, 而魏王恺又建"涵虚馆"于亭北, 遂为十洲绝胜。嘉定以后, 居人皆呼为"湖亭"。元人取其地为驿, 于是"逸老堂"作南馆, "涵虚"作北馆, 叛臣王积翁之徒, 立祠亭祀, 而湖上之风流尽矣。

方氏据有庆元, 幕寮刘仁本、邱楠, 皆儒者, 始重为点缀, 复建"逸老堂"于东, "众乐亭"于西。明初, 并南馆入北馆, 移"逸老堂"与亭俱西, 而以东为花圃, 虽未能复柳

汀之旧，然稍稍振起矣。

先宫詹居湖上，重修“众乐亭”，相度于驿馆之后，即以魏王当日遗址作“四宜楼”，一览苍茫，湖光尽在襟袖。其北与“碧沚庵”遥对。楼前深入水二十余丈，去庵亦二十余丈，有“水云亭”空峙湖心。欲过此亭，必泛舟就之，过者皆赏其结构之奇，而其地所踞，更极日景斗枢之胜，不只景物之移人，则知者尤希。

凡吾乡城中之水，皆自小江湖而来，径长春门以汇西湖，而支流自大雷者，则自望京门而入，以一行山河两戒之说考之，盖亦四明西南两地络也。小江湖上诸山，其与大雷诸山之脉分道两下，磅礴绵延，直入城中。其在城外者，则会于长春、望京两门间，即丰氏“紫清观”一带也。其入城中者，正会于柳汀之北，故其气象倍觉空蒙浩渺，明瑟无际，而是亭适当之，左顾右眄，以揽其全，方丈之地，洞天东道七十峰如在目前。吾尝谓李太守之镇明山也，世皆知为收拾城南岩壑之纽，而不知是亭之卜地，盖亦深意存焉；夫岂徒夸澄湖之清景，以恣词客之遨游者哉？吾闻宫詹之为此也，监牧诸公率与荐绅先生来游，环舟亭下，列酒罏茶具而燕集焉，盖有钱集贤之遗风。百年以来，湖上游踪阒寂，而亭亦日以摧，旧有王忠烈公“印月”二字题额，今亦不存。呜呼！岂知昔人经营之惨淡也！爰记之。

题解

《水云亭记》首先记叙了北宋至南宋年间，鄞县西湖柳汀一带风景及建筑营造的兴盛、式微、重建的过程——其中钱集贤公辅建众乐亭为其滥觞——但终不及昔日盛况。水云亭即于柳汀风景重建之时落成，其结构奇巧，更倚地利而“极日景斗枢之胜”。其风景绝好而知者甚少，形成有趣的对应，也是鲜明的对比。

作者继而阐述鄞城内外的山水格局，诸山在城外“会于长春、望京两门间”，于城中“正会于柳汀之北”，而水云亭正当其要。作者在此呼应上文，说明其风景绝好的原因，赞赏其风景经营的巧思，而绝非借一湖之景以供游观。同时，众人游览“有钱集贤之遗风”，暗示了积极的社会意义与文化内涵。然而，作者最后提到水云亭已然不存，表达了深切的惋惜之情。

总之，该文追记水云亭营造的来龙去脉、风景经营的特点、人们对它的认识，字里行间每见悲情色彩。

110. 峡江寺飞泉亭记[1]

袁枚

余年来观瀑屡矣，至峡江寺而意难决舍，则飞泉一亭为之也。

凡人之情，其目悦，其体不适，势不能久留。天台之瀑离寺百步，雁宕瀑旁无寺。他若匡庐，若罗浮，若

[1] 袁枚. 峡江寺飞泉亭记[M]//李灵年，李泽平，译注. 古代文史名著选译丛书：袁枚诗文选译. 修订版. 南京：凤凰出版社，2011：237-239.

青田之石门，瀑未尝不奇，而游者皆暴日中，踞危崖，不得从容以观，如倾盖交，虽欢易别。唯粤东峡山，高不过里许，而磴级纡曲，古松张覆，骄阳不炙。过石桥，有三奇树鼎足立，忽至半空，凝结为一。凡树皆根合而枝分，此独根分而枝合，奇已！登山大半，飞瀑雷霆，从空而下。瀑旁有室，即飞泉亭也。纵横丈余，八窗明净，闭窗瀑闻，开窗瀑至。人可坐可卧，可箕踞，可偃仰，可放笔砚，可瀹茗置饮。以人之逸，待水之劳，取九天银河，置几席间作玩。当时建此亭者，其仙乎？

僧澄波善弈，余命霞裳与之对枰。于是水声、棋声、松声、鸟声，参错并奏。顷之，又有曳杖声从云中来者，则老僧怀远抱诗集尺许，来索余序。于是吟咏之声又复大作。天籁人籁，合同而化。不图观瀑之娱，一至于斯，亭之功大矣！

坐久日落，不得已下山，宿带玉堂。正对南山，云树蓊郁，中隔长江，风帆往来，妙无一人肯泊岸来此寺者。僧告余曰：“峡江寺俗名飞来寺。”余笑曰：“寺何能飞？唯他日余之魂梦或飞来耳。”僧曰：“无征不信。公爱之，何不记之？”余曰：“诺。”已，遂述数行，一以自存，一以与僧。

题解

袁枚是清代著名诗人、作家，他在游历广东峡山上的峡江寺时，对该寺旁的飞泉亭体会颇深，因此写下了《峡江寺飞泉亭记》。作者对此亭的描述达到了主题突出、寓意深刻、细致入微、惟妙惟肖的境地。

飞泉亭位于瀑布旁，于是袁枚首先谈到他游天下的瀑布甚多，唯独对峡江寺观瀑布则难以忘怀，为什么呢？主要就因为有了飞泉亭。那么，为什么在飞泉亭观瀑布就有那么好呢？袁枚以反正的笔法，先说在天台山观瀑，离寺庙太远（离寺约百步）；在雁荡山观瀑，旁边根本就没有寺庙；其他的如江西庐山、广东云浮山、青田石门的观瀑，不是晒得很，没有遮阴停歇的地方，就是处于危崖之上，叫人不能从容而安心地观瀑，所以都不能久留。

唯独峡江寺的观瀑不同，在去观瀑的路上，弯弯曲曲，步移景异，过石桥，又见三株奇异的大树覆盖，走了一大半路就可听到飞流如雷的瀑布声。瀑布旁有一室，名叫飞泉亭，其长仅一丈多，但明窗净几，即使关上窗户，也可以听到瀑布的声音，如打开窗户，瀑布的水珠就可喷射进来，人们可以在这个亭子里或坐或卧，可舞文弄墨，也可品尝茗茶，非常安逸、舒畅，真像神仙过的日子，莫非这个亭子就是仙人建造的吧？！

在这个亭子里，袁枚还与寺中的澄波和尚下棋，于是棋声、流水声、松涛声、鸟鸣声……，一齐涌入耳中。过了一会儿，忽然又从山云中听到拐杖一蹬一蹬的、越来越近的声音，这原来是怀远和尚抱着一大叠的诗集来了。这是他来请袁枚写序题字的，因之又有了吟咏诗歌的声音。这时候，大自然的天籁之声与人的朗朗读诗声，自然地结合成一曲曲绝妙的乐章。大家不仅观赏了瀑布，也充分地享受着这人与自然和声并奏的美景，这些都要归功于这个飞泉亭子啊！

从以上的描述中，可见亭的位置及其设计非常重要，如观瀑亭则需要建造在与瀑布不远不近的适宜位置，还要有可开可闭的景窗，要能满足观瀑、品茗、歇息、以文会友的需要，这样既能享受优美的自然景观，又能欣赏一曲天籁与朗读和声的绝妙音乐。袁枚对亭子的认识，真可谓深矣、细矣。（朱钧珍）

111. 重修莲池亭记[①]

黄泳

成州八景，裴公莲湖实胜且近云。公讳守真，稷山人，唐高宗时知成州。政通人和，乃于治西偏凿塘，引水成湖。湖心建亭，环亭植莲，夹岸树桃柳，榜曰"湖山飞阁"。为桥，前"云锦"，后"霞漪"。每夏秋间，绿衣漾波，香风满座，游鱼逐萍藻下。上公时集僚属觞咏其间，极一时胜事。自是以后，时有变迁，

境无兴废，凡有事斯土者，咸时加培植，藉以游目骋怀。而湖亭之胜，遂自宋、元、明以迄于今。余莅成之明年，邑尉张名光永，来告余曰："裴公湖胜迹，近在城右。自康熙甲戌，前尹胡公承福重修，岁久就倾，建置殆不可缓。昔苏长公通判凤翔，凿东湖，亭喜雨，及知杭州，疏西湖，通六桥，亭湖心，成千古韵事。公，苏之乡人。今亭之待成，适与公会，继盛美而鼎新之，是在于公。"余闻其言，自愧尘俗，何敢妄拟前贤？然而殊情逸兴，亦复不浅；况修废举坠，尤司土者事耶？乃量捐清俸以先，尉更募诸官绅商民而经纪之。于焉度地选材，限日兴工。大致仍乎其旧，而基加廓大，亭益回栏，楦榈栋柱，悉施丹垩采饰，务使规模气象，壮丽宏敞。亭沼之美，辉映湖山：游观之盛，媲美古昔焉。逾年落成，而张尉适去，请记于余。余颜其额曰"肖苏"，成张意也。至若莲漪之灿烂，与夫风景亭台之秀绝，则前人之题咏备矣，余何赘焉？爰即修举之始末，并乐输之姓字，刊诸石，以冀佳胜之近娱耳目者，远垂千古云。

题解

《重修莲池亭记》记述了莲池亭的历史沿革，以及莲池重新修缮的情况，希望借此效法前贤，恢复莲池风流雅集之盛况。

裴守真唐高宗时任成州（今甘

①
黄泳. 重修莲池亭记[M]//黄泳第，纂修. 甘肃省成县新志（二）.台湾: 成文出版社，1970: 432-435.

①
叶世倬. 重修连理亭记[M]//陕西省留坝县地方志
编纂委员会. 留坝县志. 西安：陕西人民出版社，
2002：722—723.

肃成县）刺史，在城之西处开挖池塘，并引水成湖，并在湖心建亭，在亭子的周围种植莲花，而在堤岸之上，夹岸种植桃树和柳树形成行道树，形成"桃红柳绿"的色彩对比。亭与岸间架桥，其桥前题"云锦"一词，后书"霞漪"二字，此为古代园林建制中常用的对额题点之手法。每到夏秋之际，清风徐徐，绿波粼粼，莲香阵阵，游鱼尾尾，文人雅士集聚于此，饮酒吟咏、赏景作乐，此等风流雅事成为一时之风气。借由此亭点缀，将周边的湖光山色纳入其间，裴公所营建的莲湖成为"成州八景"之一的"湖山飞阁"胜景。之后虽时移世易，而此景境却经由历代经营培植，不曾荒芜。只是湖心之亭，康熙甲戌年由府尹胡承福重修之后，已年久失修，需马上修缮。文中以苏轼之凤翔喜雨亭和西湖湖心亭与之作比，望修亭而成"千古韵事"。因而黄泳从"度地选材"入手，开始对莲池之亭进行修缮。由前文可知，亭坐落于城之右的人工湖中，远景有山色葱茏，中景有桥与亭相映衬，还有桃红柳绿掩映其间，前景有莲池碧波、莲叶荷花，还有游鱼形成动景。亭的形制还是其原有的样貌，但其所占场地扩大，亭子增加了回栏，所有的梁柱都粉以彩绘装饰，使得亭子的规模比之前更为壮观，焕然一新，也衬着周边的湖光山色，更加引得游人流连其间。（宋霖）

112. 重修连理亭记①

叶世倬

柴关岭隶汉中留坝厅治，其北麓有古橡一株，根去地约二丈许，分两干，亭亭直上，约丈余横生一枝，连两干为一，复分而上，又约丈余，栈蒐齿险，抗衡绕剞，其状甚古。夫！草木无知，杞梓松柏，盘错于深山幽谷中者，何可胜数。而物之异者必有灵应。考瑞应图云：王者德洽四方，合为一家，则木连理。又征详记云：连理者，仁木也。

故昔诗人之咏夫妇也，多托兴于此。其咏兄弟也，亦托兴于此。而世之为夫妇，为兄弟者，可心鉴矣！

则兹木之生岂偶然哉！余自乾隆丙午（五十一年(1786)）入蜀，道经此岭时，则槎丫俊茂，阴翳蔽天，此树杂错众木中，前有亭，立碣以表之。今嘉庆戊辰（十三年(1808)）自关中至兴安，复经此岭，二十三年间，地无不碎，树无不刊，且连岁白莲教滋扰，亭亦毁于火，而惟此树独完。岂笃生嘉植，人之不忍伤欤！抑山灵呵护有以存之耶。

留坝司马任公奎光，循良吏也，乘兵燹之余，百废俱修，更复亭之旧规，捡碎石以为垣，以缭之四围，戒土人勿剪勿伐，俾仁木之瑞。应以示人者，常留宇宙，其用心大而远，非徒以筛。观觇，资游览也。予故乐为之记！以告后之来者。

题解

《重修连理亭记》由汉中留坝柴关岭北麓一株奇特的古橡树入手，认为"物之异者必有灵应"，由衷赞美了自然造化，进而阐发了"连理"的含义——"连理者，仁木也"，并将执政者的德政仁爱、夫妇的和谐恩爱、兄弟的同心同德与树的形态联系在一起，暗示了人与自然的某种微妙关联。作者再而写亭，其重点实则仍在于对树的称颂——战乱侵扰、沧海桑田时局之下，亭即毁，而树无损，似乎真有"山灵呵护"。亭之重建由"慈爱及民，民亦爱之"的留坝司马任奎光主持，而作者论及重修连理亭"应以示人者，常留宇宙，其用心大而远，非徒以筛"，无疑深化、升华了其中的社会意义。

文章行文流畅，由树及人、及亭，再及人，虽带有些许迷信色彩，但也表现出敬重自然的朴素观念，以及对于社会仁德的积极倡导。

113. 新修吕仙亭记[①]

吴敏树

岳州城南吕仙之亭，当南津港口。古所称濛湖者，水反入为濛。城东南诸山之水，自南津西北趋湖，湖水起，则东南入山尽，十余里皆湖也。故山水之胜，亭兼得之。由亭中以望，凡岳阳楼所见，无弗同者。而青苍秀映之状，幽赏者又宜之。至于为月夜泛舟之游，无风波卒然之恐，唯亭下可也。

唐张说为岳州刺史，与宾僚游燕，多在南楼及濛湖上。寺见其诗中，"南楼"即岳阳也。寺今尚存，而亭踞其左阜稍前，相去才数百步，寺之胜已移于亭矣。然岳阳楼之居城近，自唐以来，名贤学士皆登而赋诗其上，播于古今盛矣。亭之兴后于楼，其去城且三里。四方之客过郡，既登楼，莫亭之问，以此不若楼之有名天下。而基高以敞，亦复其上为楼，有连房容饮席及卧宿，逾于岳阳。而远市嚣，少杂游，亦处地之善也。吕仙者，世所传洞宾仙人，一号纯阳子，唐末人，其踪迹故事在岳州者颇多。盖尝有三醉之诗，故岳阳楼塑其仙像，又有城南遇老树精之语，则此亭所为作。按范致明《岳阳风土记》，城南白鹤山有吕仙亭，亭之始自宋时也，后乃增大之云。

余自少时性乐放远，入郡多寓亭下。近更兵乱，亭毁矣，道士李智亮募资而复之。智亮有才能，楼加其层，广亦过旧，亭廊旁廊，历岁克成。以余之夙于此也，求为之记。

余惟神仙之事茫哉，孰从而知之？扬子云曰："仙者，无以为也。有与无，非问也。"秦汉之君以求仙荒游，卒无所遇。唐世士大夫喜饵金石，多为药误。小说载唐时仙者甚多，皆妄陋无称，而纯阳氏之名独雅而著。余观张说岳州诸诗屡有言神仙者，时未有纯

①
吴敏树. 新修吕仙亭记[M]//任清. 唐宋明清文集（第2辑）：清人文集.天津：天津古籍出版社，2000：1509–1510.

① 郑珍. 斗亭记[M]//黄万机，黄江玲，校注. 巢经巢文集校注：卷第三.北京：中央民族大学出版社，2013：131.

阳氏，而岳之湖上固传有仙人往来之语矣。得非隐人高士出没江湖间，人乃目之为仙与？抑湖上诸山磊磊浮波面，若近而远，令人有海上蓬莱之思乎？盖仙者可以不学，而意亦不能无之。若山川奇异幽远之乡，使出世之士俯仰其间，必将有恍惚从之者。果有与无，俱不足论也。余昔在亭见老张道人者，炼形颇久，能以气自动其两耳，后竟以老死。而其徒方东谷者不学为仙，独能饮酒。余至，则与之皆醉。吾闻吕仙仙于酒者，今智亮其为仙耶？为酒耶？余虽老，不喜入城，犹愿得游处亭下，如往时也。

同治三年甲子岁夏五月。

题解

吕仙亭位于岳州（今湖南岳阳）城南，与岳阳楼相去不远。亭因兵乱而毁，道士李智亮募集资财新修之，吴敏树受道士所托，为新亭作记。

作者从比较吕仙亭与岳阳楼风景观游的类同、雅集的多寡、声名的大小入手，指出吕仙亭"远市嚣，少杂游，亦处地之善也"，而作者"自少时性乐放远，入郡多寓亭下"，表现了超脱、淡泊的心性。作者进而由"吕仙亭"有感而发，围绕神仙的"有与无"阐发议论，以前朝历代的史实为据，斥神仙之说为谬谈，认为"神仙不可学，而意亦不能无之"，"果有与无，俱不足论也"，即重点不在于神仙是否存在，而在于人的身

心体验和精神会意的高度。此处呼应了前文所述作者自己对于吕仙亭的情有独钟，也呈现了辞官之后远离世俗、自得其乐的情怀。

114. 斗亭记①

郑珍

地，旧圃也。余居竹溪之十二年，始化蔬为花木。其前割田三之一为方池，源于檐而冬夏常不涸。因种夫容其中，缘以绿节，遂为外屏。其中多鲋鱼，可玩可饵。手植柳四五株荫之，上列杂树，四时皆有花，而亭适当枣下。

大人嗜钓，非深冬，常在溪。太孺人善病而好劳，不可拂。每日暄夕佳，携妻若妹若小儿女奉孺人坐亭上。或据树石诵书咏诗。思昔贤随遇守分之遗风；或偕儿女黏飞虫、呼蝼蚁，观其君臣劳逸部勒；或学鹊楂楂鸣，役按花惊潜鱼，为种种儿戏。孺人虽笑骂之，而纺砖、絮檖未尝一辍手。夏荷秋兰，梅萱冬春，盖三年于此矣！

咸曰：亭无名何？因以"斗"谥之。或问故。为之歌曰："斗兮斗兮，不余乎期。亭之存兮系余怀，亭之不存兮余之悲。而余惟亭之存兮。斗兮，斗兮！"歌终，咸不能复问名亭之故，竟无知者。

题解

斗亭位于作者宅居旧圃之中、枣

树之下。《斗亭记》追记了作者与家人——特别是母亲——在此度过的三年时光，或垂钓，或诵书，或咏诗，或种种儿戏，不一而足，在琐碎的日常生活之中见人伦之乐，以及作者对于母亲、家人的深厚、真切的情感。而在这个过程中“思昔贤随遇守分之遗风”，则表现了作者安贫乐道的心境和生活态度。

文章提到有人问及“斗亭”之名的由来，作者以歌相对，没有正面回答疑问，却道出自己对于亭的不舍与依恋，这反映了作者对母亲和家人的牵挂。其实，作者在母亲去世后，曾作诗追忆其母：“园角一茅亭，亭后双枣树。几年亭破草荒芜，旧为阿娘拜斗处。”①这应是“斗亭”命名的由来。在该亭记中，作者对命名由来欲说还休，或为作者不欲与外人道的内在情愫。

115．酒泉亭记②

沈青崖

古今名胜之地，显晦不常，盖有天焉。其涌也，天钟其灵；其汩也，天掩其秀；其通也，天锡其名；其塞也，天厄其迂。至于积困，而亨得与圣世之昆虫草木，同被其光华，则天之定而默相夫人者也。肃州之有酒泉，上应天星，振古澄泓，禹导弱水而西，未志此泉。周陷于戎，秦没于氐，汉初沦于匈奴，其殆天钟之，而旋淹之耶？武帝既开边，立河西四郡，以泉名郡，而泉始著。东汉以迄南北，割据腥膻，泉其污矣。唐没于吐蕃，宋窃于元昊，岂能使清流常洁耶？元、明之世，倚关设险，经理西事，名公巨卿，不乏其人，泉故无恙，而亭台宴赏之乐，渺无闻焉。泉何不幸，出于边陲之末，数千百年，空享大名，而常处于忧虞寂寞之乡耶？雍正辛亥冬，总督陕甘诸军事大冢宰查公，移节肃州，次年，拜宁远大将军，统师徂征，以大司寇阳湖刘公代之，兼知军机。迄乾隆初，西旅底贡凡五稔，麾下承事群公，若都督、若廉访、若牧守，莫不祇敬趋事，以共戎务，下逮黎庶，力穑、牵车、执艺，罔不沾被。诚所谓政通人和，百废俱兴之会也。由事，闲旷之情，览古兴怀，思有以润名胜，垂之永久，则酒泉为最。泉在东门外里许，东北流二十里，灌花寨田十五顷。半亩澄潭，一汪绉绿，败苇褵褷，枯杨零落，鸦操晚晖，犊眠浅草。浸塞云而惨淡，印汉月而凄清。过客对之，毋亦有黯然神动者乎？乃谋于众，醵金葺之。泉北培沮洳，建大室，下作涵洞以泄水。泉南建六角虚亭，以厅事三楹，左右迴廊，通于耳室，周遭浚湖为沟塍，树桃柳百株于短垣之外，垣外别有泉窦数处汇流。构屋时，掘地得甃甓，询之耆老云：嘉靖时，有指挥阎玉者，尝筑榭于此。然无志碣可考。兹以边事数宁

---

①
郑珍. 双枣树[M]//杨元桢，注释. 贵州大学古典文学教研室，校订. 郑珍巢经巢诗集校注. 贵阳：贵州人民出版社，1992：218-219.

②
沈青崖. 酒泉亭记[M]//酒泉市史志办公室. 酒泉市志. 兰州：兰州大学出版社，1998：1104-1105.

之后，得兴是役，谓之因可也，谓之创亦可。余知有是亭，可以不负此名矣。有如油幢飞盖，轩车至止，心旷神怡，顿忘远宦。羽觞秩秩，酒酿葡萄，笳拍嘈嘈，声传霹栗。追霍骠骑之壮志，慕班定远之勋名。勇气豪襟，泉为之激矣。至若骚人墨卿，载笔从戎，试上龙堆，忽来鹿塞，望雪山而作赋，过嘉峪以留题，酌水品茶，临流敲句，虽无永和祓禊之乐，庶几其有揽辔澄清之意，而泉为之静乎？若夫九边夫老，常供飞挽之劳，六郡良家，久谙鼓鼙之役。狼烟息警，鹭堠常宁。创见曲廊，围绿波而掩映，忽看文榭，如飞鸟之骞腾，负暄荻岸，鼓腹柳阴，莫不共乐升平，欣欣自得，泉为之畅矣，而况曦轮滉漾，暗光激射于华轩，娥影婵娟，澄澈直凝于桂户，黄睢晚宿，白鸟朝飞，鱼狎落花，燕穿纤柳。绮窗含雪，餐秀色于祁连，画栋留云，想焉支之靡曼。同是泉也，而气象不侔若此。虽拟之苏堤、鉴曲，江山风月之丽，画船箫鼓，渔唱菱歌，有间焉。然天生此泉，晦二千余年，而始得名。既名此泉，又晦二千余年，而始有亭。循其名，筑斯亭，殆天之假手于人，以显此名胜也夫。

题解

清代文人沈青崖写的《酒泉亭记》比较详细地交代了从宏观到微观，从历史到建亭的位置与缘由这些情况，写得流畅而绚丽，突出了酒泉亭的作用与景色。只可惜今日的酒泉亭是否即亭记中所描述的种种，尚待更深一层的考证。

从亭记来看，作者首先是从亭的大环境着眼，说名胜之著名与否，如同昆虫草木一样，虽有光华，都是天（指大自然）的赐予，然后才被人类享用、欣赏。

然后说到古代肃州（即今甘肃）的酒泉，得乎天赐。大禹治水时，也没有来过此地；周代、秦代及汉代初期的水患，也没有波及此泉；直到汉武帝西征时，才在此处设立郡制，并且以泉命名，这时酒泉才开始有名。泉水东汉以后至南北朝被污染。唐代时被吐蕃淹没，在宋代元昊时干枯，这使得这个泉不能清流常洁。元、明两代在这里设有关卡，管理西域之事，王公官卿也在此举办亭台宴赏之乐，这当然也就保护了此泉。但是，此泉由于地处边陲，虽有盛名，仍然不能成为更著名的胜迹。

直到清代雍正时，因有军事大将移驻肃州，在此整办军务，乾隆时，这里更作为边防要塞，逐步发展了民政事务，才有了休闲、娱乐、仿古览胜的需要。于是，酒泉也随之兴盛起来。

酒泉的位置在城的东门外一里处，向东北流二十里，可灌溉花田寨十五顷，还有半亩清潭、一注绀绿。但泉的周围则没有修整，杂花乱枝，枯相零落，鸦群野牛来此汲水，显得有些浸塞惨淡而凄凉，使过路人，尤其是文人产生一种黯然神伤之感。于是，有心人发起筹募资金、加以修葺之举，在此疏浚水系，建筑园林，并在泉的南面建了一座六角亭，还有厅、堂，四周围以沟壑，筑矮墙，形成院落，并种植百株桃树和柳树，这终于成为军事边陲园林。

因为有了亭、榭建筑，远近官民来此游览，或饮酒流觞，或奏乐激荡，心旷神怡，热闹起来，文人们可以在此亭"望雪山而作赋，过嘉峪以留题"，或品茶作诗，或游廊赏榭，荻岸柳荫，共乐升平，于是，泉水也更为流畅而名声大噪。在这里能见到"暗光激射于华轩，……澄澈直凝于桂户"，黄昏时可看到天空飞鸟归宿，早上则可看到白燕飞鸟出巢，鱼狎落花，燕穿纤柳，可餐秀色祁连，万般景色，纳入心神，颇有让人产生"不是江南，胜似江南"之感。

这样一来，上天所赐的泉水，终于在被埋没了两千余年之后才扬名天下。也是经过了漫长的两千余年，亭子才得以修建，因泉而名，所以曰"酒泉亭"。（朱钧珍）

116. 半山亭记[①]

张之洞

万山辐凑，一水环潆，雉堞云罗，鳞原星布者，兴郡也。城东北隅，云峰耸碧，烟柳迷青，秋水澄空，虹桥倒影者，招堤也。缘是数里，蒹葭苍苍，有阁巍然，峙于岩畔者，魁阁也。穿绿阴，梯白石，禅房乍转，画槛微通，石壁一方，茅亭三面者，半山亭也。做亭者谁？吾家大人也。翠萝红蓼，罗列于轩前；竹榭茅檐，欹斜于矶畔。太守之意，得之半山，而志以亭也。

岁在壬寅，家大人先守是郡，文风雅俗，焕然一新，固常与民同乐者也。夫其德及则信孚，信孚则人和，人和则政多暇。由是常徘徊于此阁，以寄胜慨；而亭未有焉，然其烟云万状，锦绣千重，早以毕具于目前。盖天钟灵于是，必待太守以启之也。爰乃建亭于阁之东偏，古径半弯，危廊数转，不崇朝而功成，易如也。

每当风清雨过，岩壑澄鲜，凭栏远眺，则有古树千红，澄潭一碧，落霞飞绮，凉月跳珠，此则半山亭之大观也。且夫画栏曲折，碧瓦参差，昭其洁也。烟光悒翠，竹影分青，昭其秀也。松床坐奕，筠簟眠琴，昭其趣也。分瓜请战，煮茗资谈，昭其事也。若夫柳岸晓风，芦花残月，云腾碧嶂，日落深林者，亭之朝暮也。水绿波澄，莲红香远，月白风清，水落石出者，亭之四时也。沙明荷静，舞翠摇红，竞秀于汀沚者，亭之晴也。柳眉烟锁，荷盖声喧，迷离于远岸者，亭之雨也。晴而明，雨而晦，朝而苍翠千重，暮而烟霞万顷。四时之景无穷，而亭之可乐，亦与为无穷也。

①
张之洞. 半山亭记[J]//蒋相浦. 张之洞·半山亭记. 贵州文史丛刊, 1993, 14（2）：81-82.

至若把钓人来，一蓑荷碧，采莲舟去，双桨摇红，渔唱绿杨，樵歌黄叶，往来不绝者，人之乐也。鹭眠荻屿，鱼戏莲房，或翔或集者，物之乐也。衣带轻缓，笑语喧哗者，太守游也。觥筹交错，肴核杂陈者，太守宴也。觞飞金谷，酒吸碧筒，宾客纷酬，杯盘狼藉者，太守欢也。题诗励士，把酒劝农，四境安恬，五谷垂颖者，则太守之真乐也。

俄而夕阳在山，人影散乱者，太守归而宾客从也。是则知其乐，而不知太守之乐者，禽鸟也。知太守之乐，而不知太守之乐民之乐者，众人也。乐民之乐，而能与人、物同知者，太守也。

夫美不自美，因人而彰。兰亭也，不遭右军，则清湍修竹，芜没于空山矣。岳阳之楼，晴川之阁，不有崔、范之品题，则巍观杰构，沉沦于湖滨江渚矣。是地也，不逢太守，则锦谷琼花，不现其佳境矣。为此亭也，则胜迹不令就荒，名花俱能见赏，凡夫出尘拔萃，必无沉滞而不彰矣，所以谓之与民同乐也。不志其佳，使花香山翠湮于野塘；不传于奕世，是贻林泉之愧也。故挥毫而记之，犹恐未能尽其致也。

道光二十有八年七月既望，南皮十一龄童子张之洞香涛撰。

题解

《半山亭记》是晚清重臣张之洞十一岁时所作，赞颂了其父的为官政绩，及其"与民同乐"的仁政。文章文采飞扬、见地敏锐，其出于十一岁孩童之手，难能可贵。

全文共六段。第一段点明半山亭的地理位置，即其父为官所在的贵州兴义府，同时如展卷轴般，依次描绘了招堤、魁阁、禅房、画槛、茅亭等景物，而"茅亭三面"，在形制上应为"半亭"，据此可大致知其景观及观景效果，这也是"半山亭"命名的由来。

第二段叙述其父的为官政绩，其"常与民同乐"；而半山亭的绝美风景，始因其父之发掘而为人所乐，这从另一侧面反映了其父的才干与品味。

第三段以华丽的辞藻描绘了半山亭色彩斑斓的景象：其中有半亭建筑之"洁"、风景林木之"秀"、对弈听琴之"趣"、资谈论道之"事"。其写景与写人并举，展现了生机勃勃的现实场景；继而又写"朝暮""四时"不同天时之景，以及"晴""雨"不同天象之景，空间与时间并举，解析了无穷无尽的风景体验。

第四、五段具体描写其父作为兴义太守"与民同乐"的生动画面，通过铺陈"人之乐""物之乐"，并将其与"太守之乐"相对比，反映了太守心系自然万物和广大民众的思想境界与宽大胸怀。

第六段基于前文，引出"美不自

美，因人而彰"的论点，并以王羲之之于兰亭、范仲淹之于岳阳楼、崔颢之于黄鹤楼作为论据，在理论上升华了其父高雅的人文趣味和仁政爱民的形象。

总之，该亭记通过写景、叙事、评论，层层递进，描绘了人与自然互动的和谐画面，以及仁政之下政通人和、歌舞升平的良好社会效益。

117. 重建宋文忠烈公渡海亭记[①]

张謇

史言宋德祐间天祥被元兵拘至镇江，与其客夜亡真州有所图。制置司李庭芝信诇言天祥来说降，戒备严急，所至拒不纳。乃潜逸高邮，由通泛海道温赴福益王召。通卖鱼湾者，昔滨海沮洳斥卤地也，距石港场东十五里。意公尝旅泊于此，后人因其处建渡海亭，岁久亭圮，而里祀宋范文正与公为二贤，故虽里父老能举公名。民国二年，宜兴储南强来知县事，求其址而新焉。里人复建小学校于旁连属以永之。懿哉！我通官吏士人之重此亭也。

宋覆于元，二王逃窜无所，其一二不贰心之臣，乃至出万死一生，奔进流离屈辱，以求保其一线仅存之屏主，甚且蒙无辩之谤，蹈不测之危，藏伏出没于荒菹穷海之间，展转以趋于必死。彼其时宁暇于斯须假息之地希后世杳渺不可知之名。及事过

论定，而匹夫之所捐躯蹈刃而争者，乃与一代倏兴倏废之帝王，并落于吊古欷歔者之口而独加敬焉，彼帝王宁贵于匹夫者。元主中夏不百年，至于今更阅两姓矣。

回溯公旅泊是湾时，日月奄忽，五六百年犹旦暮耳。四海至大，若是湾者不胜数；元兵锋之盛强，振古罕伦焉，尚有怀思乞颜惕氏而敬慕之者乎？而敬慕公者更千年而未有已，可决也。骛功利至帝王而极，而后如彼；较穷厄至匹夫而极，而后如此。人果是非之心未泯，其奚择而从也。虑其不知择而皦然以示之的，使匹夫也而自重，则重建是亭与设校者之志也夫。亭与校并成于四年八月。襄其事者，里人于忱、顾鸿阁、宋焕、陈培。输地以供建筑者，顾宝森、宝枝。为之记者张謇。

题解

《重建宋文忠烈公渡海亭记》以记述重修纪念宋代抗元名臣文天祥之渡海亭之事为引，追忆前事，盛赞义举，表达了对一代民族英雄的敬仰之情。

文章首先谈及为何文天祥在此渡海，即营建该亭的缘由：宋德祐年间，文天祥被元兵拘捕于镇江，后逃亡至真州，当时的江淮制置使李庭芝听信谗言，误会文天祥是要劝降于元，下令诛杀文天祥，文天祥因而逃到了高邮，经由通州（今江苏南通）出海，途经温州至福州。其出海

① 张謇. 重建宋文忠烈公渡海亭记[M]//张謇研究中心, 南通市图书馆, 江苏古籍出版社. 张謇全集. 南通: 东苏古籍出版社, 1994: 169–170.

①
梁善济. 重修元遗山先生野史亭记[M]//中国人民政治协商会议山西省忻州市委员会文史资料研究委员会. 忻州文史资料: 第6辑.忻州: 山西省忻州市文史资料委员会, 1990: 168.

②
陈去病. 西泠新建风雨亭记[M]//殷安如, 刘颖白. 陈去病诗文集. 北京: 社会科学文献出版社, 2009: 342-343.

登舟之地, 在距离石港场东边十五里处, 原为海滨低湿的盐碱地。后人在此地建一亭, 并以"渡海"命名, 直接点名该事件, 以此纪念此事件以及文天祥其人。该亭日久倾圮, 而这里的百姓敬重宋代的范仲淹和文天祥为二贤, 因而觅新址重修此亭, 重修之亭位于该地小学旁边。接着, 作者回顾历史, 赞扬文天祥虽"出万死一生, 奔迸流离""蒙无辩之谤, 蹈不测之危", 但还是以鄙薄之力为国尽忠的精神。作者认为朝代更迭, 倏忽百年, 相比于帝王的基业之盛, 人们心口相传和敬慕的更多的是文天祥伟大的民族气节。重修此亭时, 选址在小学旁, 也是为了对子孙后代进行教育, 让他们从小受到这种伟大情操的洗礼。（宋霖, 朱钧珍）

118. 重修元遗山先生野史亭记[①]

梁善济

余居偏僻之乡, 环余乡数百里内, 素少闻人, 或数十年而一见, 或数百年而一见。至名满天下, 足以震今铄古如遗山先生者, 尤不数数觏。先生为忻县韩岩村人, 距余乡不足百里, 地当赴太原孔道, 余中年时往来其间, 闻有野史亭在焉。一日兴之所至, 独出郊原, 见其颓然数椽, 立于荒烟蔓草间。当时窃疑先生为金源一代文献传人, 诗以史著, 乃有此亭, 宜譬之鲁灵光殿, 巍然独尊。今亭寥

落若此, 何其名实不相符乃尔耶! 抑亦后起者不注意之过耶! 余蓄此疑久矣。民国甲子夏, 友人陈君芷庄、赵君遂庵等发起重修野史亭, 拟扩而大之, 周以院宇, 树以花木, 以为文人学士流连觞咏之所。吾知必有征文考献, 闻风兴起, 如《中州集》中罗列诸人, 挟幽并之气而来者。然则是举也, 岂惟此亭之幸, 抑亦余乡人士之大幸也。余因志其巅末, 并以告乡人士之后来者!

中华民国十三年十二月匡村邢玉彬书。

题解

野史亭位于忻县韩岩村（今山西忻州市忻府区西张乡韩岩村）, 原是元好问（号遗山）当年编史时为存放资料所建, 始建于元代, 民国甲子（1924）年重修。《重修元遗山先生野史亭记》简要记叙了重修野史亭的过程, 而将亭与曲阜灵光殿相比拟, 认为元遗山《中州集》所涉人物有"幽并之气", 其对元遗山先生的崇敬仰慕之情溢于言表, 也表现了作者追念先贤、传承文化的热忱。

119. 西泠新建风雨亭记[②]

陈去病

松柏何年会再青, 最凄凉是一西泠。临歧敢与湖山约, 筑个秋冢风雨亭。

此余去岁六月，别杭州作也。先是余淹留杭州者十有八月，落落无所合，乃浩然决归矣。并为诗十二章，以贻同好。此诗其卒章也。

当是时，粤南初败绩，革命殉国七十二雄鬼，方鸣咽悲啼于黄花之岗，而莫泄其愤。自余豪杰，类皆流离奔窜，以海外为逋薮。余亦知杀机既开，龙蛇固将起陆矣，乃还吴以俟之。无何革命军果大起，满清政府，忽焉倾覆。而三百年已去之山河，遂珍重而还诸黄胄。呜呼！不可谓非吾党幸矣。独是神州革命，历十余稔，其间因挫衄不得志而殒身殉义者，何可胜道。且不有诸烈之舍身救国，发难于前。在后者将何由观感，而激起其报复之心。故夫生死虽殊，成功则一，吾党更何可不加悯念，一伸其敬慕耶！而鉴湖女侠秋瑾，其一人也。爰与徐忏慧自华，共建兹亭，以留纪念。月明遥夜，倘环珮兮重来，秋雨梧桐，定英灵之未远。则登斯亭也，孰不感慨悲歌而尚想其烈乎哉！爰为之歌曰：西湖之水兮清且涟，曾埋侠骨兮思当年。遭逢虏忌兮中变迁，毁厥青冢兮真堪怜。堪怜兮秋坟，重经营兮邱园，有台有榭兮花繁，永永凭吊兮秋之魂。秋魂兮昭苏，驱强胡兮恢皇图。美新亭兮菶菶，长无极兮与民国而流誉。

题解

《西泠新建风雨亭记》记述了辛亥革命成功前国家局势的动荡，感喟革命党人的艰辛，以赞扬秋瑾烈士及更多革命者舍身救国的大无畏精神。

全篇以纪念辛亥女杰秋瑾的七言绝句为开端，是作者陈去病于1911年6月临别杭州时所作。他正值革命党人广州黄花岗起义失败之后，作者为牺牲的烈士感到哀痛不已。作者当时与其他的仁人志士一样，迫于局势的压力，不得以四下逃亡，而在逃亡的过程中，对革命局势的好转依然充满希望，并预见到革命的总爆发必将由此拉开序幕，故而从杭州返回吴江。不出所料，推翻满清政府的革命在不久之后爆发并取得成功，统治中国近三百年之久的满清政府倏忽崩坍。作者认为，历时十余载的艰苦革命在此时终获成功，不得不说是各位革命者之大幸事。而在这中间更多为革命舍身之义士，更应当被众人铭记，流芳百世，以激励后人。因此，作者与秋瑾盟姐徐自华一起为秋瑾营建了一座亭，取名"风雨"，用以纪念秋瑾及其伟大的革命精神。亭位于杭州西湖西泠桥畔秋瑾墓的旧址上，面临外西湖。其名字取自秋瑾的临终绝笔"秋风秋雨愁煞人"[①]，既点明了当时国家风雨飘摇的状况，又述说了秋瑾烈士当时风刀霜剑严相逼的处境。此亭记是作者对当时革命局势的记录，也是对秋瑾烈士从容就义的沉痛哀悼。

（宋霖）

①
中国人民政治协商会议浙江省绍兴县委员会文史资料工作委员会. 绍兴文史资料选辑（第11辑）：纪念辛亥革命八十周年专辑[M]. 绍兴：政协浙江省绍兴县委员会文史资料工作委员会, 1991: 109.

①
又名《日光岩旭亭记》。参见：石国球. 日光岩旭亭记[M]//何丙仲. 厦门碑志汇编. 北京：中国广播电视出版社, 2004: 110.

②
张光祖. 修注瓶释结亭记[M]//龙显昭. 巴蜀佛教碑文集成. 成都：巴蜀书社, 2004: 869-870.

120. 旭亭记①

石国球

日光岩，隔厦带水耳。庚辰岁，余从京师回，司铎圭海。闻功兄济灼及曾君永均、李君端怀、林君钟岩、国桢构幽栖于岩左，朱太守菁溪颜曰："旭亭"。因买棹一游，果见爽垲清高，堪称胜概。翌晨，复登绝顶四顾，山罗海绕，极目东南第一津，水光接天，洪波浴日，皆为梵刹呈奇，乃知斯亭位置之工而取名为不爽也。是为记。和亭石国球。

题解

《旭亭记》以游记的形式记述了旭亭的地理位置及周边景色，不实写亭，而因亭而得之景备矣。

作者首先描写了亭所在的位置——日光岩。日光岩位于今厦门鼓浪屿上，与厦门岛一衣带水。相比于旭亭，日光岩更负盛名。文章以此为始，可衬旭亭选址有据。再罗列当时的名人雅士都集聚于此，以他们的影响力来反衬亭之佳。亭位于日光岩的左侧，名"旭"。作者乘船登屿，首先从外向内远观，看到的是日光岩"清高""绝顶"的景色，而非此亭；次日登顶，由内向外远观，四周山环海绕，远远望去，海的尽头水天相接，太阳从海面缓缓升起，阳光映照在四周的寺庙上，蔚为壮观。作者笔笔皆是亭外之景，而诸景皆因亭而

得观之，且景以"旭日浴海"为佳。文章最后则以此亭选址之巧、命名之妙作为自然的收束。（宋霖）

121. 修注瓶释结亭记②

张光祖

予性不佞佛，凡释氏子雅不欲与语。兹今广元，自朝天登舟南来，时已及夕，乘余曛放中流，偶从橹声浪花中，窥见瞿昙万千，隐隐自水底现，仰视岸头，百丈峭壁一直如削，上皆凿剔。其龛之大者佛高丈余，配者亦六七尺，而佛之如尺如寸者缘壁累累；其龛之小者佛高五尺，配者亦咫许；而佛之如豆如粟者缘壁累累。凡洞口壁侧斜角，嵁岑深邃之处。而佛之跌膝半面者随势累累，岩下碎石寻尺咫寸，盈拳盈掌，而佛之映花拂草者布散累累。观之不尽其态，摹之不尽其意，数之不尽其纪极，究之不尽其委折幽窅，其佛积而为山耶，抑山化而成佛耶？不可得知也。噫，人巧耶？天工矣。

弃舟即之，摩岌岩下，忽睹炊烟如缕，得茅庵一椽，入见一僧，身不满五尺，其貌伛偻，语言滞涩，一衲百结，讯之不识字，不知诸释经，不谙释氏规度，不记其姓氏里居出处。惟前向余曰："僧来此有日矣，此地江山相逼，仅通一线，前后均数十里无舍宇，无植树木。盛夏午暑，往来人多爆恚于此，而不得一枝阴，愿因

路之冲，假二间长亭以为行人避暑之
所，并为览胜者憩息，而僧即山间
柴，江间水，煮野茗而为不费之惠，
其可乎？"余曰："然。"因鸠工成
之，字曰：注瓶释结。

题解

《修注瓶释结亭记》通过记叙
作者在广元放舟中流至千佛崖的所见
所闻，阐述了修造"注瓶释结"亭的
原因。

文章先写景——千佛崖之佛像千
姿百态、无穷无尽，不知是佛积成
山，还是山化为佛，描绘了巧夺天工
的"山""佛"奇观；再写人——在
千佛崖下偶遇一僧，此僧人虽其貌不
扬、不识佛经，却一副慈悲胸怀，念
此地无屋宇、树木庇护之所，意欲构
亭为人们歇息、览胜之用，而"山间
柴，江间水，煮野茗"则是此情此境
大自然的恩赐。作者对此表示赞赏。
而亭名"注瓶释结"有着丰富的佛教
内涵："注瓶"之瓶，或曰净瓶，本
是僧人随身携带储水用以饮用或洗濯
之物，而用以"注瓶"的内容大概正
是"煮野茗"之所得；"释结"，顾
名思义，即消除症结、宽释郁结，因
而此亭可化解"往来人多爆惫于此，
而不得一枝阴"之困，恰体现了"普
济万民"之心。

总体上，文章谋篇巧妙，从描写
自然风景，到抒写人文情怀，使人最
终领悟"注瓶释结"的命名意蕴。

122. 知止亭记①

张钫

汴城东北隅有废寺，曰上方，
其地土沃而泉甘，旷无居人，古佛而
外，惟浮图岿然，俗谓之铁塔云。民
国十七年余长建设，度兹广袤，于造
林为宜，乃植树数万株。会豫西大
饿，复以工赈浚池修涂，杂艺花木，
为都人士游憩之所。十九年军兴，余
去汴，战后归来，转长民政。于时大
难初平，疮痍满目，惟拊循劳来是
亟，凡事之稍近劳费者，壹是罢除。
今年夏，民气少苏，又曩所经营，工
犹未竟，爰事兴作，复建斯亭。既落
成，思所以名之，或曰斯亭所在，宋
艮岳遗址也，艮之方为东北，其义为
止。易曰：艮止也，止其所也。戴记
曰：知止而后有定；又曰：于止知其
所止。然则即以知止名亭可乎？余
曰：艮岳，宋之宸游地耳，祸国病
民，凛为世戒，且沧桑屡变，片石无
存，又汴城建自李唐，今之城则宋内
京城也，虽基址未迁，而式廓已隘，
必谓此即艮岳所在，亦刻舟之见矣。
虽然吾窃有感于知止之言也，夫民生
憔悴，至今日而极矣。遍野哀鸿，靡
所底止，为民牧者，不思还定安集，
而惟汲汲于簿书期会之末，则虽日召
民以游憩之所，有望而却步已耳。茇
楚之歌，苕华之怨，所由作也。然则
睹斯亭也，当益扩万石之囷仓，谋万
间之广厦，以食息吾民，未而后人怀

①
张钫. 知止亭记[M]//李鸣. 纪念张钫先生文选集. 北京：时代文献出版社，2012：238-239.

①
陈湛铨. 周易讲疏[M]. 陈达生，陈海生. 香港：商务印书馆（香港）有限公司，2014：325.

②
礼记[M]. 王云五，朱经农. 上海：商务印书馆，1947：226.

③
礼记[M]. 王云五，朱经农. 上海：商务印书馆，1947：230.

④
俞平伯. 秋荔亭记[M]//陶然亭的雪：俞平伯散文. 杭州：浙江文艺出版社，2015：89-91.

安土之心，户无乐郊之羡，知止有定，理有固然，此则吾心所大愿，而一亭之休止，犹其小焉者也。闻者唯唯而退，余乃取以名吾亭，而并为之记焉。新安张钫。

题解

知止亭由时任河南省民政厅厅长的张钫民国十九年（1930年）主持修建。《知止亭记》由张钫本人所撰，记叙了知止亭修建的经过及命名缘由，并借此表达了对于民生福祉的深切关怀。

张钫主政河南后，有感于铁塔寺破陋凋败，其中用以掩护北宋遗物"接引佛"的高阁受损，于是建亭加以保护。亭名"知止"，其中"止"的含义有二：一是由于亭址为艮岳遗址，因而取《易传》中"艮止也"①的说法，意即停止、止住；二是《大学》中"知止而后有定""于止知其所止"的阐释。在《大学》中，"知止而后有定"的前文是"大学之道，在明明德，在亲民，在止于至善"②，这点明了"止"的终极目标是"至善"，具体内容是施行德政和造福百姓；"于止知其所止"的前后文是"《诗》云：'邦畿千里，维民所止。'《诗》云：'缗蛮黄鸟，止于丘隅。'子曰：'于止，知其所止，可以人而不如鸟乎？'《诗》云：'穆穆文王，于缉熙敬止！'为人君，止于仁；为人臣，止于敬；为

人子，止于孝；为人父，止于慈；与国人交，止于信。'"③在此，"止"之"至善"的内容更为细致、丰富，可以理解为要明白自己的人生目标和志向，明确自己的定位，从而内心坚定，并有所作为。

对于与艮岳相关的含义，张钫无意追从，而是将艮岳的祸国殃民视为"修身，齐家，治国，平天下"的绝对警戒；而念及《大学》之言，则对时局之下"民生憔悴""遍野哀鸿"表达了刻骨铭心的悲痛，以及对于"扩万石之囷仓，谋万间之广厦，以食息吾民""知止有定"的殷切期盼。其文字读来振聋发聩，至今仍具有极强的现实意义。

123. 秋荔亭记④

俞平伯

池馆之在吾家旧矣，吾高祖则有印雪轩，吾曾祖则有茗香室，泽五世则风流宜尽，其若犹未者，偶然耳。何则？仆生猪年，秉鸠之性，既拙于手，又以懒为好，故毕半生不能营一室。弱岁负笈北都，自字直民而号屈斋，其形如弄而短，不屈不斋，时吾妻未来，一日謇予帘而目之，事犹昨日，而尘陋复若在眼。此所谓不登大雅之堂者也。若葺芷缭衡，一嵌字格，初无室也。若古槐，屋诚有之，自昔无槐，今无书矣，吾友玄君一呼之，遂百呼之尔，事别有说。若

秋荔亭，则清华园南院之舍也。其次第为七，于南院为褊，而余居之，辛壬癸甲，五年不一迁，非好是居也。彼院虽南，吾屋自东，东屋必西向，西向必岁有西风，是不适于冬也，又必日有西阳，是不适于夏也。其南有窗者一室，秋荔亭也。曰：此蹩脚之洋房，那可亭之而无说，作《秋荔亭记》。夫古之亭殆非今之亭，如曰泗上亭，是不会有亭也，传唱旗亭，是不必有亭也，江亭以陶然名，是不见有亭也。亭之为言停也，观行者担者于亭午时分，争荫而息其脚，吾生其可不暂且停停耶，吾因之以亭吾亭。且夫清华今岂尚园哉，安得深责舍下之不亭乎？吾因之以亭吾亭。亦尝置身焉而语曰，"这不是一只纸叠的苍蝇笼么？"以洋房而如此其小，则上海人之所谓亭子间也，亭间今宜文士，吾因之以亭吾亭。右说秋荔亭记，然而非也，如何而是，将语汝。西有户以通别室，他皆窗也，门一而窗三之，又尝谓曰，在伏里，安一藤床于室之中央，洞辟三窗，纳大野之凉，可傲羲皇，及夫陶渊明。意耳，无其语也，语耳，无是事也。遇暑必入城，一也。山妻怕冷，开窗一扇，中宵辄呼絮，奈何尽辟三窗以窘之乎，二也。然而自此左右相亭，竟无一不似亭，亭之为亭，于是乎大定。春秋亦多佳日，斜阳明玥，移动于方楹间，尽风情荔态于其中者影也，吾二人辄偎枕睨之而笑，或相唤残梦看

之。小儿以之代上学之钟，天阴则大迷惘，作喃喃语不休。

若侵晨即寤，初阳徐透玻璃，尚如玫瑰，而粉墙清浅，雨过天青，觉飞霞栊裹，犹多尘凡想耳。薛荔曲环亭，春饶活意，红新绿嫩；盛夏当窗而暗，几席生寒碧；秋晚饱霜，萧萧飒飒，锦绣飘零，古艳至莫名其宝；冬最寥寂，略可负喧耳。四时皆可，而人道宜秋，聊以秋专荔，以荔颜亭。东窗下一长案，嫁时物也，今十余年矣。谚曰，"好女勿穿嫁时衣"，妻至今用之勿衰，其面有横裂，积久渐巨，呼匠氏锯一木掩之，不髹不漆，而茶痕墨沈复往往而有。此案盖亲见吾伏之之日少，拍之之日多也，性殆不可强耳。曾倩友人天行为治一玺曰，"秋荔亭拍曲"，楷而不篆。石骨嫩而鬼斧钻，崩一棱若数黍，山鬼胶之，坚如旧，于是更得全其为玺矣。以"曲谈"为"随笔""丛钞"之续，此亦遥远之事，若在今日，吾友偶读深闺之梦而笑，则亦足矣，是为记。甲戌清明，即一九三四年之民族扫墓日。

一九三四年四月五日

题解

《秋荔亭记》是作者为一非寻常之亭正名，以正其室非虚名也，又解说为何命名为"秋荔"，叙述了该亭为作者生活带来的积极改变。

作者先一番自谦，说自己"毕

半生不能营一室"，为秋荔亭的出场做出铺垫。而谈到秋荔亭，作者先介绍其所处的地理位置——清华南院（今照澜院），为清华大学20世纪20年代建造的教职工宿舍区，内有中西式住宅各10所。俞平伯先生住过的7号为西式住宅，坐落于院中东北角，坐东面西，与中式的东厢房类似。此套住宅靠北的一室向东延伸成另一房间，北、东、南三面开窗，即命名为"秋荔亭"的房间。作者在此说住宅位置之偏，"非好是居"；朝向之差，"西风""不适于冬"，"西阳""不适于夏"，几番嫌恶，皆是为了与其后阐述"秋荔亭"之佳对比，是欲扬先抑的反衬笔法。接着作者又以"泗上亭""旗亭""陶然亭"等名亭作比，意在自谦"秋荔亭"不能与之同日而语。再言及亭之功能、亭之大小形制等，指出该室之小，且取"暂且停停"之意，皆其阴而为晌午息脚之所在。然后，作者介绍"秋荔亭"的形制是"西有户以通别室，他皆窗"，这并非传统亭的制式，更接近于轩或厅，这体现了"秋荔亭"与别不同。接着，作者进一步说明"秋荔亭"纳凉的功用，认为"竟无一不似亭"，此房间虽无亭的形制，却具有亭的功用，并非虚名。在叙述为何以"亭"为名之后，接着说明为何名亭为"秋荔"：先以早晨、雨天亭之景，带出春夏秋冬四时之景各不相同，但都以亭之外的薛荔

①
据河北正定县弘文中学校园内范公亭内碑文所录。

木显现出四季分明的特色，宜景宜情；而景又以"秋晚饱霜，萧萧飒飒，锦绣飘零，古艳至莫名其宝"为佳，因而以"秋荔"名亭。最后，作者谈及在"秋荔亭"的风雅之事，亦赞"秋荔亭"为作者的事业和生活注入了活力，增添了情趣。（宋霖）

124. 范公亭记①

张永庆

范公之谓，仲淹公也。公自称，"吾本北人"，"真定名藩，生身在彼"，常生"自识别一来，却未得一到"之叹。真定者何？今之正定也。公之所述，于史有据，史家以为实，其后裔以为实，诸方皆以为实。公生身之地，可争止论定矣。

兹事缘起，肇始于苏州方建公。其所著《范仲淹评传》，论及正定乃范公生身之地。邑人张公永庆获悉，亦撰文呼应。丁亥春，转知正定文促会。会内诸公皆为之振奋，议论侃侃，擘划有为。弘文校座吴传君公，高瞻远寄，行尚文境，而有今兹迎归之举，筑范公亭于弘文之园。一泓之上，亭宇端然，公仪肃然，飘萍生途终得魂安故里，于尊公则怀憾补矣，于乡人则愿亦偿矣，心亦安矣。

正定，乃圣贤过化之地。公生身在此，天人合一，物境谐焉，地灵人杰，道所如也。公之一生，如曜之赫赫，德功言三不朽矣。然为中枢者，

乃魂。君不见"先天下之忧而忧，后天下之乐而乐"皇皇然之立天地间乎！试思之，往昔悠悠，浮世攘攘，肇开觉悟之境，宁有超乎其上者欤？后世之有"文魂"之颂，信矣。吾侪以公为楷模而师之，复奚疑哉！

观乎尘世，凡所立者，魂也。斯亭亦然。巍巍之蠹，以为宗旨者，以追先人，以励后人也。

题解

2006年10月13日，我曾访谒山东青州范公亭公园。该园环境清幽疏朗，园林形胜，并有范公事迹陈列纪念馆及范公亭筑（参见图4-27）。2014年我见报载河北正定亦有范公亭，就借出差石家庄之便抵埠晋谒。此范公亭设于正定弘文中学校园内，立于一泓池水之中，有平桥通入，但面积不大，为六角攒尖古式亭。亭柱大红色，无础石，周沿亦无栏凳，极尚简洁、醒目。亭中心立有范公全身素描黑石刻碑一块，背面有亭记。亭四周校园园林遍置展示范公文化底蕴的设施，更具教育青年一代的深邃意义。我曾耳闻校园主事者讲述，才知此亭是为纠错范公出生地而建，真可谓"旧史摆乌龙，一错数百年，初有苏、徐说，移地数百里，幸有方建公，评传露真情，史正名乃顺，方才有此亭"，所以《范公亭记》是一篇考证历史人物的纪念亭记。（朱钧珍）

125．君子亭记①

邓世骞

岁癸未吾入城南书院，从林师平乔受业。师所求甚严，敦品厚学，有谦谦君子风范，斯吾之幸也。尝得林师批余文作"有塞乎苍冥之气，其气可嘉"，盖倚君子亭而作。

君子亭者，湖湘名亭也。据城南妙高峰之巅，台高而安，近市而不喧。余观此地，控南岳七十二峰之余脉，白云时而拥护，龙气暗自潜藏。天人协和，万物共荣。朱张会讲，流风余韵，千古犹新；毛蔡论文，呼建党先声，新民学会其迹尚可寻。文津道岸，弦歌不断。远邦朋至，近地风从。察古今藏修于此而文雄气古者众，而后知天下文章聚乎此也。

此亭枕岳观湘，昭君子盛德之风化，有自强不息、厚德载物之旨归。作此者何？志不在他，为国求贤。润春雨之太和，响夏雷之径直。亭台日益以新，草木日益以茂，四方朝圣之士无日不来，千载之盛况而积于今。后学志士当以不得卒业一师为恨。

人之为学，倘不志其大，不忧其时，不亲其民，虽多且深何为？鄙人自处，素抱宏愿，于圣人君子之书，无所不读。极才华之欲望，惟欲振起国学一脉，以挽当世颓靡浮陋之习。遂访此间好学笃志、怀抱利器、胸藏宏谋而又通达时事者众，相与往来，结文社者二于其间，一曰通讯社，以

君子亭名；一曰国学会，以撑华夏旨。

晴好之朝，风月之夕，吾未尝不在，友未尝不从，于亭中三五成朋，选石而坐，聚首论文，相得甚欢。吾尝读南轩文集，卓然而有去俗之志。观浏阳孔校长昭绥"知耻"之训，则存报国荣家、奋身扬名之念。平生尤喜船山之说板仓之言，得二先生文，彻夜通读，且喜且敬。则知斯地出润之、林彬命世之材，不足怪也。学行未成者，归之于学，则未成可成，已成可革。

继千年传统者，为一师大要。所重者，此间风物、典章、施制、人物、时事也。盖以文图为要，使此间先贤君子所守者、所重者、所厚者、所荣所耻者，宣达于今，昌明于后，以资来者。

孜孜者志也，郁郁乎文哉。然千年学脉，何以至今一师人不知一师史？吾羞其耻。痛可谓"广田自荒，荒而不治；长城自毁，毁且不修"。吾深以为忧。作斯文，以待后之君子。

丙戌年四月衡山稀神邓世骞谨记。

题解

《君子亭记》共以四个层次记叙了与君子亭相关之人、物、事。

第一段"引言"，以评述湖南第一师范学院林平乔老师的"君子风范"开篇，又以作者自己倚君子亭所作文章被林师赞许"有塞乎苍冥之气"，引出君子亭，含蓄地表达了亭的精、

①
邓世骞. 君子亭记[EB/OL]. (2007-11-08) [2018-06-06]. http://blog.sina.com.cn/s/blog_4ef6e7d701000cha.html.

①
王夫之. 尚书引义：卷三[M]. 北京：中华书局，1976：64.

②
孙海林，葛意诚. 湖南第一师范名人谱（1903—1949）：杨昌济[M]. 长沙：湖南省第一师范学校，2003：77-78.

气、神，以及对其的敬仰之情。

第二、三段"怀古明志"，由描绘君子亭的环境特征入手：亭位于长沙城南妙高峰之巅，台高而安，近市不喧；山水回环，灵气暗藏；天人协和，万物共荣。也许正因此，该地自古便是人文荟萃之地，有朱熹、张栻的"流风余韵"，亦有毛泽东、蔡和森创立"新民学会"的革新意气。作者在此将君子亭的精神与文化内涵提升到胸怀国家运命之志向的高度。

第四、五段"述今言志"，承接上文引发议论：为人做学问，需志向远大、忧思时运、胸怀大众。作者本人则意欲秉持宏大愿景，振兴一派国学，革新当下萎靡、浮躁的陋习，并于2003年10月创建君子亭通讯社、2004年4月创立中国大学生首个"国学会"——湖南第一师范国学会。社团承先人之遗志，如湖南一师最具影响力的校长孔昭绶先生的"知耻"校训，明末清初思想家湖广衡州府王夫之《船山遗书》中的"未成可成，已成可革"①，曾任教于湖南一师的教育家杨昌济的对联"自闭桃园称太古，欲栽大木柱长天"②，等等，都表现了励学敦行、锐意革新的人格与志向。

第六、七段为"展望"，强调湖南一师"继千年传统"的使命，同时再次点出某些人文历史不传、不为人重视的现象，表达了对后继之"君子"的期望和期待。

纵观全文，条理井然，主旨明晰，借阐发"君子亭"的内涵，表达了胸怀国家时运、传承千年文脉的远大志趣。

第四章｜亭论述要

①

周振甫, 译注.诗经译注[M]. 北京:中华书局, 2002: 417.

②

孟子[M]. 万丽华, 蓝旭, 译注. 北京:中华书局, 2016: 26-27.

"亭"研究的范围很广，一般的工科学者多以亭本身的造型与结构为主，但亭常常是身为本、意在外的一种建筑，尤其是其文化价值的取向，往往应作为"亭学"研究的主题。现初步设列八题如下。

第一节　"与民同乐"的儒家理念——同乐亭与同乐园

"亭"作为园林营造的一部分，其有"同乐"之内涵，实则反映了园林的"同乐"属性。回溯中国园林营造的历史，文王之囿一般被认为是中国园林之始，且已含有"同乐"的理念。对于文王之囿，《诗经·大雅·文王之什》中的《灵台》篇有生动的描写：

经始灵台，经之营之。庶民攻之，不日成之。经始勿亟，庶民子来。

王在灵囿，麀鹿攸伏。麀鹿濯濯，白鸟翯翯。王在灵沼，於牣鱼跃。①

其中有灵台灵沼，可见挖池堆山是其显著的特色之一。在风景观赏方面，抬头可望天空白鸟、地上可观来往麀鹿、俯瞰可赏鱼游鱼跃，已具备充分的游观性质。灵台由百姓齐心合力修筑而成，体现了文王施政有德、人心归附，也可想见其君民同乐的游观盛景。

《孟子·梁惠王下》所记载的孟子与齐王关于王者之乐的对话中，对文王之囿的"与民同乐"理念有更多的讨论：

齐宣王问曰："文王之囿，方七十里，有诸？"孟子对曰："于传有之。"曰："若是其大乎！"曰："民犹以为小也。"曰："寡人之囿，方四十里，民犹以为大，何也？"曰："文王之囿，方七十里，刍荛者往焉，雉兔者往焉，与民同之。民以为小，不亦宜乎？臣始至于境，问国之大禁，然后敢入。臣闻郊关之内有囿方四十里，杀其麋鹿者，如杀人之罪，则是方四十里为阱于国中。民以为大，不亦宜乎？"②

"文王之囿，方七十里"，空间宏阔，颇具君王气概。依据《诗经·毛传》关于"囿"的"天子百里，诸侯四十里"[①]的说法，文王之囿尚未达到"天子"的标准，但其地域之广，为"与民同乐"王者思想的实践提供了客观可能的条件。然而，孟子与齐王的对话进一步说明园林空间的尺度固然是必要的物质载体，但对于不同治政方略下的园林感知而言，其大小是相对的，"与民同乐"思想的实践更取决于王者之德政。因此，《孟子·梁惠王下》特别提出了"独乐乐，不如与人乐乐；与少乐乐，不若与众乐乐"的"众乐观"[②]。

中国古代谈及"与民同乐"理念的，还有《左传·襄公十一年》中的"乐以安德"[③]，《荀子》中的《乐论篇第二十》："乐中平则民和而不流，乐肃庄则民齐而不乱。民和齐则兵劲城固，敌国不敢婴也。如是，则百姓莫不安其处，乐其乡，以至足其上矣。"[④]这些都充分说明了德政的治国安邦功效。

皇家园林中具有"与民同乐"内涵的，除文王之囿外，以唐代曲江的芙蓉苑为最。每逢三月三日上巳，二月二日中和，及每个月的最后一天（晦日），老百姓可在此搭帐篷，沿江岸张灯结彩，商贾列货叫卖，少年华服，跨马长行，士女艳妆，笑游水际，热闹非凡；平时也可登上乐游原游赏，成为皇家与百姓同乐的一处大型园林，恰如其分地体现了"与民同乐"的儒家理念。

邑郊风景区与古代州官的"与民同乐"理念，甚至由州官来建造的游乐地也不胜枚举，如南京紫金山、杭州西湖、滁州琅琊山、四川忠州东坡园、成都浣花溪、武汉黄鹄山、广东肇庆七星岩、河南南阳卧龙岗、辉县百泉等。其中，杭州西湖之百姓游，甚至达到"堤上几无立足之地"、湖上"亦无行舟之路"[⑤]的繁忙景象。

[北宋]欧阳修（1007—1072年）在《醉翁亭记》中记叙的琅琊山醉翁亭百姓游，生动地描绘了"与民同乐"的场景，并明确与"亭"联系在一起："负者歌于途，行者休于树，前者呼，后者应，伛偻提携，往来而不绝者，滁人游也。"尤其是百姓来此赴太守宴时的情景，"临溪而渔，溪深而鱼肥，酿泉为酒，泉香而酒洌。山肴野蔌，杂然而前陈"，此"宴酣之乐，非丝非竹"，亦有游戏节目："射者中，弈者胜，觥筹交错，起坐而喧哗者，众宾欢也"。白发苍苍的太守，坐于其中都渐有醉意。当夕阳西下，"人影散乱，太守归而宾客从"。太守醒酒之后写下游记，反顾、回味"醉能同其乐"的快意。文章之流畅通达、形式之惟妙惟肖、与民同乐之轻快与深情，自古以来，以此文为最，堪称与民同乐之绝唱（图4-1）。因此，我国的"与民同乐"理念，源于数千年前的周代，一直延续至宋代，其盛况之记录，以醉翁亭为首（图4-2、图4-3）。

欧阳修为官滁州时所写的另一篇

① "《诗经·大雅》：'王在灵囿，麀鹿攸伏，麀鹿濯濯，白鸟翯翯。'毛苌注：'囿，所以域养禽兽也，天子百里，诸侯四十里。灵者，言文王之有灵德也。灵囿，言道行苑囿也。'"参见：毛诗注疏[M].毛亨，传.郑玄，笺.孔颖达，疏.陆德明，音释.上海：上海古籍出版社，2013：1501.

② 孟子[M].万丽华，蓝旭，译注.北京：中华书局，2016：25.

③ 左丘明.左传[M].李维琦，注.长沙：岳麓书社，2001：374.

④ 荀子[M].王先谦，集解.昆明：云南大学出版社，2009：249.

⑤ 顾志兴.南宋杭州休闲生活面面观[J].杭州（生活品质版），2006，4（3）：38-39.

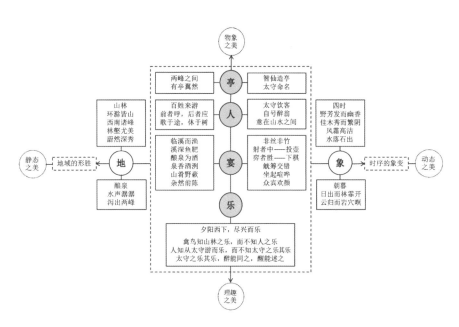

图4-1　醉翁亭记结构及内涵分析

图4-2　醉翁亭正面（琅琊山管理处提供）

佳作《丰乐亭记》，也深刻而明确地反映出与民同乐的叙事立论："修之来此，乐其地僻而事简，又爱其俗之安闲。既得斯泉于山谷之间，乃日与滁人仰而望山，俯而听泉，掇幽芳而荫乔木，风霜冰雪，刻露清秀，四时之景，无不可爱。又幸其民乐其岁物之丰成，而喜与予游也。因为本其山川，道其风俗之美，使民知所以安此丰年之乐者，幸生无事之时也。"此篇最后，欧阳修更为深情地以"与民同乐"作为一个为官者的使命而自负道："夫宣上恩德，以与民共乐，刺史之事也"（图4-4、图4-5）。在丰乐亭现存遗址有一块"与民同乐"大字石刻，其右侧为汉字，左侧为蒙字，惜均已模糊难辨。其后山坡上，尚有一块湖北京山马乾元的题诗石刻，以"同乐"收尾点题：

胜地控丰岭，苍苍烟树林。

泉甘人自汲，市近谷偏深。

石作三春秀，云生两岫阴。

风流人已远，同乐到于今。

欧阳修因醉翁亭、丰乐亭所寄，生动而深刻地说明儒家"与民同乐"理念历经千年传承而及于百姓之中。1999年，在距离丰乐亭不远的琅琊山，还修建了以"欧阳修纪念馆"为名的"同乐园"，并利用原有的山壁镌刻了宋代以来的大书法家苏东坡、赵孟頫、董其昌、文征明等人的书法翰墨（图 4-6 ~ 图 4-8），可视为传承古代"与民同乐"理念的标志性园林。

与民同乐的思想，不仅体现于官民之中，在私园中亦不时有所流露。早在宋代文人李格非（约 1045—约 1105 年）所著《洛阳名园记》中的园林就有定期向市民开放的先例。司马光所辟"独乐园"亦曾对此有所表白，他曾和友人谈到："吾闻君子之乐，必与人共之，今吾子独取于己，不以及人，其可乎？"其友人则为之宽心曰："何得比君子，自乐恐不足，安能及人？况叟所乐者，薄陋鄙野，皆世之所弃也，虽推以与人，人且不取，岂得强之乎？"于是司马光淡然释怀曰："必也有人肯同此乐，则再拜而献之矣，安敢专之哉！"[①]这里又引申出另一种"同乐"的境界，即乐与非乐，人各有好，志不同，乐亦有异，决不能强己之乐，令人亦乐，这便是私园之所以为"私"也。然而与民同乐的思想毕竟作为古老中国的一种文化观念，无论皇家园林与私园，一直都有传承，甚至晚清期间的园林，如南浔镇私园（如小莲庄、觉园）都留下了定期为老百姓开放的传统。

至于中国寺庙园林之百姓游，则已是自古以来历久弥新的中华民族惯例，尤其是少数民族特殊节日的"与众乐乐"之游，更是形式各异、丰富多彩。

在 20 世纪，"与民同乐"的儒家理念也名正言顺地列入国家建设的日程，

图4-3 醉翁亭背面（琅琊山管理处提供）

图4-4 框景中的丰乐亭

图4-5 丰乐亭记碑

图4-6 滁州欧阳修纪念馆"同乐园"

①
司马光. 司马光文[M]. 黄公渚, 选注. 上海: 商务印书馆, 1935: 84.

图4-7　"同乐园"石刻

图4-8　"欧阳修纪念馆"内景

图4-9　广州第一公园"与众乐乐"亭

图4-10　深圳中山公园鉴波亭

图4-11　鉴波亭内景

图4-12　鉴波亭"与民同乐"记事

①
赵纪军.武昌首义公园历史变迁研究[J].中国园林,
2011, 27 (09): 70-73.

革命先行者孙中山（1866—1925年）早在民国六年（1917年），倡议将广州咨议局前的地块改建为第一公园，并在其中建造"与众乐乐"的六柱凉亭（图4-9）；当时国民政府的大官要员唐绍仪（1862—1938年）干脆将自己的私园——小玲珑馆，捐献给唐家乡的乡人民委员会，改名为"共乐园"；1930年，又有香港士绅陈鉴波先生为求与民同乐，而捐资建亭于深圳中山公园之举（图4-10～图4-12）。直至当代，北京紫竹院公园辟有"同乐园"，北京玉渊潭公园则有北京农业大学举办的"农民同乐会"，等等。以上种种，都体现了官与民、士与农，不问职业、不问年龄，均可同乐于一园的理念。

需要指出的是，如今的"公园"概念，在很大程度上是受到西方影响而经由日本引入的。"公园"这一园林形式催生于19世纪中叶的英国，作为"供普通民众休憩、娱乐的场所"①，是西方工业发展引发的各种社会与环境问题使然，与"与民同乐"理念相较，其人文底蕴的情怀、人性关怀的温情、人与自然的亲和性，显然略逊一筹。因而对于中国的"公园"而言，蕴含着西方所没有的"与众乐乐"于一园的民主社会的园林理念，其中各种"以乐名亭"的现象，更是这种理念的一种园林营造形式，是一种"意在亭外"的"共乐"的亭文化。

图4-13　[唐]冯承素（传）摹兰亭序贴卷

第二节　曲水流觞的理水风情——流杯亭

两汉至魏晋，民间逐渐形成"修禊"风俗，每逢春日到水边游耍沐浴，"因流水以泛酒"[①]，以祓禊不祥。这种文化内容与亭关联，逐步发展为亭与室内外流杯水渠组合的风景形式。

历史上与这种"曲水流觞"活动相关的最著名的流杯亭，当数绍兴兰渚山兰亭（地名）所存留的流觞亭了。此亭实为一个三开间建筑，紧临一片曲水。史载王羲之（303—361年）在晋代穆帝永和九年（公元353年）暮春三月三日，邀约42位军政高官、文人雅士，共聚兰亭饮酒赋诗，行祓禊流觞之乐，会后王羲之将大家的诗作汇编成册，并作序记述盛会，即名垂千古的《兰亭集序》。据序中所述，其风景环境并非仅仅一个亭子，而是亭与群山、溪流、植被等综合构成的一处景点："此地有崇山峻岭，茂林修竹；又有清流激湍，映带左右，引以为流觞曲水，列坐其次。虽无丝竹管弦之盛，一觞一咏，亦足以畅叙幽情"（图4-13、图4-14）。这种修禊活动及其形式后来演变成古代文人雅集的经典范式。

现今的兰亭，除有一个兰亭碑亭（图4-15、图4-16）、流觞亭外，还有墨华亭、御碑亭及鹅池碑亭。墨华亭为书圣王羲之而设，池周廊壁皆为历代书法碑刻；御碑亭内为一块清康熙帝书写的《兰亭集序》全文碑刻，碑背则是乾隆帝撰写的一首七言诗；鹅池碑亭中的鹅池碑，相传由王羲之、王献之（344—386年）父子合写（图4-17、图4-18）。此处五亭有着寓意浓厚的文化气息，堪称我国古代亭文化的典型与精华。另外还有弯弯曲曲的溪流，似乎再现了"曲水流觞"的昔日风采（图4-19）。

---

①
司马光. 司马温公集编年笺注（2）[M]. 李之亮, 笺注. 成都: 巴蜀书社, 2009: 401.

图4-14　[明]文征明兰亭修禊图卷

图4-15　兰亭碑亭

图4-16　兰亭碑亭后的墨池

图4-17　鹅池

图4-18　鹅池碑亭

图4-19　曲水流觞水渠

（a）亭之外观

（b）亭内水槽

图4-20　恭王府沁秋亭

在无锡的寄畅园亦曾有如上述兰亭雅集的活动，王稚登（1535—1612年）在《寄畅园记》中写道："拾级而上，亭翼然峭蒨青葱。间者，为悬淙。引悬淙之流，甃为曲涧，茂林在上，清泉在下，奇峰秀石，含雾出云，于焉修禊，于焉浮杯，使兰亭不能独胜。"①此处流杯之泉在一片林茂、石秀的自然之中，亭立于峭石悬淙之上，且意图追溯兰亭韵事，并与之媲美。

"曲水流觞"的形式在后世花样翻新，与亭本身结合，在亭内或亭外地面掘一弯弯曲曲、如龙蛇状回环的水槽，槽底略有坡度，使浮游的酒杯能在水槽中缓缓前行。至今尚存较好的此类流杯亭，仅北京就有恭王府的沁秋亭，其水槽状如"寿"字（图4-20）；另有潭柘寺的猗玕亭，其内水槽七回八转，有如龙头虎首（图4-21）；还有故宫乾隆花园的禊赏亭等；在承德避暑山庄则有曲水荷香亭（图4-22）、含澄景亭（图4-23）等。可见"曲水流觞"流布之广。2000年在桂林市整治正阳步行街时，还发现相关遗迹，经鉴定为宋代文物，展示于街角入口处，于是千年文化承传至今，并融入当下人们的日常生活（图4-24）。

王稚登. 寄畅园记[M]//陈植，张公驰. 中国历代石园记选注. 合肥：安徽科学技术出版社，1983：180.

（a）亭之外观

（a）亭之外观

（b）亭之近景

图4-23　承德避暑山庄含澄景亭

（b）亭内水槽

图4-21　潭柘寺猗玕亭

（b）水槽与刻有"正阳街"字样的景石

（a）亭之外观

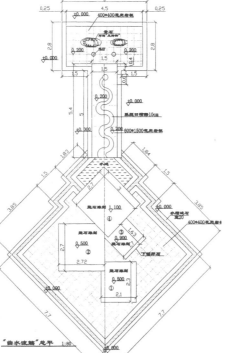

（a）平面图

（c）刻有"曲水流觞"字样的石雕

（b）亭之内景

图4-22　承德避暑山庄曲水荷香亭

（d）石雕细部

图4-24　桂林市正阳步行街的"曲水流觞"遗迹

如今，"曲水流觞"已成为一个表征中国传统文化意涵与底蕴的特色符号，广泛见于古典园林的重建与现代园林的建设之中。例如1995年重建的广州宝墨园，其中有曲水溪流，及与之相连的流觞底盘，溪旁有茶室、有修竹茂林（图4-25），似欲回应王羲之兰亭雅集之文化与环境意向；又如2004年深圳第五届园博会亦通过流杯溪造景（图4-26），反映了"曲水流觞"依旧切合时宜的文化活力与生命力。

（a）曲水溪流之回环

（b）曲水溪流之汇聚

（c）与曲水溪流相连的流觞底盘

（d）曲水溪流旁的茶室与修竹茂林

图4-25　广州宝墨园中的"曲水流觞"

图4-26　深圳园博会中的流杯溪

① 黄桂昌. 重修秋风亭碑记[M]//廖恩树. 重修巴东县志：卷十五，1866（同治五年）.

第三节　政事及英雄人物纪念——纪念亭

举凡修身、齐家、治国、平天下，任何平常或有特色的人或事，均可筑亭纪其迹，流传后世，其内涵亦因人因事而异。除亭以外，往往配合其他文物，如碑刻、雕塑，有纪念意义的山水、树木，或其他建筑小品等，构成一个综合性的纪念场所或"体系"，以便人们对所纪念的对象有一完整的认识，从而增添其纪念属性，并加强感染力。

一、为官德政

不少古代亭记歌咏为官德政，但追念"父母官"的古亭流传至今的不多，巴东秋风亭是其一例。这座重檐翘角的八柱方亭屹立于长江三峡金子山半山腰，面临长江，四周古木葱郁。该亭是为纪念宋代宰相寇准（961—1023年）而建。寇氏有胆识、有抱负，卓有政绩。传说他年轻时进士及第后，被任命为巴邑邑令。面对穷乡僻壤中的萧条城邑，不悲观、不消沉，而与百姓同甘共苦，轻赋税、减徭役、兴水利，为民谋利。后来他官至宰相，却被佞臣诬陷，谪贬南方。但巴东百姓追念其"流风善政，数百年来，父老子弟，讴歌颂祷，迄今弗替……"①，因而建秋风亭以纪念。

另有纪念宋代范仲淹（989—

1052年）的范公亭。范仲淹官至枢密副使，他具有远见卓识，坦诚耿直、秉公谏言，却为滥官污吏所不容，而屡遭打击，后被贬青州（山东益都）任知府。传说因其为官清廉，感动上苍，在青州西门的阳溪涌出一股清泉——醴泉，范仲淹乃建议在此建亭保护泉水。后来人们为了纪念他，便将该亭命名为范公亭。如今，范公亭位于范公祠院中，亭中有泉，泉上有盖，亭两侧还有唐楸、宋槐古树三株（图4-27）。祠后还有一座"后乐亭"，是为纪念、赞扬范仲淹在《岳阳楼记》中的千古绝唱："先天下之忧而忧，后天下之乐而乐"[1]而建。1924年冯玉祥将军进谒范公亭时，还留下了一副碑联：

兵甲富胸中，纵教他虏骑横飞，也怕那范小老子；

忧乐关天下，愿今人砥砺振奋，都学这秀才先生。[2]

可见，范仲淹的文章、道德给后人留下了难以磨灭的永久纪念。为传承范公精神，河北正定县弘文中学校园内也有一座范公亭，其修建源于2007年正定文化促进会对范仲淹身世的专题研究，并确证正定为其出生地。该亭内立碑，碑文详述了范仲淹身世的考证经过，并追怀范公的高洁、伟岸的品格；亭匾为"文魂"二字，宣扬了范公胸怀天下的崇高精神

（图4-28）。

广东东莞的却金亭碑则为纪念明代一位廉洁奉公、不受贿赂的清官李恺而建。早在明代嘉靖年间，东莞已成为中外商业贸易往来的通商口岸之一。一些外商通过供奉钱财、饱当地官员私囊，以期获得通关大利。而李恺作为县长，独不收受，且在海关检查过程中，"不封堵，不抽盘，责令自报其数而验之，无额取，严禁人役，毋得骚扰"[3]。后经上级批准，将一些外商供奉之财用于筑亭立碑，以表彰李恺之廉政，并为我国对外贸易、友好交往史中树立了廉洁的中国清官形象。此亭碑立于明朝嘉靖二十一年（1542年），现址位于广东东莞市旧城北的教场街、光明路等五条街道的交会口（图4-29），在其旁侧的墙面上有五块碑刻，一块为《却金亭碑》标识，其旁一块为"却金亭碑文"（图4-30），另有两块为纪事明代外国商船往来和李恺却金的画幅雕刻（图4-31、图4-32），还有一块则为"全国重点文物保护单位"的级别标识，而亭中石碑上并无碑记，只是后立的一块象征性石碑而已。却金亭所蕴含的历史佳话，对于如今惩治某些贪腐歪风而言，具有特殊的纪念及现实意义。这种不图利禄的人格与品性在一些古代亭记中也多有记叙，如《饮泉亭记》（参见第三章第二节"亭记及题解"），其中的饮泉亭即是对东晋廉吏吴隐之高尚品德的纪念。

图4-27　山东青州范公亭

图4-28　河北正定范公亭（赵纪军摄）

图4-29　却金亭碑

①
范仲淹. 岳阳楼记[M]//李勇先，王蓉贵，校点. 范仲淹全集. 成都：四川大学出版社，2002：194.

②
刘中平. 范公亭[J]. 民俗研究，1989，5（1）：40.

③
参见图4-30，却金亭碑文。

图4-30　却金亭碑文

图4-31　反映外国商船往来的浮雕

图4-32　反映李恺却金的浮雕

①
小园. 岭南联话（一）[J]. 岭南文史, 1988, 6（1）: 182-183, 185.

①
中国人民政治协商会议浙江省绍兴县委员会文史资料工作委员会. 绍兴文史资料选辑（第11辑）: 纪念辛亥革命八十周年专辑[M]. 绍兴: 政协浙江省绍兴县委员会文史资料工作委员会, 1991: 109.

以上各亭营造承载着官员及其治国安邦的优良传统，也有着对于民众的持续而深远的教育意义。

二、国家兴亡

在有关国家兴亡的纪念性表达方面，除了一些亭记所表述的殷切之情，现实中相关纪念亭也为数不少，有的为赤血丹心、坚韧不拔的爱国人士而建，有的则为国运发展进程中的重大历史事件而立。

较早的例子，如位于广东海丰县城北五坡岭上的方饭亭，是为纪念南宋右丞相、爱国诗人文天祥（1236—1283年）而建。至元十五年（1278年）十二月，南宋降元将军张弘范乘宋军用饭之际，发动突然袭击，文天祥措手不及而不幸被擒。方饭亭即因此事而设。亭始建于明正德十年（1515年），解放后重修。该亭红砖绿瓦，造型古朴，亭中有石碑，记载着五坡岭之役的情况，亭联曰："热血腔中只有宋，孤忠岭外更何人"①，既表达了文天祥的坚贞不屈，又暗讽了投降元朝、为虎作伥的张弘范。

杭州岳庙内有一精忠柏亭，亭中展示八块古柏化石。传说这棵柏树在岳飞（1103—1142年）被诬陷入狱后枯死。柏树死后坚如铁石、僵而不仆，故名"精忠柏"。据1922年精忠柏亭碑记所载，此树化石在众安桥河下被发现，六十多年前移入现在的岳庙。

与这几块化石相关的，还有一些树可治病的传说，令其神化，表达了百姓对忠君报国之爱国人士的仰慕与怀念。

此类个例在中国近代以来尤多，显然与其时内外交困的政治和社会格局相关。如杭州西湖的风雨亭，用以纪念辛亥革命巾帼民族英雄秋瑾（1875—1907年）坚贞不屈的爱国精神，取其就义前绝笔句"秋风秋雨愁煞人"②而名。此亭紧临西湖北岸，周围垂柳环绕，风吹柳条拂面，可体现"秋风秋雨"之时景，中有柱联曰：

同心应结平权果；
碧血常开胜利花。

表达了秋瑾一生矢志不渝的奋斗精神（图4-33），其附近的秋瑾雕像（图4-34），一身凛然正气，渲染了纪念氛围。

华南理工大学校园内有纪念清末民初爱国将领、民族英雄刘永福（名义）（1837—1917年）的"刘义亭"（图4-35）。刘永福曾先后率军在越南抗击法国侵略者、在台湾抗击日本侵略者，屡有战功。该亭始建于1939年，文化大革命期间被毁，1988年依原貌重修。该亭六柱攒尖，绿色琉璃瓦面，黄色琉璃飞脊，亭柱是简化的爱奥尼克柱式，表现出"中西合璧"的建筑风格。亭内有遗留的石碑，碑文曰："本校校地为刘义将军营寨之遗址。湘主席何云樵先生捐资千元，建筑此亭而留纪念。登斯亭者，咸能继将军御侮之志，则民族复兴可指日焉"，表达了对刘义将军保家卫国之精神意志的追念，以及对今人的期许和对未来的期盼。

还有位于广州先烈东路驷马岗朱执信纪念墓园中的墓碑亭。朱执信先生（1885—1920年）为近代民主革命人士，早年留学日本，加入同盟会，力主共和，1920年在虎门遇刺，孙中山先生曾对此无比悲痛地说："执信忽然殉折，使我如失左右手"，并评价其为"革命的圣人"[①]。朱执信先生墓碑亭，与上述刘义亭相比，有着更为纯粹、完整的西洋古典建筑风格，与中国传统亭的一般式样迥异，似乎映衬了朱执信先生颠覆晚清旧秩序的理念，也呼应了广州作为近代以来中西文化交流前沿之一的某种特有的城市历史积淀（图4-36）。

中国近代也不乏心系国运、铮铮铁骨的知识分子。为缅怀他们而建造的亭，如有清华园内纪念闻一多先生的"闻亭"。闻一多（1899—1946年），湖北浠水人，原名多，字友三，后改名一多。生前为清华大学中文系教授，著名学者、诗人，杰出的民主战士。"五四"时期即参加爱国民主运动。抗日战争胜利后，他目睹反动当局的种种倒行逆施，"拍案而起"[②]，站在民主运动前列，表现了知识分子和中华民族的英雄主义气概。"闻亭"位于小山之巅，在入亭的山道旁，立有纪念碑，碑文曰："原为

（a）亭之远观

（b）亭之近景

图4-33　杭州西湖风雨亭

图4-35　刘义亭

图4-34　秋瑾雕像

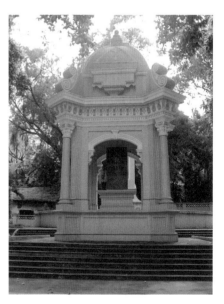

图4-36　朱执信墓碑亭

①
龚莉. 人物中国：近现代[M]. 北京：中国大百科全书出版社，2009：63.

②
华文军. 拟闻一多颂[J]. 学术月刊，1960，4（11）：10-15，60.

图4-37 闻亭

图4-38 闻一多雕像

图4-39 自清亭

图4-40 朱自清雕像

清华园内古亭,抗日战争胜利后,为纪念闻一多先生而命名"(图4-37)。山麓建有闻一多雕像,土红色,风格潇洒而凝重,以黑色亮光大理石碑墙作背景,碑墙上嵌有金色草书的闻一多名句:"诗人的天职是爱,爱他的祖国,爱他的人民"(图4-38)。亭与多种造景要素组合,构成纪念亭园,显得紧凑、调和,给人以鲜明、集中而深刻的艺术感受。

还有清华园内的"自清亭",亭旁石碑有碑文记载:"此亭原为清华园的古亭,名迤东亭,1978年在纪念朱自清先生逝世卅周年时,命名为自清亭"。朱自清(1898—1948年),字佩弦,江苏东海人,生前为清华大学中文系教授,著名学者、散文家。1926年曾参加"三一八"爱国游行;抗日战争胜利后,他领衔发表声明,积极支持革命学生反帝、反蒋的斗争,宁可饿死,不吃美帝国主义的"救济粮",体现了他高尚、伟大的人格。亭立于池旁(图4-39),与旁侧朱自清雕像(图4-40)相得益彰。另有纪念朱自清名作的"荷塘月色"亭,位于"荒岛"(今近春园)一角,也呼应了对于朱自清先生的纪念意象(图4-41)。

在重大历史事件的纪念方面,有澳门普济禅院后花园中的望厦条约签约亭。1844年,正是在这个后花园中,清政府与英国签订了第一个使我国丧失领事裁判权的《望厦条约》。1944年,条约签订100周年之际,正

值抗日战争最艰苦之时,澳门爱国人士在此立碑石、建碑亭以作纪念。遗憾的是,撰碑文者对此不平等条约缺乏深刻认识,未能充分启迪国人雪耻之恨(图4-42)。

建于20世纪30年代的缺角亭,位于上海名园古漪园的山坡之上,亭呈方形,飞翼凌空,色彩瑰丽,建筑风格别致,与一般四角起翘的屋顶形式不同,此亭有三角塑成紧握的铁拳,东北向独缺一角,故称缺角亭。"九一八事变"后,日本侵占我东北三省,激起中国人民的怒火,南翔县人民同仇敌忾,由该县陈少芸先生(1887—1971年)带头集资修亭,三角铁拳紧握以示抵抗,一角短缺以示不忘东三省尚未收复之恨,该亭极富民族意识与爱国主义的政治性(图4-43)。

还有位于陕西省西安市临潼区骊山风景区的"兵谏亭"。1936年12月,爱国将领张学良在西安兵谏,蒋介石逃至骊山而终于被擒。十年后在此建亭,初名"正气亭",解放后改称"捉蒋亭";1986年12月在纪念"西安事变"50周年前夕,再度易名"兵谏亭",此亭便成为对"西安事变"这一政治事件的标志性纪念物。

三、乡愁情愫

有的纪念亭体现了人们在生活经历中对家乡其人其事、风土风物的情

感寄托与认同，古代亭记已有不少例证，如[北宋]欧阳修的《李秀才东园亭记》、[明]归有光的《思子亭记》、[清]郑珍的《斗亭记》等。

现存的实例，如山西洪洞县有一碑亭，亭中立一"古大槐树处"的石碑，邻近有一段古城墙，墙上有"殖民遗风"的横匾。原来早在元代末年，中原地区天灾人祸，民不聊生，人烟断绝。朱元璋推翻元朝、建立明朝后，为了巩固政权，恢复生产，采取了以"移民屯田，开垦荒地"[①]为中心的振兴农业的举措。而在当时的山西，尤其是晋南的平阳（今临汾市）一带，经济繁荣，人口众多，于是朱元璋下令从山西洪洞县移民到中原、北京等地。从留下来的诸多碑文记载，可知明朝洪武至永乐年间（1368—1424年）在洪洞县古大槐树处的移民，是我国历史上规模最大、范围最广、时间也最长的移民之举。人们在这棵大槐树下集合，办理迁移手续，领取行资。临行时，人们依依不舍，频频回首仰望大槐树，所以这株大槐树便成为他们离乡背井、铭记于心的故乡标志。为纪念此事，于1914年在此处建亭，亭中立"古大槐树处"碑，以铭永隽；由于建亭之时大槐树早已枯死，因而在亭旁补栽一株槐树，以留存念（图4-44）。这种以自然之物（树）为主题的纪念亭，并不多见。

图4-41 荷塘月色亭

图4-42 澳门望厦条约签约亭

①
王心亮. 问我祖先来何处——"山西迁民"考析[J].
山西档案，1995，12（5）：46-47.

（a）亭之仰视

（b）铁拳造型之亭角

（c）东北向的缺角

图4-43 缺角亭

图4-44 "古大槐树处"碑亭

图4-45 岳阳君山传书亭

①
刘禹锡. 陋室铭[M]//人民文学出版社编辑部. 古文观止详注. 北京: 人民文学出版社, 2014: 413.

②
周桂钿. 中国哲学研究一百年[J]. 东南学术, 2000, 13（4）: 51-57.

四、文化造诣

在纪念历史人物的文化造诣方面，前述诸多亭记也多有记述，如[元]邵博的《清音亭记》、[清]王奕清的《重修太白亭记》等。

相关实例如四川绵阳市西山凤凰嘴的"西蜀子云亭"，即因唐代诗人刘禹锡名篇《陋室铭》"南阳诸葛庐，西蜀子云亭"①一句而名驰天下。其人物所指即西汉思想家、文学家扬雄。扬雄，字子云，其所著《太玄》一书推论宇宙原理，思想精透，甚至与《周易》一并被认为是开"哲学研究之祖"②。他曾在此读书、讲学，后人乃据此复建此亭。郭沫若还曾为此亭题匾。1987年市政府筹款加以扩建，以西蜀子云亭为主，将玉女泉、扬雄读书台、蒋琬（蜀汉名将）墓、恭候祠、西山观等名胜古迹，综合规划成一处文物博览公园。新建的西蜀子云亭（主亭）高23米，共5层，底柱达128根，加上配亭、裙阁等占地1400平方米，恐怕和《陋室铭》所记述的西蜀子云亭的形态相去甚远矣。这或许是因为绵阳在汉高祖六年（公元前201年）已置涪县，后来为州、郡治地，已是一座具有2200多年历史的文化古城，所以特别突出了绵阳的这一著名古迹吧！

五、人格品行

还有的纪念亭与百姓生活相关，体现、宣扬的是朴实的民风与人间真情。如岳阳君山的传书亭，呈双菱形，面向石砌围栏的柳毅井、背靠漏窗围墙，是一座亭、井结合的纪念亭，蕴含着流传久远的民间爱情传说故事——"柳毅传书"，其中有柳毅的正直与善良，也有洞庭龙女三娘的感恩与忠贞，从而赋予亭以现实的社会意义，以及浪漫的文化色彩（图4-45）。

第四节　崇神膜拜的宗教信仰——宗教亭

宗教作为一种文化现象，反映了人们特定的精神寄托，以及对人的终极关怀。

为满足宗教活动的需要，人们建造寺观庙宇，其中即有各种不同性质的亭子。因"晨钟暮鼓"的常规，便有钟亭（楼）、鼓亭（楼）之设，如太原崇善寺的钟楼、鼓楼（图4-46、图4-47）、洛阳关林的钟亭（图4-48），苏州寒山寺的钟楼（图4-49），杭州六和钟鼓亭（图4-50）等；敬神礼佛过程中，烧香是必不可少的一种仪式，其与亭结合，便是香炉亭，且极为普遍，如北京故宫中的铜制香炉亭（图4-51）、香港极乐寺中的石质香炉亭（图4-52）等；常见的宗教活动还有冶炼仙丹以求永生、焚烧祭品以表追念等，也不乏与亭结合的例子，如陕西安康香溪寺的炼丹炉亭（图4-53）、香港蓬瀛仙馆的焚化炉亭（图4-54）；为寄托人们情感、历练自身修为，还有供人烧纸钱及布施捐钱的功德亭（图 4-55）等。

在帝王园林及寺观中，还有专供祭祀用的宰牲亭，是封建帝王为祭祖宗、天地、日月时宰牲口的亭子。每逢祭祀前一天的子时初刻，在此奉行宰牲仪式。如今北京的"四大名坛"（天、地、日、月）里仍保留着这种亭子，实际上是一种类似亭形的大殿，四周有门墙环绕。还有和尚去世时的圆寂亭、息缘亭等。这些亭常常带有宗教意味或哲学义理的亭名及楹联，从而反映建亭的目的及使用价值。

除上述与宗教仪式或过程相关的亭，因"佛像参拜"设亭也非常普遍，如香港荃湾东普陀寺的观音亭，其中的观音佛像及两侧的金童玉女立于圆形水池中的莲花座上，别具一番真趣；圆形水池的边沿与亭柱相切，占据了亭的整个平面空间，因而有效排除了亭通常意义上的游憩、歇息功能，保证了"佛像参拜"功能的纯粹（图 4-56）。类似的例子还有香港极乐寺中的佛像亭（图 4-57），香港青山寺中的四面佛像亭（图 4-58），香港万佛寺中的白象亭（图 4-59）、兽像亭（图 4-60）、观音亭（图 4-61）、韦驮亭（图 4-62）等。另外还有专供保护天地君亲师牌位、佛塔、佛冢的亭子，如香港宝莲寺筏可法师墓亭（图 4-63）。

图4-46 太原崇善寺钟楼

图4-48 洛阳关林钟亭

图4-47 太原崇善寺鼓楼

图4-49 苏州寒山寺钟楼

图4-50　杭州六和钟鼓亭

图4-51　北京故宫铜制香炉亭

图4-52　香港极乐寺香炉亭

图4-53　陕西安康香溪寺炼丹炉亭

图4-54　香港蓬瀛仙馆焚化炉亭

图4-55　功德亭

（a）亭之俯瞰

（b）亭之正面

（c）亭之内景

图4-56　香港荃湾东普陀寺观音亭

在中国称为寺庙的，不仅限于宗教，与亭结合的也不限于上述佛像或神兽，也有将人们长久以来所崇拜的历史人物加以偶像化，奉若神明，给他们修建寺庙、祠堂、亭阁。如人们景仰先秦时代辅助成王的周公旦，在今陕西岐山县建有周公庙，庙中建亭，亭匾为"周公庙八卦亭"，亭南设周公塑像一座，其旁还有一座专门记载周公史绩的碑亭（图4-64）。岐山县则有位于五丈原，用以凭吊诸葛亮的诸葛武侯庙。诸葛亮被认为是易学的导师，善于八卦占卜，因而在庙中建有八卦亭，形为八棱、八柱、八角，显然基于"八"之数表达文化意涵，且结构严谨，造型别致（图4-65）。这些都是将伟人奉若神明的一种表现，也具有相当程度的纪念性质。

此外，山东曲阜的孔庙内有一座重檐方亭，原系孔子讲学之台，四周环植杏树，故称杏坛。《庄子·渔父》中记载："孔子游乎缁帷之林，休坐乎杏坛之上。弟子读书，孔子弦歌鼓琴。……"[①] 但一直到金代才在杏坛上建此亭，是一座少有的以亭作为讲台之史例（图4-66）。

综上，宗教亭之设，一是容纳、配合宗教活动，二是供奉、凭吊神话或历史中的人物，从而营造适宜的整体宗教环境及场所。

---

① 庄子[M]. 东篱子, 译注. 北京: 北京时代华文书局, 2014: 258.

图4-57 香港极乐寺佛像亭

图4-61 香港万佛寺观音亭

图4-58 香港青山寺四面佛像亭

图4-62 香港万佛寺韦驮亭

图4-59 香港万佛寺白象亭

图4-60 香港万佛寺兽像亭

图4-63 香港宝莲寺筏可法师墓亭

图4-64　周公庙八卦亭及周公塑像

图4-65　诸葛武侯庙八卦亭

图4-66　曲阜孔庙杏坛

①
吴獬. 吴獬集[M]. 长沙: 湖南人民出版社, 2009: 204.

②
李白. 劳劳亭[M]//郁贤皓. 李白集. 南京: 凤凰出版社, 2014: 286.

③
李白. 谢公亭[M]//王琦, 注. 李太白全集（下）. 北京: 中华书局出版社, 2011: 891—892.

④
李白. 秋日鲁郡尧祠亭上宴别杜补阙、范侍御[M]//郁贤皓. 李白集. 南京: 凤凰出版社, 2014: 157.

⑤
王世贞. 灵洞山房记[M]//陈植, 张公驰. 中国历代石园记选注. 合肥: 安徽科学技术出版社, 1983: 174.

第五节　人际离合的民风民俗——劳劳亭

送别是人们生活中的常有之事，含有一种依依不舍的人情味。民间曾流传着一句歌谣"张郎送李郎，一夜送到大天光"①。而送别亭的含义，就是表示：到此为止，不必远送了。古人写夫妻之间、父母子女之间，以及朋友之间的惜别诗句不少，但描述以亭送别的，则以唐代诗才横溢、浪漫超逸的诗仙——李白所写的三首送别诗最为典型。

其一：《劳劳亭》

> 天下伤心处，劳劳送客亭。
> 春风知别苦，不遣柳条青。②

这里的送客亭是指抒离愁、话别绪的地方。劳劳者，即怅惘若失之意。而从诗的后两句可以看出，古人在春天送别时，常有折柳枝送与远行之人的习俗。

其二：《谢公亭》

> 谢亭离别处，风景每生愁。
> 客散青天月，山空碧水流。
> 池花春映日，窗竹夜鸣秋。
> 今古一相接，长歌怀旧游。③

谢亭在今安徽宣城北，是南朝诗人谢朓送别友人之处。李白为谢诗所心折，故李白在此诗中亦借谢亭表示他与谢朓在送别情怀上的共鸣。

其三：《秋日鲁郡尧祠亭上宴别杜补阙、范侍御》

> ……
> 鲁酒白玉壶，送行驻金羁。
> 歌鞍憩古木，解带挂横枝。
> 歌鼓川上亭，曲度神飙吹。
> ……④

这首诗是李白送别两位友人时所作，从诗中可以看出他们在送别亭的情景：止步下马后，在一株古树下休憩，解开衣带挂在横生的树枝上，而后在亭里奏乐唱歌，吹奏的节拍铿锵有力，似乎是为远行者壮胆，驱散离愁，从而产生一种远行惜别的情愫。可见，亭在古代还有一种为送别奏乐的功能。

此外，《西厢记》中描写秋日西风残照、衰草迷离之时，崔莺莺送张生进京赶考，于十里长亭话别的情景，这一动人心弦的千古韵事，也从一个侧面说明了亭的送别功能（图4-67）。

送别亭不仅设于自然野外，也有设于私家宅园之中的。如明代诗人、学者王世贞（1526—1590年），官至刑部尚书，曾著有《灵洞山房记》一文，其中有"故人过从，不冠而帻，酒茗资之泉，蔬笋芋栗资之圃，留则栖于阁，去则送于亭，此吾居山之与客共者也"⑤句，说明主人与友人在家园中饮宴欢聚之后，送别于园中，止于亭，不再远送。显然这里是作为常客相送之处，不同于前述大自然中的送客亭。

亭既用于送客之行，也用于叙别之情，以亭寓情，这在古代亦屡见之。在今浙江省永嘉县的苍坡镇，至今还保留有"望兄亭"（图4-68）、"送弟阁"，流传着兄弟之间和睦友爱、谦让家财的佳话。

总之，在亭的避雨、遮荫、纳凉、等候等各种丰富的生活功能之中，送别亭是颇具特色的，"折柳送别""离亭送别"应作为中国传统特色的亭筑，研究、总结其历史意义与文化价值。

第六节　寓意深刻的哲思哲理——理趣亭

亭子的哲理性是中国作为五千年文明古国，在亭的营造上最深层次的精华所在，是中国亭的最独特之处。作为文化传承的一种载体，园林及其中的亭往往表现出丰富的意境蕴涵、人文品质，甚至人生求索。在古代亭记中不乏此类探讨，如[北宋]苏轼的《墨妙亭记》阐发"知命"命题、[明]袁中道的《楮亭记》暗含"尺有所短，寸有所长"哲理、曾巩的《饮归亭记》议论"成大事"与"做小事"之间的关系，等等（参见第三章第二节"亭记及题解"）。

现存的相关实例中，有的体现了园林营造中最为根本、最为基础的对

于人与自然关系的思考，"濠濮间想"是其中的典型之一，蕴含了人与自然亲和无间的情怀，成为后世园林营造中的常见主题。除前述第二章第二节中"四联亭群"部分提到的避暑山庄

濠濮间想亭，还有苏州留园中的濠濮亭、北海公园中的濠濮间亭（图4-69）等，这些都通过呼应"濠濮间想"这一历史典故，表达某种造园哲理或对于自然的身心体验。

图4-67　长亭分别图

图4-68　浙江省永嘉县苍坡镇的"望兄亭"

（a）亭之远景

（b）亭之近观

图4-69　北海公园濠濮间亭

图4-70 安徽和县陋室铭碑亭

图4-71 格言亭

①
戴海斌. 中央公园与民初北京社会[J].北京社会科学, 2005, 20（2）: 45-53, 121.

有的借具有哲理意味的文学经典，在赋予人文品质的同时，表现对义理的追求，如安徽和县的陋室铭碑亭（图4-70）。《陋室铭》是刘禹锡（772—842年）被贬为和州（今安徽和县）刺史时所作，该文以优美、隽永的文字，阐述了平静、简朴生活境遇之中的洒脱心态和高洁旨趣，反映了作者对于人生运命及生命价值的深刻思考。因此，和县陋室铭碑亭之设，使人们临其境、思其人，感悟人世浮沉。类似的例子还有汨罗独醒亭、凤翔君子亭等。

北京中山公园内的格言亭是此类特别的一例，汇集了若干古代先贤的警世箴言。该亭建于1915年末，国民政府总统府咨议陈敛秋捐建。亭具有典型的"中西合璧"建筑风格，其外形为西式，圆形、八柱、重檐，高8米，直径6.6米，面积40平方米；其内涵为中国传统文化，八根柱子内侧镌刻先贤格言，且均具有对为人处事的规范、警示作用，故亦称"药言亭""药石亭"（图4-71）。其东二柱格言，朱子曰，"尽己之谓忠，推己之谓恕"，孟子曰，"国之本在家，家之本在身"；西二柱格言，子思曰，"温故而知新，敦厚以崇礼"，阳明曰，"知是行之始，行是知之成"；南二柱格言，丹书曰，"敬胜怠者吉，怠胜敬者灭"，武穆曰，"文官不爱钱，武官不惜死"；北二柱格言，程子曰，"主一之谓

敬，无适之谓一"，孔子曰，"自古皆有死，民无信不立"①。这些格言无一不精练地道出了人生在世、立于天地之间所应有的德行和准则，令人在回味经典的过程中，丰富哲理思考。可惜这些格言在1955年8月均被磨蚀殆尽。

由上述可见，亭的哲理寓意，通常与"妙手文章"相关，而对"妙手文章"的阅读和理解，意味着人作为游赏主体沉浸其中，且随着游赏、观读过程，内化为主体对于人生、世界的认知，进而领悟个中妙味。"亭"之物质形态与"理"之精神意蕴是理趣亭的一体两面。这可以启发我们在不断追寻和总结传统亭子所抒发的文化意境和哲理含义的同时，思考这种亭文化在当今风景园林营造中的传承与出新。

第七节 装点江山的美学价值——观景亭

亭进入园林成为一种园林建筑大约始于晋代自然山水园。由于亭本身的体量纤小，布局灵活，结构多变，色彩丰富，无论在人工环境或自然环境中，都成为不可或缺的一种园林建筑。尤其是与山、水、植物等自然因素结合起来，更能表现出人工与自然结合的园林美。

建亭场所不拘，山顶、山坳、山谷、山麓、水际、水中、溪涧旁、瀑布边，等等皆可，以便于得景为要。

在亭中观景，则通过框景、对景、窗景，观山景，赏奇石，观花赏月，观日出日落，同时借其他感官，闻水声、听涛声、嗅花香，从而领略自然风景，使身体舒适、心境舒畅；加之各种人文荟萃，更可强化对自然美景的欣赏，从而使亭的内外景观取得一种高度的美的和谐。

有关亭的观景、赏景功能与体验的诗文浩若烟海，从中可见古人营亭的见识与智慧。如山亭，[南宋]黄度《爱山亭记》写道："此山之布列曼衍，相为面势者也。朝暾升而凝紫，夕霭合而浮碧，暝欲雨而深黝，晃初霁而浓鲜，此山之变化翕忽，异姿而同妍者也……"，是登高远眺而获致的万千气象。又如路亭，宋末元初诗人董嗣杲《孤山路》有曰："妆点风光如此盛，藕花香里又三亭"①，足见宋代杭州西湖孤山路以亭点景的情景。再如园亭，[北宋]梅尧臣《览翠亭记》借景明理："夫临高远视，心意之快也；晴澄雨昏，峰巅之态也。心意快而笑歌发，峰岭明而气象归。其近则草树之烟绵，溪水之澄鲜。御鳞翻来，的的有光；扫黛侍侧，妩妩发秀。有趣若此，乐亦由人"，阐发了身心与自然交感之态，以及风景对于人的意义。还有水亭，包括水边之亭和水中之亭，前者如[唐]白居易在《钱塘湖春行》一诗中写道，"孤山寺北贾亭西，水面初平云脚低"②，描绘了春日时节，平展、开阔的西湖水景；后者如[唐]杜甫《章梓州水亭》曰，"城晚通云雾，亭深到芰荷"③，展现出亭位于荷塘深处、影影绰绰的情态。

宋末元初诗人邓牧的游记《雪窦游志》也是绝好的例子。雪窦山在今浙江省奉化县西约60里，这里风景优美，并具有古朴、宁静的农家气息和田园风光。邓牧在该游记中描述了多个不同位置与不同景观的亭的风姿：有位于山坳的雪窦山亭，有位于林间的隐秀亭，有题额众多的寒华亭，有依傍泉水的漱玉亭，有位于路口的标志亭"应梦名山"，有跨于水池之上、与小桥结合的锦镜亭，还有飞瀑旁的飞雪亭。可见雪窦山的这些亭均因景而建、因境而名，其位置选择都能与自然环境结合，以充分发挥亭的最佳观景作用④。

凡此种种，不胜枚举。不同的场合条件，有不同的风景特征，上述各种因地制宜理景、得景、赏景的方式和途径，值得进行多方面的深入剖析，从而研究开发自然美，创造人居环境的人工美（园林美），实现"美丽中国"之梦。

第八节　亭群结合的艺术布局——系列亭

由单亭逐步发展到亭组、亭群、亭园、亭城的过程中，不同的组合有不同的艺术布局，并呈现出点、线、

① 董嗣杲. 孤山路[M]//沈者寿. 杭州辞典. 杭州: 浙江人民出版社, 1993: 421.

② 白居易. 钱塘湖春行[M]//喻岳衡, 点校. 白居易集. 长沙: 岳麓书社, 1992: 160.

③ 杜甫. 章梓州水亭[M]//仇兆鳌, 注. 杜甫全集. 珠海: 珠海出版社, 1996: 841.

④ 邓牧. 雪窦游志[M]//黄墨谷, 选注. 中国历代游记选. 北京: 中华书局, 1988: 143.

北

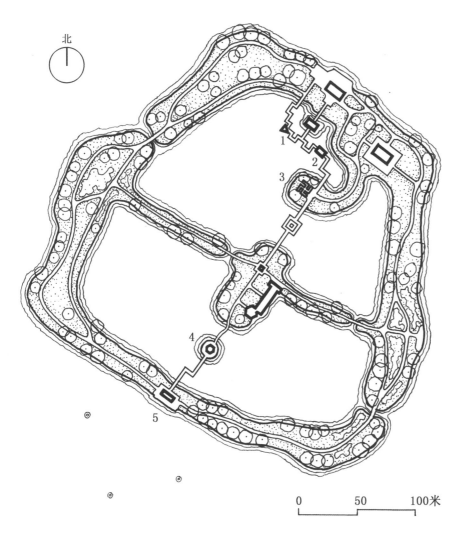

0　　　　50　　　100米

1. 开网亭；2. 亭亭亭；3. 卍字亭；4. 御碑亭；5. 我心相印亭

图4-72　杭州西湖三潭印月平面图

面的不同景观特征。这些在第二章中已有一些讨论，但主要是关于由亭组成的相对集中的空间构图，在此以几例由若干亭组成的序列风景空间，略作进一步分析。

一、水亭

杭州西湖历经上千年的经营、整治，已成为最负盛名的风景名胜之一，其中有各种亭子一百余座。西湖十景之一"三潭印月"的中心园路上（图4-72），长不及300米，有不同形状的五座亭：有偏于路径一角、探入水面的三角形开网亭（图4-73），有跨于桥上的方形亭亭亭（图4-74），有位居半岛、濒临水岸的卍字亭（已毁），有立于孤岛、十字交叉路口的六角形御碑亭（图4-75），以及南端水际的我心相印亭（图4-76）。每一个亭与相应水面之间的空间关系互不相同，各有妙味。

考察各自的游观功能，也有着丰富的变化：开网亭适于驻足停留，并近观"田"字形小岛由堤土、岸桥分割的小块水面；亭亭亭为凌驾于水面的人流游线空间提供庇护；卍字亭由于其特异的形制，其自身便是一处特别的景点和游观对象；御碑亭作为"防护亭"的一种，将人们的视线聚焦于御碑之上；我心相印亭则利于畅观西湖开阔的湖面及周遭远景。

这一系列亭，作为西湖十景之一

图4-73　开网亭

图4-74　亭亭亭

"三潭印月"的一部分,在建筑造型、空间形态、游观感受、命名意向等方面,各显风采,令人赏心悦目,不愧为西湖风景中的精品。

二、路亭

杭州新西湖十景之一"云栖竹径"中亦有若干亭点缀其中(图4-77),营造意匠各不相同:"云栖竹径"景名碑亭位于竹径一侧,点题风景并导引游人(图4-78);洗心亭也置于路旁,但临漪于清泉之侧,处于森森的绿竹万竿林中,一溪泉水浅浅流下,结合亭柱设石条凳,在此半途休息,风摇竹唱、泉出咽声,报尽自然之乐(图4-79)。亭曰洗心,意即此处可以清泉洗心,洁身拜佛。正如[清]陈璨写有《洗心亭》一诗曰:

> 万竿绿竹影参天,几曲山溪咽细泉;
>
> 客到洗心亭子上,顿教尘虑一时湔。[①]

竹径的另一路亭,跨建于石板路之上,是建筑空间与人行交通空间的结合,亭内有漏窗供观景、有条凳供歇息(图4-80)。其亭联则道出路亭的休息功能:

> 大道半途,且小休歇去;
> 灵山有会,不为等闲来。

图4-75 三潭印月碑亭

图4-76 我心相印亭

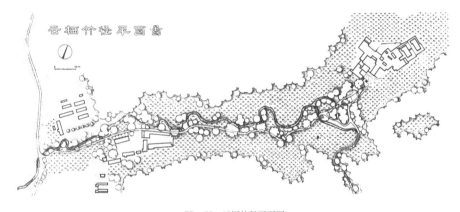

图4-77 云栖竹径平面图

图4-78 "云栖竹径"景名碑亭

图4-79 洗心亭

---

①
陈璨. 洗心亭[M]//慕容真. 西湖诗境. 杭州: 浙江文艺出版社, 1986: 45.

（a）走近路亭

（b）路亭回望

图4-80　跨建于石板路上的路亭

图4-81　樟树庇荫之下的路亭

竹径路旁另有亭隐于高大的樟树庇荫之下，低调、朴实、简约，似不与前述诸亭争妍斗奇，却自有真趣、别具一格（图4-81）。

三、园亭

南浔嘉业堂藏书楼园林中的明瑟亭、障红亭、浣碧亭，是一园之中

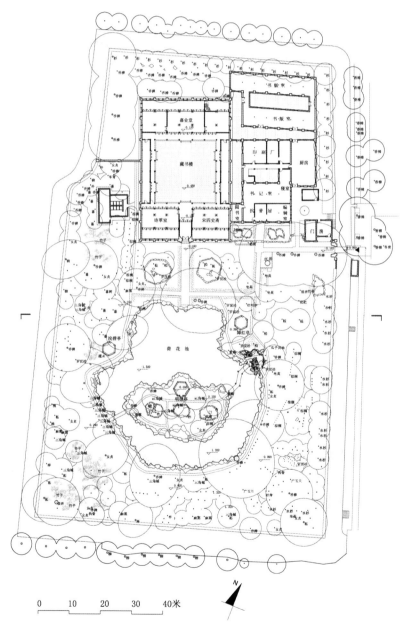

图4-82　嘉业堂园林平面图

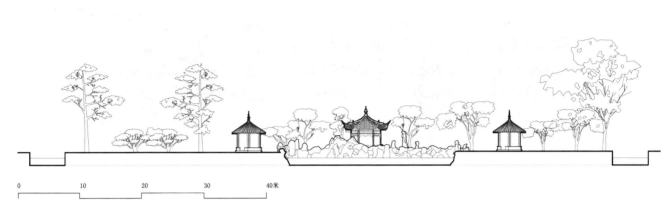

图4-83 嘉业堂园林剖面图

亭与亭相互观照形成风景构图的例子（图4-82、图4-83）。明瑟亭位于藏书楼南侧荷花池中的小岛上，同时位于藏书楼建筑的南北轴线上，加之荷花池及其小岛占据了整个园林空间的中心，使明瑟亭成为最为显要的风景点（图4-84、图4-85）。障红亭（图4-86）、浣碧亭（图4-87）位置偏北，分列荷花池畔东西两侧。于是，三亭围绕荷花池而建，且与藏书楼呈空间合围之势，荷花池的主体水面则是景观与观景的主体（图4-88）。此外，进一步考察三亭与荷花池的关系，明瑟亭在池内，障红亭、浣碧亭在池外，也反映出三亭之间的主从关系。

三亭在建筑营造上同样颇具匠心。均为六边形平面，以求统一；六边形平面的"边"均面向荷花池，保证了适宜的观景视野。明瑟亭体量最大，为攒尖顶——虽为南北轴线上的主亭，但造型与园林氛围及尺度调

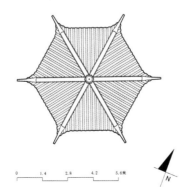

图4-84 明瑟亭平面图、立面图、屋顶平面图

图4-85 明瑟亭

图4-86 右侧明瑟亭及远景中的障红亭（赵纪军摄）

和，并没有采用等级规制更高的屋顶形式；障红亭、浣碧亭则为更低等级的斗笠顶。于是，三亭之间在建筑造型上也呈现出明显的主次之别。

总之，此三亭与藏书楼园林的主体建筑——藏书楼遥相呼应，同时与荷花池等造景要素调和，加之建筑造型处理上的节制与控制，共同营造了完整、统一的园林空间。

图4-87　浣碧亭及远景中的障红亭（赵纪军摄）

图4-88　从明瑟亭中北望嘉业藏书楼（赵纪军摄）

图片来源

图2-136（承德避暑山庄湖区四亭群分布示意图）、图2-144（北京北海五龙亭平面图）、图2-146（北京景山五亭平面示意图）改绘自：高鉁明，覃力. 中国古亭[M]. 台北：南天书局，1992：89，143，277.

图2-155（a）（北京人民大学校园五亭群平面图）基于曲淑凤绘制的简图改绘。

图2-157（a）（香港中环海滨公园十亭群平面图）基于朱钧珍绘制的简图改绘。

图2-171（陶然亭华夏名亭园总平面图）引自：北京市园林局. 北京园林优秀设计集锦[M]. 北京：中国建筑工业出版社，1996：87.

图2-193（中国亭园示意图）由兀晨提供。

图2-194（琅琊山主景区全图）引自：安徽省滁县地区《琅琊山志》编纂委员会，编.琅琊山志[M].滁县：安徽省滁县地区《琅琊山志》编纂委员会，1987.

图4-1（醉翁亭记结构及内涵分析），作者自绘。

图4-13（[唐]冯承素（传）摹兰亭序贴卷）引自：故宫博物院.兰亭图典[M]. 北京：紫禁城出版社，2011：34.

图4-14（[明]文征明兰亭修禊图卷）引自：故宫博物院. 兰亭图典[M]. 北京：紫禁城出版社，2011：310.

图4-24（a）（桂林市正阳步行街的"曲水流觞"遗迹）由桂林市园林局魏敏如工程师提供。

图4-67（长亭分别图）引自：钱书.绣像西厢时艺：雅趣藏书[M]. 四德堂梓行，1703（康熙四十二年）：43.

图4-72（杭州西湖三潭印月平面图）改绘自：杨洪勋. 江南园林论[M]. 北京：中国建筑工业出版社，2011：407.

图4-77（云栖竹径平面图）引自：《城市建设》编辑部编.杭州园林植物配置[M]. 北京：《城市建设》杂志社，1981：40.

图4-82（嘉业堂园林平面图）、**图4-83**（嘉业堂园林剖面图）、**图4-84**（明瑟亭平面图、立面图、屋顶平面图）引自：清华大学建筑学院2011年测绘。

所有照片除注明外，均为朱钧珍摄。

参考文献

[1] 陈必祥. 欧阳修散文选集[M]. 上海: 上海古籍出版社, 1997.

[2] 陈从周, 蒋启霆. 园综[M]. 上海: 同济大学出版社, 2004.

[3] 陈植, 张公弛. 中国历代名园记选注[M]. 合肥: 安徽科学技术出版社, 1983.

[4] 董诰. 全唐文[M]. 北京: 中华书局, 1983.

[5] 杜汝俭, 李恩山, 刘管平. 园林建筑设计[M]. 北京: 中国建筑工业出版社, 1986.

[6] 封演. 封氏闻见记[M]. 北京: 中华书局, 1985.

[7] 高鉁明, 覃力. 中国古亭[M]. 台北: 南天书局, 1992.

[8] 归有光. 震川先生集[M]. 周本淳, 校点. 上海: 上海古籍出版社, 2007.

[9] 韩愈. 韩昌黎文集校注[M]. 马其昶, 校注. 上海: 上海古籍出版社, 2014.

[10] 蒋炼, 蒋民主. 浯溪诗文选[M]. 香港: 香港天马图书有限公司, 2001.

[11] 金锋. 唐宋八大家文集[M]. 北京: 九州出版社, 2004.

[12] 李昉. 太平广记[M]. 北京: 中华书局, 1961.

[13] 李浩. 唐代园林别业考录[M]. 上海: 上海古籍出版社, 2005.

[14] 李吉甫. 元和郡县图志[M]. 贺次君, 点校. 北京: 中华书局, 1983.

[15] 李修生. 全元文[M]. 南京: 江苏古籍出版社, 2001.

[16] 刘大杰. 明人小品集[M]. 北京: 北新书局, 1934.

[17] 刘基. 刘基集[M]. 林家骊, 点校. 杭州: 浙江古籍出版社, 1992.

[18] 刘少宗. 说亭: 历史·艺术·兴造[M]. 天津: 天津大学出版社, 2000.

[19] 刘昫. 旧唐书[M]. 北京: 中华书局, 1975.

[20] 罗应涛. 巴蜀古文选解[M]. 成都: 四川大学出版社, 2002.

[21] 欧阳修. 欧阳修全集[M]. 李逸安, 点校. 北京: 中华书局, 2001.

[22] 欧阳修, 宋祁. 新唐书[M]. 北京: 中华书局, 1975.

[23] 彭定求. 全唐诗[M]. 北京: 中华书局, 1960.

[24] 钱易. 南部新书[M]. 黄寿成, 点校. 北京: 中华书局, 2002.

[25] 秦伯益. 美兮九州景: 秦伯益游记[M]. 香港: 天地图书有限公司, 2011.

[26] 宋敏求. 长安志[M]. 北京: 中华书局, 1991.

[27] 苏轼. 苏轼全集[M]. 傅成, 穆俦, 标点. 上海: 上海古籍出版社, 2000.

[28] 苏舜钦. 苏舜钦集[M]. 沈文倬, 校. 北京: 中华书局, 1961.

[29] 孙波. 中国古亭[M]. 北京: 华艺出版社, 1996.

[30] 王谠. 唐语林[M]. 北京: 中华书局, 1985.

[31] 王谠. 唐语林校证[M]. 周勋初, 校证. 北京: 中华书局, 1987.

[32] 王钦若. 册府元龟[M]. 北京: 中华书局, 1960.

[33] 王仁裕. 开元天宝遗事[M]. 丁如明, 辑校. 上海: 上海古籍出版社, 1985.

[34] 王守仁. 王阳明全集[M]. 吴光, 钱明, 董平, 编校. 上海: 上海古籍出版社, 2015.

[35] 王象之. 舆地纪胜[M]. 北京: 中华书局, 1992.

[36] 文同. 文同全集编年校注[M]. 胡问涛, 罗琴, 校注. 成都: 巴蜀书社, 1999.

[37] 吴继路. 中国名亭[M]. 天津: 百花文艺出版社, 2002.

[38] 徐华铛, 杨冲霄, 编绘. 中国的亭[M]. 北京: 轻工业出版社, 1988.

[39] 徐松. 唐两京城坊考[M]. 北京: 中华书局, 1985.

[40] 徐松. 河南志[M]. 高敏, 点校. 北京: 中华书局, 1994.

[41] 姚承绪. 吴趋访古录[M]. 南京: 江苏古籍出版社, 1999.

[42] 余冠英. 唐宋八大家全集[M]. 北京: 国际文化出版公司, 1998.

[43] 曾枣庄, 刘琳. 全宋文[M]. 成都: 巴蜀书社, 1990.

[44] 张成德. 中国游记散文大系[M]. 上海: 书海出版社, 2002.

[45] 张栻. 张栻集[M]. 杨世文, 点校. 北京: 中华书局, 2015.

[46] 张志江. 中国古代题记名篇选读[M]. 北京: 中国社会出版社, 2010.

[47] 中华书局编辑部. 宋元方志丛刊[M]. 北京: 中华书局, 1990.

[48] 周敦颐. 周敦颐集[M]. 谭松林, 尹红, 整理. 长沙: 岳麓书社, 2002.

[49] 周绍良. 全唐文新编[M]. 长春: 吉林文史出版社, 2000.

[50] 祝穆. 方舆胜览[M]. 祝洙, 增订; 施和金, 点校. 北京: 中华书局, 2003.

附录 APPENDIX

附录1　唐代以亭命名的园林别业名录

序号	别墅名称	地　址	出　处
1	周皓新亭子	长安光福坊宅内	《全唐诗》卷四三八，白居易《题周皓大夫新亭子二十二韵》
2	窦尚书山亭	长安永嘉坊窦希玠宅内	《全唐诗》卷二二五，张说《南省就窦尚书山亭寻花柳宴》；此山亭为林亭
3	萧家林亭	长安外郭城永乐坊内	《全唐诗》卷三四四，韩愈《奉和李相公题萧家林亭》
4	东阳公主亭子	长安外郭城崇仁坊内	《唐两京城坊考》卷三："东有山池别院，即旧东阳公主亭子，……"
5	冯宿山亭院	长安外郭城亲仁坊内	《唐两京城坊考》卷三；又，《卢氏杂记》："宅有山亭院，多养鹅 鸭及杂禽之类，常遣一家人主之，谓之'鸟省'。"
6	永穆公主亭子	长安永宁坊内	《唐两京城坊考》卷三："（玄宗）又赐永穆公主池观为游燕地。"
7	永宁里园亭	长安外郭城永宁坊羊士谔宅内	《全唐诗》卷三三二，羊士谔《永宁里园亭休沐怅然成咏》等
8	王涯山亭	长安永宁坊宅内	《唐两京城坊考校补记》卷三："王涯字仲翔，避暑于山亭。"
9	尉迟胜林亭	长安修行坊内	《旧唐书》卷一四四《尉迟胜传》："胜乃于京师修行里盛饰林亭，以待宾客，好事者多访之。"
10	半隐亭	长安永达里园林内	《旧唐书》卷一六四，《王播传》附《王龟传》："龟字大年，……乃于永达里园林深僻处创书斋，吟啸其间，目为半隐亭。"
11	自雨亭子	长安太平坊王鉷宅内	《唐语林》卷五："宅内有自雨亭子，簷上飞流四注，当夏处之，凛若高秋。又有宝钿井栏，不知其价。"
12	毕氏林亭	长安怀贞坊毕构宅内	《全唐诗》卷八四，陈子昂《群公集毕氏林亭》
13	刘相公茅亭	长安外郭城光德坊内	《全唐诗》卷七二二，李洞《题刘相公光德里新构茅亭》
14	闫立本西亭	长安延康坊闫立本宅内	《封氏闻见记》卷五："立本……今之中令令也，……立本旧宅西亭，立本所画山水存焉。"
15	马璘池亭	长安外郭城延康坊宅内	《唐两京城坊考》卷四："邠宁节度使马璘池亭。"
16	右相园亭	长安城东临近春明楼	《旧唐书》卷一〇六，《李林甫传》："林亭幽邃，甲于都邑，……"
17	安禄山池亭	长安宣义坊内	《唐两京城坊考》"校补记"补注："池岛菰蒲竹鹤之胜。"
18	王稷亭子	长安宣义坊内	《册府元龟》卷一六九："（元和）十三年四月，荆南节度使王谔之子稷进永宁里宅及宣义里亭子。"
19	兴化池亭	长安兴化坊裴度宅内	《全唐诗》卷四四九，白居易《宿裴相公兴化池亭兼蒙借船舫游泛》
20	永安水亭	长安外郭城永安坊内	《全唐诗》卷四五八，白居易《和杨尚书罢相后夏日游永安水亭兼招本曹杨侍郎同行》："竹亭阴合偏宜夏，水槛风凉不待秋。"
21	精思亭	长安外郭城安邑坊内	《新唐书》卷一八〇，《李德裕传》："亭曰精思，每计大事，则处其中……"
22	杨家南亭	长安靖恭坊杨虞卿宅内	《全唐诗》卷四九；另有《南部新书》己集："盖朋党案议于此尔。"
23	杨颖士西亭	长安靖恭坊杨颖士宅内	《全唐诗》卷四二八，白居易《题杨颖士西亭》
24	元八草亭	长安昇平坊元宗简宅内	《全唐诗》卷四三八，白居易诗注曰："元於昇平宅新立草亭。"
25	太平公主亭	长安昇平坊内	《长安志》卷八："京城士女咸就此登赏被裸。"
26	杨尚书林亭	长安新昌坊杨嗣复宅内	《全唐诗》卷三四四，韩愈《早春与张十八博士籍游杨尚书林亭寄第三阁老兼呈白冯二阁老》
27	高斋亭子	长安延平门	《全唐诗》卷一一〇，张谔《延平门高斋亭子应岐王教》
28	岐王山亭	长安安兴坊（俟考）	《全唐诗》卷一一〇，张谔《岐王山亭》
29	申王园亭	长安外郭城安兴坊（俟考）	《全唐诗》卷四八，张九龄《三月三日申王园亭宴集》
30	崔驸马林亭	长安朱雀街东	《全唐诗》卷五一四，朱庆余《题崔驸马林亭》
31	刘驸马水亭	疑在长安	《全唐诗》卷三九五，刘禹锡《刘驸马水亭避暑》

序号	别墅名称	地 址	出 处
32	王侍御池亭	长安光福坊内	《全唐诗》卷四三八，白居易《题王侍御池亭》
33	南亭	长安城南曲江一带	《全唐诗》卷一一八，孙逖《和韦兄春日南亭宴兄弟》
34	杜公池亭	长安杜曲朱陂一带	《全唐诗》卷五三三，许浑《朱坡故少保杜公池亭》
35	杜邠公林亭	长安城南韦曲	《全唐诗》卷五七九，温庭筠《题城南杜邠公林亭》
36	杜舍人林亭	疑在长安城南	《全唐诗续拾》卷一六，钱起《题杜舍人林亭》
37	骆家亭子	长安城东灞陵附近	《全唐文》卷七五六，杜牧《唐故灞陵骆处士墓志铭》："乃于灞陵东坡下得水树以居之……"
38	马嵬卿池亭	长安东北白渠入渭水处	《全唐诗》卷一一五，王湾《晚夏马嵬卿叔池亭即事寄京都一二知己》
39	长安山亭	长安东郊	《全唐诗》卷八七，张说《同王仆射山亭饯岑广武义得言字》
40	韦司户山亭院	长安东南郊	《全唐诗》卷二一二，高适《宴韦司户山亭院》
41	长孙家林亭	圭峰下，距长安八十余里	《全唐诗》卷五六五，韩琮《题圭峰下长孙家林亭》
42	赵处士林亭	鄠郊	《全唐诗》卷七二一，李洞《鄠郊山舍题赵处士林亭》
43	会昌林亭	京兆府会昌县（今陕西临潼）	《全唐诗》卷一一八，孙逖《奉和李右相赏会昌林亭》："地胜林 亭好……"
44	梁王池亭	疑在西京长安	《全唐诗》卷二一四，陈子昂《梁王池亭宴序》；另：梁王当指武三思
45	崔处士林亭	兰田玉山附近	《全唐诗》卷一二八，王维《与卢员外象过崔处士兴宗林亭》
46	城北池亭	长安城北	《全唐诗》卷二三八，钱起《题秘书王迪城北池亭》
47	薛大夫山亭	疑在西京长安附近	《全唐文》卷二一四，陈子昂《薛大夫山亭宴序》："……名流不杂，既入芙蓉之池；君子有邻，还得芝兰之室。……"
48	宋主薄山亭	疑在长安附近	《全唐诗》卷五二，宋之问《春日宴宋主薄山亭得寒字》
49	王驸马池亭	疑在长安	《全唐诗》卷五一九，李远《游故王驸马池亭》
50	王驸马亭	长安城东	《全唐诗》卷四七八，陆畅《游城东王驸马亭》
51	杨著作竹亭	长安附近	《全唐诗》卷三二七，权德舆《奉和礼部尚书酬杨著作竹亭歌》
52	韦氏林亭	华阴	《全唐诗》卷五七九，温庭筠《华阴韦氏林亭》
53	郑县亭子	郑县（今陕西华县）	《全唐诗》卷二二五，杜甫《题郑县亭子》；亦名西溪亭
54	南溪池亭	冯翊县（今陕西大荔）南	《唐文续拾》卷七："……按《梁载言十道志》云：'……有泉九穴同流。'"
55	张少尹南亭	陕西凤翔	《全唐诗》卷二六八，耿湋《会凤翔张少尹南亭》
56	白云亭	太白山中	《开元天宝遗事》卷上："太白山有隐士郭休，字退夫，有运气绝粒之术。于山中建茅屋百余间，有白云亭、炼丹洞、注《易》亭、修真亭……"
57	归仁亭	洛阳归仁坊内，毗邻会节坊处	《河南志》会节坊："宰臣视事于归仁亭，……"
58	新涧亭	洛阳履道白居易宅内	《全唐诗》卷四五八，白居易《新涧亭》；又名西亭
59	集贤林亭	洛阳集贤坊宅内	《全唐诗》卷四五二，白居易《裴侍中晋公以集贤林亭即事诗三十六韵见赠猥蒙徴和才拙词繁辄广为五百言以伸酬献》；裴度林亭
60	张嘉贞亭馆	洛阳思顺坊宅内	《唐两京城坊考》卷五："中书令张嘉贞宅。"
61	依仁亭台	洛阳依仁坊（永通坊）内	《全唐诗》卷四四五，白居易《闻崔十八宿予新昌弊宅时予亦宿崔家依仁新亭一宵偶同两兴暗合因而成咏聊以写怀》
62	王茂元东亭	洛阳崇让坊宅内	《全唐诗》卷五四〇，李商隐《崇让宅东亭醉后沔然有作》
63	苏味道亭子	洛阳宣风坊苏味道宅内	《唐两京城坊考》卷五："中书令苏味道宅，有三十六柱亭子，时称巧绝。"
64	王守一山亭院	洛阳思恭坊内	《唐两京城坊考》卷五："驸马都尉王守一亭院。"
65	贾常侍林亭	洛阳	《全唐诗》卷一八六，韦应物《贾常侍林亭燕集》
66	郑家林亭	洛阳	《全唐诗》卷四三六，白居易《东都冬日会诸同年宴郑家林亭》
67	槐亭	疑在洛阳	《全唐诗》卷四五八，白居易《题朗之槐亭》
68	萧尚书亭子	洛阳	《全唐诗》卷四三六，白居易《与诸同年贺座主侍郎新拜太常同宴萧尚书亭子》

序号	别墅名称	地 址	出 处
69	窦使君水亭	洛阳	《全唐诗》卷四四八，白居易《宿窦使君庄水亭》
70	伐叛亭	平泉庄	《唐语林》卷四："李卫公佐武宗，……于平泉庄置构思亭、伐叛亭以自旌。"
71	崔礼部园亭	洛阳伊阙附近	《全唐诗》卷八七，张说《崔礼部园亭得深字》："水连伊阙近，树接夏阳深。"
72	唐卿山亭	洛阳东城外	《全唐文》卷二四一，宋之问《奉陪武驸马宴唐卿山亭序》
73	王明府山亭	洛阳郊外	《全唐诗》卷七二，崔智贤《三月三日宴王明府山亭》
74	高氏林亭	洛阳	《全唐诗》卷七二，高正臣《晦日置酒林亭》及《晦日重宴》；有诗文雅集
75	临水柳亭	洛阳	《全唐诗》卷四五四，白居易《题王家庄临水柳亭》
76	郑协律山亭	洛阳附近	《全唐诗》卷五三，宋之问《春日郑协律山亭陪宴钱郑卿同用楼字》："池平分洛水，林缺见嵩丘。"
77	陆浑水亭	陆浑山下伊水边	《全唐文》卷一三一，祖咏《陆浑水亭》
78	颖亭	阳翟	《全唐文》卷七九三，陈宽《颖亭记》
79	郑氏东亭	河南新安	《全唐诗》卷二二四，杜甫《重题郑氏东亭》；郑氏即驸马郑潜曜
80	薛家竹亭	汝州（今河南临汝）北	《全唐文》卷二九四，王泠然《汝州薛家竹亭赋》
81	山园新亭	宋城（今商丘）城外	《全唐诗》卷二一二，高适《同房侍御山园新亭与邢判官同游》
82	宴喜亭池	河南砀山县	《全唐诗》卷一七九，李白《秋夜与刘砀山泛宴喜亭池》
83	王建水亭	光州（今河南潢川）	《全唐诗》卷五七三，贾岛《光州王建使君水亭作》："楚水临轩积，澄鲜一亩余。"
84	宋徵君林亭	宿州（今安徽宿县）	《全唐诗补逸》卷一〇，张祜《题宿州城西宋徵君林亭》
85	樊氏水亭	涟上（今江苏涟水县）	《全唐诗》卷二一二，高适《涟上题樊氏水亭》
86	四望亭	濠州（今安徽凤阳东）	《全唐文》卷六九二，李绅《四望亭记》；又名"短李亭"
87	平阴亭	平阴（今属山东）	《全唐诗》卷二一一，高适《奉酬北海李太守丈人夏日平阴亭》
88	洄源亭	东平	《全唐诗》卷二五五，苏源明《小洞庭洄源亭燕四郡太守诗并序》
89	历下亭	济南历下	《全唐诗》卷二一六，杜甫《陪李北海宴历下亭》
90	历下新亭	齐州历下（今大明湖南百花洲）	《全唐诗》卷一一五，李邕《登历下古城员外孙新亭》；李之芳创建
91	太原山亭	太原	《全唐诗》卷三六六，韩察、崔恭、胡证、张贾，均有《和张相公太原山亭怀古诗》
92	龙泉亭	太原使府	《旧唐书》卷一六三，《卢简求传》附《卢汝弼传》："每亭中宴集……"
93	当阳亭子	当阳（今河北新河西一带）	《全唐文》卷八二九，刘咏《当阳亭子诗序》；为十足的观景亭
94	上谷池亭	上谷郡（今河北易县）	《唐文续拾》卷四，王璠《唐符阳郡王张孝忠再葺池亭记》
95	北楼新亭	荆州（今湖北江陵）	《全唐诗》卷一六〇，孟浩然《和宋太史（一作大史）北楼新亭》
96	崔兵曹林亭	江陵	《全唐诗补逸》卷一〇，张祜《题江陵崔兵曹林亭》
97	枝江南亭	枝江县（今属湖北）	《全唐文》卷六八六，皇甫湜《枝江县南亭记》
98	闻喜亭	襄州	太守裴坦建
99	洗然竹亭	襄阳	《全唐诗》卷一五九，孟浩然《洗然弟竹亭》
100	孟亭	郢州	《新唐书》卷二〇三，《孟浩然传》："王维过郢州，画浩然像于刺史亭……"
101	郑监湖上亭	峡州（今湖北宜昌）	《全唐诗》卷二三一，杜甫《秋日寄题郑监湖上亭三首》
102	清心亭	商山（今陕西商州境内）	《开元天宝遗事》卷下："商山隐士高太素，累徵不起，在山中构道院二十余间。太素起居清心亭下，皆茂林秀竹，奇花异卉。"
103	郝氏林亭	洋州（今陕西洋县），一说扬州	《全唐诗》卷六五〇，方干《旅次洋（一作扬）州寓居郝氏林亭》
104	翠峰亭	兴州武兴郡（今陕西略阳）南十里	《全唐文》卷九八七，阙名《房使君翠峰亭题记》
105	翰林亭	秭归县北五里	《舆地纪胜》卷七四："在……绝顶卧牛山上"；刺史李蘦建
106	夐云亭	达州（今重庆达县）南山	《方舆胜览》卷五："下瞰江流，周览城邑"；元稹建
107	黄家亭子	阆州（今四川阆中）	《全唐诗》卷二二八，杜甫《陪王使君晦日泛江就黄家亭子二首》
108	滕王亭子	阆州玉台观内	《全唐诗》卷二二八，杜甫《滕王亭子》诗二首

序号	别墅名称	地 址	出 处
109	崔行军水亭	扬州	《全唐诗续拾》卷一六，独孤及《扬州崔行军水亭泛舟望月燕集赋诗并序》
110	玉钩亭	扬州	《舆地纪胜》卷三七："玉钩亭，元和中李夷简建，……"
111	荇溪新亭	滁州东北十里	《全唐文》卷七六一，李濆《荇溪新亭记》
112	乔公亭	同安城北（今安徽桐城附近）	《全唐文》卷八八二，徐铉《乔公亭记》
113	四望亭	黄州（今湖北黄冈）	《方舆胜览》卷五〇："唐刘嗣之立，李绅记。"
114	秋兴亭	沔州（今武汉汉阳）后山巅	《舆地纪胜》卷七九："在军治后山巅，唐刺史贾载建，……"
115	崇上人山亭	京口（今镇江）	《全唐诗》卷一三八，储光羲《京口题崇上人山亭》
116	刘处士江亭	润州（今镇江）	《全唐诗》卷七二一，李洞《秋宿润州刘处士江亭》
117	王相林亭	金陵（今南京）	《全唐诗》卷五八一，温庭筠《题丰安里王相林亭二首》
118	王处士水亭	金陵（今南京）凤凰山傍秦淮河	《全唐诗》卷一八四，李白《题金陵王处士水亭》；陆机故宅
119	卫士林亭	建康（今南京）西北	《全唐文》卷八八二，徐铉《游卫士林亭序》："其间百亩之地。"
120	南原亭馆	金陵	《全唐文》卷八八三，徐铉《毗陵郡公南原亭馆记》观景写景
121	湖上林亭	常州	《全唐诗》卷一四八，刘长卿《题独孤使君（一作常州）湖上林（一作新）亭》
122	东五亭	毗陵（今常州）近郊传舍之东	《全唐文》卷四三八，韦夏卿《东山记》
123	李晋陵茅亭	晋陵（今常州）	《全唐文》卷五一九，梁肃《李晋陵茅亭记》
124	曲水亭	无锡惠山寺前	《宋元方志丛刊》册三《无锡志》卷三下，"一名憩亭，……水九曲，甃以甓文。"
125	蔡明府西亭	无锡	《全唐诗》卷二〇六，李嘉祐《晚春宴无锡蔡明府西亭》
126	杜秀才水亭	荆溪（今宜兴）	《全唐诗》卷六二九，陆龟蒙《题杜秀才水亭》
127	邵博士溪亭	毗陵	《全唐诗》卷五九〇，李郢《邵博士溪亭》
128	鸭漪亭	苏州松江附近	《吴趋访古录》卷六："鸭漪亭，……俗呼阿姨亭。"
129	褚家林亭	苏州松江旁	《全唐诗》卷六一四，皮日休《褚家林亭》
130	乐安仕君池亭	吴城（今苏州）	《全唐诗》卷六二五，陆龟蒙《白鸥诗并序》
131	陈明府小亭	长洲（今苏州）	《全唐诗》卷六五〇，方干《题长洲陈明府小亭》；陈子美小亭
132	冷泉亭	余杭郡（今杭州）飞来峰下	《全唐文》卷六七六，白居易《冷泉亭记》
133	侯仙亭	杭州灵隐寺前	《全唐诗》卷四四三，白居易《醉题侯仙亭》《侯仙亭同诸客醉作》；韩皋建
134	贾公亭	杭州西湖	《全唐诗》卷四四三，白居易《钱塘湖春行》
135	因严亭	杭州凤凰山	《全唐诗》卷四四三，白居易《奉和李大夫题新诗二首各六韵》其一《因严亭》
136	忘筌亭	杭州凤凰山	《全唐诗》卷四四三，白居易《奉和李大夫题新诗二首各六韵》其二《忘筌亭》
137	南亭子	杭州城东南隅	《全唐文》卷七五三，杜牧《杭州新造南亭子记》
138	庐录事山亭	杭州	《全唐诗》卷五一四，朱庆余《杭州庐录事山亭》
139	房公亭	盐官县（今浙江海宁县西南）	《唐语林校证》卷五："……于县内凿池构亭，曰'房公亭'，……"
140	瑞隐亭	盐官县	《全唐诗》卷六五一，方干《盐官王长官新创瑞隐亭》
141	迎春亭	湖州东门内	《舆地纪胜》卷四："唐杜牧建。"孙储《白蘋亭记》："杜公遗爱所建迎春亭，……"
142	烟雨亭	湖州南	《嘉泰吴兴志》卷一三："咸通五年，刺史姜源重再修，自为《烟雨亭记》，……"
143	乌程县南水亭	乌程县（今吴兴南）	原为梁柳恽西亭。《全唐文》卷三三八，颜真卿《梁吴兴太守柳恽西亭记》
144	吴兴溪亭	吴兴东部	《全唐文》卷四九四，权德舆《许氏吴兴溪亭记》
145	八角亭	湖州城东南	《全唐文》卷六七六，白居易《白蘋洲五亭记》："至大历十一年，颜鲁公真卿为刺史，始翦榛导流，作八角亭，以游息焉。"
146	白蘋洲五亭	湖州城东南	《全唐文》卷六七六，白居易《白蘋洲五亭记》
147	李明府后亭	雪溪	《全唐诗》卷一五一，刘长卿《三月李明府后亭泛舟》
148	湖州西亭	湖州	《全唐诗》卷八六一，皎然《奉酬李中丞洪湖州西亭即事见寄兼呈吴冯处士时中丞量移湖州长史》

序号	别墅名称	地　址	出　处
149	三癸亭	湖州乌程县	《全唐文》卷三三九，颜真卿《湖州乌程县杼山妙喜寺碑铭》，颜真卿创构，陆羽题名
150	白蘋亭	湖州	《全唐文》卷六一八，李直方《白蘋亭记》
151	东亭	湖州乌程	《全唐文》卷八六七，杨夔《乌程县修东亭记》
152	环溪亭	睦州	《全唐诗》卷六五○，方干《睦州吕郎中郡中环溪亭》
153	东武亭	越州镜湖上	《全唐诗》卷四八一，李绅《东武亭》；元稹建
154	海榴亭	越州	《全唐诗》卷四八一，李绅《海榴亭序》
155	望海亭	越州卧龙山顶	《全唐诗》卷四八一，李绅《望海亭序》
156	皇甫秀才山亭	越州	《全唐诗》卷三七五，孟郊《春集越州皇甫秀才山亭》
157	袁秀才林亭	越州南郭	《全唐诗》卷六五一，方干《题越州（一作南郭）袁秀才林亭》
158	涵碧亭	东阳（今浙江金华）北	《全唐诗》卷三六一，刘禹锡《答东阳于令涵碧图诗并引》
159	东峰亭	兰溪县（今属浙江）	《全唐文》卷六二四，冯宿《兰溪县灵隐寺东峰新亭记》
160	证梦亭	衢州（今浙江衢县）	《方舆胜览》卷七："唐豆卢者梦一老人，谓之曰：'二十年后为此郡守，可于此建亭。'后果如所言。"
161	李舍人山亭	永嘉（今浙江温州）	《全唐文》卷一九一，杨炯《李舍人山亭诗序》
162	二公亭	泉州东湖中	《方舆胜览》卷一二："贞元间，郡牧席公、别驾姜公得奇阜，二公建亭，郡人名之。欧阳詹、席公尝宴举子于东湖亭。"
163	殊亭	武昌江边	《全唐文》卷三八二，元结《殊亭记》
164	广宴亭	武昌樊山北	《全唐文》卷三八二，元结《广宴亭记》
165	怡亭	武昌江中小岛	《全唐文》卷四八二，裴虬《怡亭铭》
166	夏亭	鄂州（今武汉）	《全唐文》卷六九○，符载《鄂州何大夫创制夏亭诗序》
167	云梦新亭	岳州（今岳阳）洞庭湖边	《全唐诗补逸》卷九，张祜《题岳州徐员外云梦新亭十韵》
168	徐孺亭	南昌	《全唐文》卷八八二，徐铉《重修徐孺亭记》
169	东湖亭	钟陵（今南昌）东湖上	《全唐文》卷六八九，符载《钟陵东湖亭记》
170	熊氏清风亭	龙沙（今江西新建县北）北	《全唐文》卷四九○，权德舆《暮春陪诸公游龙沙熊氏清风亭诗序》
171	李嘉佑江亭	鄱阳（今江西波阳东）	《全唐诗》卷一四九，刘长卿《初贬南巴至鄱阳题李嘉佑江亭》
172	北亭	浔阳城北	《全唐诗》卷四三○，白居易《北亭》
173	元十八溪亭	庐山五老峰下	《全唐诗》卷四三○，白居易《题元十八溪亭》
174	栖宾亭	彭泽（今属江西）东十里富阳	《全唐诗》卷七九七，皮日休《通元子栖宾亭记》
175	凌云亭	都昌县	县令李偶建
176	羡鱼亭	都昌县	县令李偶建
177	徐明府水亭	弋阳	《全唐诗补逸》卷九，张祜《题弋阳徐明府水亭》
178	元处士高亭	宣州陵阳北郭	《全唐诗》卷五二三，杜牧《题元处士高亭》
179	崔八丈水亭	宣城宛溪与敬亭山之间	《全唐诗》卷一八○，李白《过崔八丈水亭》
180	西侯新亭	宣州西郭外	《全唐文》卷三四八，李白《赵公西侯新亭颂》
181	响山新亭	宣州南响山	《全唐文》卷四九四，权德舆《宣州响山新亭新营记》
182	齐云亭	泾县（今属安徽）	《全唐文》卷八七二，薛文美《泾县小厅记》
183	李隐居林亭	泾县陵阳山中	《全唐诗》卷五三五，许浑《与张道士同访李隐居不遇（一作与张处士同题李隐居林亭）》。又《元和郡县图志》卷二八："陵阳子明得仙处。"
184	东峰亭	泾川	《全唐诗续拾》卷二七，裴丹《重建东峰亭有序》
185	清风亭	当涂（今属安徽）化城寺西湖上	《全唐诗》卷一七九，李白《陪族叔当涂宰游化城寺升公清风亭》
186	化洽亭	宁国（今属安徽）东南	《全唐文》卷八六八，沈颜《化洽亭记》
187	弄水新亭	贵池县（今属安徽）通远门外	《全唐诗补逸》卷一○，张祜《题池州杜员外弄水新亭》，杜牧《春末题池州弄水亭》

序号	别墅名称	地 址	出 处
188	湘水亭	长沙湘水滨	《全唐诗》卷一五〇,刘长卿《春日宴魏万成湘水亭》
189	销忧亭	临武(今属湖南)	《全唐文》卷七二一,元晦《四望山记》:"山名四望,故亭为销忧。"
190	齐云亭	湖南郴州临武	《全唐文》卷七二一,元晦《叠彩山记》:"……其西岩有石门,……又门阴构齐云亭,……"
191	合江亭	衡阳(今湖南衡阳)石鼓山后	刺史齐映营建
192	望岳亭	衡阳县南	韦虚舟营建
193	万石亭	永州北埔	《全唐文》卷五八〇,柳宗元《永州崔中丞万石亭记》
194	西亭	永州法华寺西庑外	《全唐文》卷五八一,柳宗元《永州法华寺新作西亭记》
195	零陵三亭	零陵县(今属湖南)东山	《全唐文》卷五八一,柳宗元《零陵三亭记》
196	燕喜亭	连州(今广东连县)	《全唐文》卷五五七,韩愈《燕喜亭记》
197	海阳池亭	连州海阳湖	《全唐文》卷六〇七,刘禹锡《吏隐亭述》:"作吏隐亭海阳湖壖。"
198	潓阳亭	道州潓泉上	《全唐诗》卷二四一,元结《潓阳亭作并序》
199	欧阳家林亭	道州城北	《全唐诗》卷三七一,吕温《道州春游欧阳家林亭》
200	寒亭	道州江华县(今属湖南)南	《全唐文》卷三八二,元结《寒亭记》
201	朱山人水亭	杜甫浣花溪草堂旁	《全唐诗》卷二二六,杜甫《题南邻朱山人水亭》
202	郑氏亭	蜀州南	《太平广记》卷四〇三《玉清三宝》:"亭起苑中,真尘外境也。"
203	房公竹亭	汉州(今四川广汉)	《全唐诗》卷三六四,刘禹锡《和游房公旧竹亭闻琴绝句》
204	房湖亭榭	汉州西湖上	《方舆胜览》卷五四:"房湖亭榭,按《壁记》:房相上元初牧此邦,其时始凿湖,有诗存焉。"
205	章梓州水亭	梓州(今四川三台)	《全唐诗》卷二二七,杜甫《章梓州水亭》
206	石亭	飞鸟县(今四川中江县东南)	《唐文拾遗》卷一八,赵演《石亭记》
207	重阳亭	剑州(今四川剑阁县)	《全唐文》卷七七九,李商隐《剑州重阳亭铭并序》
208	望阙亭	崖州珠崖郡(今海南琼山县东南)	《唐语林校证》卷七:"李卫公在珠崖郡,北亭谓之望阙亭。"
209	訾家洲亭	桂州(今桂林)	《全唐文》卷五八〇,柳宗元《桂州裴中丞作訾家洲亭记》
210	马退山茅亭	邕州(今南宁)马退山南	《全唐文》卷五八〇,柳宗元《邕州柳中丞作马退山茅亭记》
211	东亭	柳州(今属广西)南谯门外	《全唐文》卷五八一,柳宗元《柳州东亭记》

注:根据《唐代园林别业考录》(李浩著,上海古籍出版社,2005年)辑录

附录2 《唐代园林别业考录》中园林称谓数量统计

序号	地区名	以园、堂、别业名	以亭、池亭、林亭名	合计
1	关内道	232	56	288
2	河南道	152	33	185
3	河东道	12	3	15
4	山南道	48	13	61
5	河北道	13	1	14
6	淮南道	20	6	26
7	江南道	273	87	360
8	剑南道	18	7	25
9	岭南道	13	5	18
10	陇右道	2	0	2
	合计	783	211	994

注：以亭命名园林的，在唐代别墅园中约占27%，尤其在唐代早期，多以林亭、池亭、山亭、水亭、江亭馆等命名来统称园林，以后逐步将亭从园林中抽离出来，表达单个亭子的含义，而园林则以别墅、别业等称之。

附录3　中国历代亭记名录

序号	篇　名	作　者	年　代
1	兰亭集序	王羲之(303—361年，一作321—379年)	晋
2	梁吴兴太守柳恽西亭记	颜真卿(709—785年)	
3	沔州秋兴亭记	贾至(718—772年)	
4	殊亭记	元结(719—772年)	
5	寒亭记	元结(719—772年)	
6	广宴亭记	元结(719—772年)	
7	卢郎中浔阳竹亭记	独孤及(725—777年)	
8	李晋陵茅亭记	梁肃(753—793年)	
9	二公亭记	欧阳詹(756—800年)	
10	许氏吴兴溪亭记	权德舆(759—818年)	
11	兰溪县灵隐寺东峰新亭记	冯宿(766—836年)	
12	燕喜亭记	韩愈(768—824年)	
13	洗心亭记	刘禹锡(772—842年)	
14	武陵北亭记	刘禹锡(772—842年)	
15	汴州郑门新亭记	刘禹锡(772—842年)	唐
16	冷泉亭记	白居易(772—846年)	
17	白蘋洲五亭记	白居易(772—846年)	
18	四望亭记	李绅(772—846年)	
19	柳州东亭记	柳宗元(773—819年)	
20	邕州柳中丞马退山茅亭记	柳宗元(773—819年)	
21	零陵三亭记	柳宗元(773—819年)	
22	永州法华寺新作西亭记	柳宗元(773—819年)	
23	永州崔中丞万石亭记	柳宗元(773—819年)	
24	桂州裴中丞作訾家洲亭记	柳宗元(773—819年)	
25	修浯溪亭记	韦辞(773—830年)	
26	枝江县南亭记	皇甫湜(777—835年)	
27	杭州新造南亭子记	杜牧(803—约852年)	
28	郢州孟亭记	皮日休(约838—约883年)	
29	通元子栖宾亭记	皮日休(约838—约883年)	
30	化洽亭记	沈颜(?—约924年)	五代(吴)
31	乔公亭记	徐铉(916—991年)	五代(南唐)
32	秋香亭赋	范仲淹(989—1052年)	
33	流杯亭记	胡宿(995—1067年)	
34	览翠亭记	梅尧臣(1002—1060年)	北宋
35	醉翁亭记	欧阳修(1007—1072年)	
36	丰乐亭记	欧阳修(1007—1072年)	

续表

序号	篇　名	作　者	年　代
37	岘山亭记	欧阳修（1007—1072年）	
38	李秀才东园亭记	欧阳修（1007—1072年）	
39	陈氏荣乡亭记	欧阳修（1007—1072年）	
40	丛翠亭记	欧阳修（1007—1072年）	
41	游儵亭记	欧阳修（1007—1072年）	
42	峡州至喜亭记	欧阳修（1007—1072年）	
43	泗州先春亭记	欧阳修（1007—1072年）	
44	沧浪亭记	苏舜钦（1009—1049年）	
45	养心亭记	周敦颐（1017—1073年）	
46	拾遗亭记	文同（1018—1079年）	
47	醒心亭记	曾巩（1019—1083年）	
48	道山亭记	曾巩（1019—1083年）	
49	尹公亭记	曾巩（1019—1083年）	
50	饮归亭记	曾巩（1019—1083年）	北宋
51	清心亭记	曾巩（1019—1083年）	
52	石门亭记	王安石（1021—1086年）	
53	扬州新园亭记	王安石（1021—1086年）	
54	喜雨亭记	苏轼（1037—1101年）	
55	灵壁张氏园亭记	苏轼（1037—1101年）	
56	书游垂虹亭	苏轼（1037—1101年）	
57	记游松风亭	苏轼（1037—1101年）	
58	放鹤亭记	苏轼（1037—1101年）	
59	墨妙亭记	苏轼（1037—1101年）	
60	遗爱亭记代巢元修	苏轼（1037—1101年）	
61	黄州快哉亭记	苏辙（1039—1112年）	
62	武昌九曲亭记	苏辙（1039—1112年）	
63	书幽芳亭	黄庭坚（1045—1105年）	
64	松菊亭记	黄庭坚（1045—1105年）	
65	永州玩鸥亭记	汪藻（1079—1154年）	北宋末、南宋初
66	玉霄亭柱记	尤袤（1127—1202年）	
67	双凤亭记	张栻（1133—1180年）	
68	多稼亭记	张栻（1133—1180年）	
69	风雩亭词	张栻（1133—1180年）	南宋
70	爱山亭记	黄度（1138—1213年）	
71	醉乐亭记	叶适（1150—1223年）	

续表

序号	篇 名	作 者	年 代
72	萃美亭记	徐琰(约1220—1301年)	元
73	秀亭记	方回(1227—1307年)	
74	海角亭记	伯颜(1236—1295年)	
75	寒光亭记	戴表元(1244—1310年)	
76	乔木亭记	戴表元(1244—1310年)	
77	小孤山新修一柱峰亭记	虞集(1272—1348年)	
78	海角亭记	范梈(1272—1330年)	
79	陟亭记	揭傒斯(1274—1344年)	
80	清音亭记	邵博(?—1158年)	
81	环翠亭记	宋濂(1310—1381年)	
82	饮泉亭记	刘基(1311—1375年)	
83	尚节亭记	刘基(1311—1375年)	
84	圆通寺夜话亭序	欧阳玄(1273—1357年)	
85	重修蛾眉亭记	陶安(1315—1368年)	
86	观德亭记	王守仁(1472—1529年)	明
87	远俗亭记	王守仁(1472—1529年)	
88	君子亭记	王守仁(1472—1529年)	
89	君子亭记	张应福(?—?年)	
90	悠然亭记	归有光(1506—1571年)	
91	思子亭记	归有光(1506—1571年)	
92	畏垒亭记	归有光(1506—1571年)	
93	沧浪亭记	归有光(1506—1571年)	
94	也足亭记	陶望龄(1562—1609年)	
95	园亭纪略	袁宏道(1568—1610年)	
96	抱瓮亭记	袁宏道(1568—1610年)	
97	楮亭记	袁中道(1570—1623年)	
98	游丰乐醉翁亭记	王思任(1574—1646年)	
99	颔珠亭记	梁云构(1584—1649年)	
100	北海亭记	茅元仪(1594—1640年)	
101	就亭记	施闰章(1618—1683年)	
102	磨崖碑亭记	黄溥(?—?年)	
103	合浦还珠亭记	李骏(?—?年)	
104	窦圌山超然亭记	戴仁(?—?年)	
105	日迟亭记	徐可求(?—1621年)	

序号	篇　名	作　者	年　代
106	数峰亭记	戴名世(1653—1713年)	清
107	重修太白碑亭记	王奕清(1664—1737年)	
108	重修梅花亭记	孔尚基(？—？年)	
109	水云亭记	全祖望(1705—1755年)	
110	峡江寺飞泉亭记	袁枚(1716—1797年)	
111	重修莲池亭记	黄泳(？—？年)	
112	重修连理亭记	叶世倬(1751—1823年)	
113	新修吕仙亭记	吴敏树(1805—1873年)	
114	斗亭记	郑珍(1806—1864年)	
115	酒泉亭记	沈青崖(？—？年)	
116	半山亭记	张之洞(1837—1909年)	清末、近现代
117	重建宋文忠烈公渡海亭记	张謇(1853—1926年)	
118	重修元遗山先生野史亭记	梁善济(1862—？年)	
119	西泠新建风雨亭记	陈去病(1874—1933年)	
120	旭亭记	石国球(？—？年)	
121	修注瓶释结亭记	张光祖(？—？年)	
122	知止亭记	张钫(1886—1966年)	
123	秋荔亭记	俞平伯(1900—1990年)	
124	范公亭记	张永庆(？—)	
125	君子亭记	邓世謇(？—)	

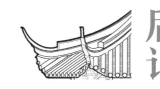

后记
EPILOGUE

2014年6月，我协助朱钧珍先生进行古代以及近现代一些亭记篇目的题解工作。而后又基于她三十余年来有关亭的资料积累，撰写、完善其他各个章节，如今终于付梓告成了。这项工作对于我而言，前后历时四年有余，其间还随朱先生调研了安徽滁州、浙江南浔、河北正定、内蒙鄂尔多斯和乌海等地，补充了一些材料，然而本书更多的材料源于朱先生的锱铢积累。因此，我特别感谢朱先生对我的信任。

我由亭记题解的工作入手，其中尽可能增补了一些亭记篇目，虽然工作量已然不小，但仍未可能穷尽。这个过程尽管艰辛，却获益良多，在其中认识到各种风景经营的智慧、高古伟岸的人格、人生在世的道理，在这个意义上，这项工作显然不仅仅是对专业学术研究的历练。此外，本人曾受到多年的建筑学教育，因此通过这项关于"亭"的研究，更为深入地了解和认识了这一建筑类型的丰富内涵，拓展了学术研究视野，同时"亭"也正是研究建筑与园林结合、人工与自然互动的一个有趣的切入点。

在本书的写作与研究过程中，本人在亭记题解、图表绘制等方面得到了陈茹博士的鼎力协助，本人研究生张昇同学校对了所有古代亭记的原文、核对了大部分直接引文，她和刘方馨、兀晨、容怀钰、陈磊诸位同学在搜集亭记文献方面也做了大量工作，兀晨同学则对哈尔滨中国亭园进行了辅助调研。此外，本书插图、古代文献的数量较大，其严谨性与精确性还有赖于清华大学出版社周莉桦、赵从棉编辑的耐心与细致，在此一并表示感谢！

本书虽告一段落，但相较于浩瀚的亭筑、亭记、亭文，仍然给人以沧海一粟之感；由于篇幅所限，入选本书的个例也只是所搜集材料的一小部分，但力图使其具有典型性和代表性；其中的一些论述，包括对于亭记的综述、对于"亭文化""亭学"研究若干理论问题的探讨等，也还比较粗略。由于本人学力所限，唯恐不能全然实现朱先生对本书的期望，惟有后续进一步深化研究，并期待同好者一起研讨而"共乐"之。

赵纪军

2017年8月一稿于武昌喻园
2018年7月二稿于美国费城
2019年9月定稿于武昌喻园